浙江省哲学社会科学培育研究基地浙江师范大学儿童研究院课题成果

（编号 ZZ323205020515039041）

启真馆 出品

脑与教育

神经教育学：心智、脑与教育的集成

唐孝威 秦金亮 主编

秦金亮 夏琼 卢英俊 陶冶 等著

目 录

前言

神经教育学——架起教育学与神经科学的桥梁

教育是人类重要的实践活动之一。广义的教育与人类活动相伴随，有人类活动就有人的学习与教育。人的劳动、生活、社会活动、游戏活动等和其身体动作、体力、体质直接相关，而人的学习与教育则和其脑、神经系统、心智密不可分。

神经科学是探讨脑与神经系统活动及规律的科学，在过去相当长的时期内局限在神经解剖与神经系统整体的研究。20 世纪 60 年代以来，随着细胞生物学、分子生物学、进化生物学、发展生物学的研究，神经科学进入分子、细胞、神经突触、神经环路、神经系统、有机体与环境多层次的研究时代。对神经递质的合成、维持、释放、受体间的相互作用的研究，对信息传递中核酸、蛋白、酶等分子活动序列的研究，对神经元及神经突触信号传递的研究，对脑的重要部位如大脑皮层、边缘系统、丘脑、海马、嗅球、视网膜功能的研究，对学习、记忆等脑高级功能的研究等，都提高到一个崭新的水平。这些瞩目的进展展示了一幅神经活动及其机制的精彩画面，深刻地改变了人类对脑活动与其工作原理的认识，使神经科学成为最富有活力的学科之一。

人类对“心智”的探索经历了从“黑箱”到“灰箱”，再到“晶体”的过程。早期心理物理学对感知觉的研究通过反应时、正确率等指标推知心理过程。20 世纪初，以铁钦纳（Titchener）为代表的内省学派遭到以华生（Watson）为代表的行为主义学派的强烈攻击。行为主义者认为只有外在行为才是客观的，作为“心灵”的黑箱只能通过行为分析来还原。20 世纪中叶以后，认知心理学以“人机类比”来取代行为主义的黑箱理论，纽厄尔（Newell）和西蒙（Simon）提出的物理符号系统假设认为，任何一个系统如果它的行为表现出智能，就必然具有输入符号、输出符号、存储符号、复制符号、建立符号结构、条件下迁移这六种功能；反过来说，任何一种系统，如果能执行这六种功能，那么，它的行为就能表现出智能的特征。由此得出下面三条推论：(1) 既然人具有智能，它就一定是一个物理符号系统；(2) 既然计算机是一个物理符号系统，它就一定能表现出智能，这是人工智能的基本条件；(3) 既然人是一个物理符号系统，计算机也是一个物理符号系统，那么就能用计算机模拟人的活动。这样，人的心智这一“黑箱”就可以通过计算机的物理符号系统表征它，类比它，使心智“灰箱”化。

神经科学的主要研究对象——脑是最复杂的有机体，它由上千亿个神经细胞组成，这些细胞又通过百万亿个连接突触集聚成神经网络。它是人类认识世界的最后疆域，正如神经科学的奠基人卡赫（Cajal）所言，“只要大脑的奥秘尚未大白天下，宇宙将永远是个谜”。20 世纪 90 年代以来，随着认知神经科学的兴起，以细胞记录技术的电生理研究和遗传学研究等，绘就了神经环路的脑图景，以脑成像技术绘就了系统的大脑图谱，使得心智活动的大脑不再是黑箱而是心智的“晶体”，初步揭开了心智与脑的部分奥秘，实现了脑脑活动的观察和记录。人类对心智与脑的认识跃上了新阶段。目前对脑的探索与研究成为人类主要的科学目标之一，发达国家及国际组织纷纷推出各自的“脑科学计划”，推进对脑的基础研究和应用研究。

长期以来心理学研究和微观教育学（教学）研究一直停留在“教”与“学”的简单行为观察、演绎和推测基础上，将“教”与“学”内在的心智活动假设为“黑箱”，只能通过外部的活动条件、外在刺激对教育者、学习者所引起的反应、主观报告和内省来推测心智活动的特点与规律。神经科学研究的新进展为“教”与“学”提供了更翔实、更精确的神经基础，但目前对“教”与“学”、自我、意识、心智的神经机制远未达到全面了解的程度，迫切需要在教育情境的水平和教育活动的整体水平上进行跨层次的交叉研究，这一跨学科的研究驱动呼唤着神经教育学的诞生。

近年来神经科学与教育学的关系成为热门讨论话题，概括起来形成了以下几大热点：一是各国推出关于神经科学、脑科学与教育的研究计划，如经济合作与发展组织（OECD）启动“学习科学与脑科学研究”，欧盟启动“计算技能与脑发育”研究，日本文部科学省启动“脑科学与教育”研究等；二是关注脑科学与教育的人才培养，如美国哈佛大学教育学院、英国剑桥大学、日本东京大学，我国东南大学、北京师范大学、华东师范大学、浙江师范大学等都建立了相关的研究生培养项目和相应的研究机构；三是建立相关的学术组织、出版学术刊物，如2003年成立“国际心智、脑与教育协会”（International Mind, Brain, and Education Society，简称IMBES），哈佛大学创办了*Mind, Brain, and Education*杂志是标志性事件；四是召开有影响力的学术会议，如OECD、欧盟、中法“做中学”项目分别召开多次有影响的国际会议，IMBES定期在梵蒂冈召开“心智、脑与教育”的国际研讨会，浙江师范大学在杭州永久性举办“发展神经科学与早期教育”双年度国际研讨会等；五是发表大量学术论文或研究评论，讨论教育与神经科学的关系。

从整体状况来讲，神经科学与教育的关系类似于神经科学与医学的关系，甚至比与医学的关系更复杂。一方面，神经科学是基础科学，其使命是对神经系统特别是脑活动奥秘的探索，其研究的深入与精细程度决定我们在教育实践、医疗实践对神经活动、心智活动的认识水平和理解水平。另一方面，脑的复杂性不仅是脑的遗传密码、分子、细胞水平层面的复杂性，更重要的是它在特定条件与情境形成脑的多样复杂性：在疾病方面有病变的脑，如自闭症的脑、帕金森症的脑、唐氏综合征的脑、老年痴呆的脑、脑瘫的脑、植物状态的脑等，在发展中形成了胎儿的脑、婴儿的脑、幼儿的脑、学龄儿童的脑、青少年的脑、成人的脑、老年的脑等，在发展内容方面形成了认知脑、情绪脑、社会脑、文化脑等，在教育中形成数学脑、语言脑、运动脑、科学脑、技能脑、美术脑、音乐脑等，纷呈多样的脑的形态、结构、功能，特别是多样的工作机制。这些都从整体层面和广义生态层面展现了脑的复杂性。

神经科学与教育始终有紧密的相互关联。神经科学的基本发现、基本理论和基本原理在影响着教育实践。诸如脑是智能的基础，脑具有可塑性，脑的发展具有关键期，脑功能有能动性，心智与行动有统一性，脑功能是遗传与环境相互作用的产物，脑与心智有个体差异，等等。在脑与心智研究的基础上，可以归纳一系列的教育原则，诸如：基于脑与学习的关系的以脑为基础的教育原则，基于脑可塑性的人可“教”与“学”的教育原则，基于脑的早期发育特性的教育应早的教育原则，基于脑发育关键期的实时性的教育原则，基于脑发育规律的循序渐进的教育原则，基于脑功能的复杂性与多元性的全面与特长教育相结合的教育原则，基于脑功能的能动性的主体性教育原则，基于脑的动机功能的启发式教育原则，基于心智与行为统一性的“知”与“行”统一的教育原则，基于脑功能是遗传与环境相互作用产物的优化环境创设的教育原则，基于脑与智能有个体差异的因材施教的教育原则，基于脑的基础感知功能的直观性教育原则，基于脑的记忆规律的巩固性教育原则，基于脑的情绪功能的愉悦性教育原则，基于脑功能的终身可塑性的终身教育原则，等等。总之，神经科学的基本发现和研究积累，充实和丰富了传统的教育原则。

神经科学与教育结合的重要目标之一是增强其对教育实践影响的适切性，而不仅仅满足于对教育原则的充实和丰富。教育适切性实现的方式是“转化”，而不仅是“理论联系实际”、“理论指导实践”，如同“转化医学模式”一样：一方面神经科学的一些发现和原理是方向性的、导引性的，不是具体技术与操作性的指导指南，要避免重蹈“神经神话”的覆辙；另一方面，神经教育学研究必须提高生态学效度，首先要发现、凝练、形成基于教育需求和“学”与“教”情境的真实问题，再考虑技术问题或建立动物模型，并进行教育情境中神经科学的研究。要克服传统神经生物学去情境的技术主义、方法中心、还原论研究范式。这是一个相当艰辛的过程，也是神经教育学的重要使命。

为此，需要对教育情境中的神经科学问题进行有益的提炼。从某种意义上说，人类进化的过程也是人类学习的过程，进化中的学习和学习中的进化描绘了大尺度的人类发展问题。进入信息化社会和知识经济社会，学习与教育成为人的基本生存方式。从终身学习的角度看，个体从生命开始就被置于学习的海洋中，包括胚胎环境、婴幼儿环境、学校环境、工作环境、退休环境等。个体的生命全程充满着学习，被置于嵌套式的教育情境中，毫不夸张地说，人的心智与脑是浸泡在教育与学习中。从整体论而言，教育情境中的神经科学研究反映了人重要的存在方式，其研究也具有基础意义。神经科学是当今发展最迅速的基础学科之一，但神经科学主流研究还很难摆脱分析主义的还原论。尽管当代的还原论已非行为主义时期的还原论，其研究成果的有效应用和学科交叉后的重大突破，都有赖于神经科学与医学、教育学及其他社会科学的相互渗透与大尺度集成。

脑与心智研究和教育的结合，产生了由脑科学、心理学和教育学集成的交叉学科，这就是神经教育学（Neuro-education）或教育神经科学。神经教育学就是要在关注教育实践中的神经科学问题的同时，研究神经科学发现、神经科学原理、神经科学理论在教育实践中的应用，特别是教育条件、教育情境中的神经科学成果的转化问题。本书就是在这一框架下进行梳理和研究的。

本书是神经教育学的概论，全书共由八章构成，分别对神经教育学的主要方面，包括神经教育学概述、教育的神经基础、脑的发育与教育促进、脑与德育、脑与智育、脑与体育、脑与美育，以及神经教育学的未来等进行系统阐释。本书从计划、相关资料搜集、写作讨论、形成初稿、反复讨论初稿到统稿，前后经历三年时间，参写人员投入大量精力，但未能弥补资料尚需深度消化、结构尚不完善等不足。进一步研究和完善是我们努力的方向。

本书由浙江师范大学和浙江大学从事神经科学与教育的教师、研究人员集体撰写。参加撰写的作者和相关章节如下：前言由唐孝威和秦金亮撰写，第一、八章由秦金亮撰写，第二、三章由卢英俊撰写，第四、五、六章由夏琼撰写，第七章由陶冶撰写。全书由唐孝威、秦金亮和夏琼进行统编。

本书撰写工作得到浙江师范大学杭州幼儿师范学院，特别是学院发展认知神经科学实验室的支持，以及浙江大学交叉学科实验室的支持。本书的出版得到浙江省科技厅的资助，特此致谢。

唐孝威，秦金亮

内容简介

神经教育学是神经科学、心理学和教育学集成的交叉学科，它架起了教育学与神经科学的桥梁。本书是浙江师范大学、浙江大学等校神经教育学研究团队历时三年完成的。全书共由八章构成，分别对神经教育学的主要方面，包括神经教育学概述、教育的神经基础、脑的发育与教育促进、脑与德育、脑与智育、脑与体育、脑与美育、以及神经教育学的未来等进行系统阐释，是中文方面第一部神经教育学专著。本书适合相关专业研究生、本科生及相关专业工作者阅读，也可以作为相应专业的教科书。

本书作者简介

本书由浙江师范大学和浙江大学从事神经科学与教育的教师、研究人员集体撰写。参加撰写的作者和相关章节如下：前言由唐孝威和秦金亮撰写，第一、八章由秦金亮撰写，第二、三章由卢英俊撰写，第四、五、六章由夏琼撰写，第七章由陶冶撰写。全书由唐孝威、秦金亮和夏琼进行统编。

主编唐孝威，浙江大学教授，浙江师范大学兼职教授。中国科学院院士，核物理学家。近年来致力于核磁共振脑成像研究、脑科学和认知科学研究、意识研究，倡导在中国建立神经教育学。

主编秦金亮，浙江师范大学教授，学前教育学博士生导师，中国学前教育研究会副理事长，教育部幼儿园教师培养教学指导委员会副主任。在国内率先将儿童发展神经科学研究成果融入“儿童发展”课程教学体系及实验体系，推动学前教育专业开设“儿童认知神经科学”选修课程和建立“发展认知神经科学实验室”。

第一章　神经教育学概述

受生命科学、生物技术革命、信息技术、脑成像技术的推动，以“心理、脑与教育”为核心的研究如雨后春笋，新的学科不断孕育。“脑中的教育”、“教育中脑的机制”逐步成为教育研究者、神经科学研究者关注的焦点，建立“神经教育学”、“教育神经科学”的学科呼声迭起。神经教育学是正在形成的教育学与神经科学的交叉学科，它虽然年轻但其研究对象、研究内容已在形成之中，神经教育学的建立在推动教育实践、夯实基础研究等方面都有重要的意义，特别是在脑、心理与教育的连接方面神经教育学有不可替代的作用。

教育学与神经科学的联系在过去是不可想象的。长期以来，教育研究者和神经科学研究者之间没有直接联系。随着神经科学对教与学的神经机制的关注，教育学对高质量教与学、促进学生身心发展的脑科学基础的关注，心理、脑与教育成为多学科共同关注的主题。当代生命科学特别是分子生物学、基因工程学、脑成像技术的飞速发展，教与学的科学基础的解决遇到了前所未有的新机遇，神经教育学就是一门试图把神经科学研究与教育实践连接起来的学科（Bruer, 1997; Blank & Gardner, 2006）。

第一节　神经教育学的形成

21 世纪被科学界公认为是生物科学、脑科学的时代。在 20 世纪末，欧美“脑科学十年”与日本“脑科学计划”的推动之下，对人脑语言、记忆、思维、学习和注意等高级认知功能进行多学科、多层次的综合研究发展了认知科学，而认知科学与神经科学的交叉则形成了认知神经科学。认知神经科学的根本目标就是阐明各种认知活动的脑内过程和神经机制，揭开大脑—心灵关系之谜。传统的心理学基础研究如认知心理学，仅是从行为、认知层次上探讨人类认知活动的结构和过程。认知神经科学，作为一门新兴的交叉学科，则高度融合了当代认知科学、计算科学、神经科学，把研究的对象从纯粹的认知与行为扩展到脑的活动模式及其与认知过程的关系。对认知神经科学的意义与前景，国际科学界已经形成共识，许多人把它看成是与基因工程、纳米技术一样在近期内会取得突破性进展的学科。

同时在“脑科学十年”计划的推动下，神经科学得到迅猛发展。1970—2000 年的 30 年间，美国神经科学学会的会员人数增长了近 30 倍，2000 年达到 28000 人左右，每年年会的论文摘要增长了近 100 倍，2000 年已达到 15000 篇左右，遍布神经科学研究的各个领域。以往有关脑的研究包括神经解剖、神经生理、神经病理、神经生化、神经免疫、神经电生理、神经心理等，已经获得了大量有关动物脑和人脑的实验数据与研究成果。近年来分子神经生物学研究从基因水平来揭示人脑的奥秘。先进的基因芯片技术一秒钟就可以得到大量的实验数据。脑功能成像（ fMRI、PET、NIRS）的应用使我们能够从活体和整体水平来研究脑，对脑的研究实现了从“黑箱”到“晶体”的转变，可以在无创伤条件下了解人的思维、行为活动时脑的功能活动，但由于人脑的结构和功能极其复杂，需要从分子、细胞、系统、全脑和行为等不同层次进行研究和整合才有可能揭示其奥秘。为此，世界各国投入了大量的人力和财力进行专门研究，美国把 20 世纪最后十年定为“脑的十年”，欧洲确定了“脑的二十年研究计划”，日本将 21 世纪视为“脑科学世纪”，脑科学的研究热潮遍布全球。科学家们提出了“认识脑、保护脑、开发脑、创造脑”四大目标，人们相信脑科学的研究成果将为人类更好地了解自己、保护自己、防治脑疾病、开发大脑潜能和制造智能机器等方面做出重要的贡献。其中“了解脑、认识自身”、“保护脑，健康发展”、“开发脑，高效学习”、“创造脑，优化教学”所面临的机遇和挑战在呼唤着神经教育学的诞生（巴特罗等，2011）。近年来，各国对即将兴起的神经教育学寄予厚望，如美国前教育部部长阿恩 · 邓肯（Arne Duncan）认为美国的教育状态令人担忧，测验分数显示美国儿童不再优秀；在儿童的生活中所谓的创新和创造性思维并未培养出民众所期望的工程师、数学家、科学家和物理学家；“我们必须行动起来，为我们的孩子进入 21 世纪做准备，为学习，为脑的创造”（Goswami, 2006）。

认知神经科学重视多学科、多层次、多水平的交叉研究。它把行为、认知和脑机制三者有机结合起来，试图将分子、突触、神经元等微观水平与系统、全脑、行为等宏观水平实现整合，全面阐述人在感知客体、形成表象、使用语言、记忆信息、推理决策时的信息加工过程及其神经机制。从最初的生命形成开始，脑的命运就与环境紧密相关。好的营养加上刺激丰富的学习环境，能使神经系统发育更快，突触连结更为复杂。同时，在教育环境下神经元的连接也是不断地经过修剪过程，这引发了学习与神经系统发育关系根本性认识的转变。并不是突触联结越多越有利于学习，而是形成稳定的学习神经环路，“形成学习高速公路，而不是羊肠小道”，这使我们对学习的神经基础的认识有极大的变化。认知神经科学的成果已开始直接服务于社会，如一些具有反社会人格的人或一些具有精神疾病的人在进行某些认知任务的时候具有反常的脑活动方式；正常人在饮酒之后，如果从事选择反应任务，不仅反应时间变慢，错误率增高，而且其相应的脑区活动也不同于常人；脑损伤病人在进行外科手术前，可以进行脑功能成像检查以确定他负责重要的认知功能（如语言）的脑区，神经外科医生在手术时可以尽量避免损伤这些脑区；对具有阅读困难的儿童进行认知矫正，其阅读文字时脑活动的模式可以逐渐恢复到与正常儿童一样；对宇航员和飞行员的选拔与测试，我们不仅需要考虑他们的身体适应能力，还要对他们的认知功能及其神经活动，特别是在应急状态下的功能，予以科学的测定与选拔指标优化。可以毫不夸张地说，脑、心理、学习与教育的关系研究已经深入到我们生活的每一个方面，虽然在大部分情况下我们并不觉知。

从实践层面来讲，各国教育界面对新时期的教育挑战，纷纷将目光聚焦在脑、心理与教育的关系上。很多国家提出了令人振奋的脑与学习、教育的行动计划。国际心、脑和教育协会已经发展了全球性的提案。自 1999 年开始，经合组织（即国际经济合作与发展组织，OECD）的神经科学与教育规划已发起了广泛的合作。欧盟制定了学习与脑科学研究计划，成立联合研究组织，在苏黎世设立国际论坛平台。英国剑桥大学设立了教育性的神经科学基金会，并由著名科学家 Tanaka 领导。日本构建了一个强大的心、脑和教育研究纲要。在我国，北京师范大学建立了学习与认知神经科学国家重点实验室，华东师范大学建立了神经教育学研究基地。因此，一个全球性的神经科学教育运动正在形成，神经教育学生逢其时。

第二节　神经教育学的研究内容

神经教育学是一种跨学科的整合，它整合神经科学、心理学、认知科学和教育学等学科，力图开创更有效的教育方法、课程及学习方式，最终影响到教育政策的制定。神经教育学作为一个交叉学科，虽然现在仍处于婴童期，但其开创性的工作已经为教师、家长和研究者之间打开了一条对话的通道。尽管这些工作实施起来需要时间且相当复杂，但是相信只要每个相关学科为此投入更多的关注和努力，就能够促进神经教育学更快更强地发展。

神经教育学是正在形成的学科，它的研究内容也在不断深化和发展中，目前主要关注以下几个方面：

一、脑与教育环境的关系

神经教育学使我们对教育情境中心理与行为发展背后神经机制的认识有所突破，为教育者更好地认识脑、使用脑、保护脑、开发脑和创造脑提供了许多有益的启示。从儿童发展的本质来看，教育的根本目的在于促进儿童的心智全面和谐发展，而心智发展的保障正是儿童神经机制的良性协同发展。事实上，心智的每种发展变化在其神经机制中都会有所体现，这也正是神经教育学研究迅猛崛起的重要原因。脑发育不单是基因驱动的过程，也是基因与环境交互作用的双向动态过程。脑发育，是在多种因素共同作用下进行的。人类大脑的漫长发育过程以及强大的可塑性与开放性，保证了其具有超凡的学习能力。教育就是为脑的发展提供丰富而适宜的外部环境刺激并试图触发最佳的内部动机，从而在最大程度上促进脑结构与功能的成熟，充分挖掘脑的潜能。越来越多的教育者意识到，教育促进必须符合儿童的脑的发育规律。“基于脑的教育”呼之欲出。

二、可教育性的神经基础

可教育性的神经基础是神经可塑性。神经可塑性就是指神经系统为不断适应外界环境的变化而改变自身结构的能力，包括神经组织的正常发展和成熟，新技能的获得，以及在神经系统受损以及感觉剥夺后的代偿等。在儿童发展过程中，脑功能的成熟需要解决“脑如何与外界经验世界相协调”的问题和“如何加速脑内信息传导以提高信息通道效率”的问题。前者主要是通过突触修剪（synaptic pruning）的过程来解决；后者则主要通过神经纤维髓鞘化（myelination）的过程来实现（Picton, 2007）。突触修剪和髓鞘化都是脑发育过程中神经可塑性（neural plasticity）的典型反映。在神经系统的种族发生，特别是个体发生的研究中，一般认为，即使是高等哺乳动物，其脑所能实现的行为多数是定型化了的，即它们的生后习得性行为是很少的；而人脑则显著不同，其功能在出生后有非常长时期的发育成熟阶段，如人脑为了能支配四肢肌肉，使之达到能蹒跚地走路、能支配口腔与喉舌肌肉以发出嘶哑的语音和开始使用语言就需要花上2—3年的时间。通常，人脑的这种功能可塑性在外环境的作用下，大致在15—17岁时方达到顶峰。这表明，人脑在出生后尚有为动物脑所无法比拟的发展潜能，即人脑在个体发生，特别是出生后发育时期具有巨大的可塑性。

三、经验、学习的神经机制

经验与学习一直是教育心理学的核心主题，但传统研究停留在行为、心理层面。关于学习、记忆、经验的神经机制问题已成为多年的研究热点。

神经教育学在传统的学习领域如阅读、语言、数学、社会性等方面取得了丰硕成果（见后面章节）。更令人欣喜的是神经教育学已深入到学习与日常生活的关系中，比如睡眠。睡眠的作用以及它对记忆的影响已经得到神经科学家的广泛研究；一晚上的好睡眠并不仅仅是提供了休息，它也激发了脑的变化，有助于改善记忆。动物研究表明，与失眠之后相比，睡眠之后的记忆更好。当动物休息的时候大脑仍在工作以巩固记忆（Gilestro, et al., 2009）。来自人类的研究也加强了这个结果。Elizabeth Kensinger等人发现睡眠改善了人们对视觉情境的情绪记忆成分（Payne, et al., 2008）。这个结论很显然会对儿童及其学习能力产生影响。缺少睡眠会导致注意力不集中等问题，进一步可能会影响学业成绩。这些研究结果最终将会影响到儿童每天上学的时间以及儿童每晚的推荐睡眠时间。

早期经验对儿童发展关系重大。近年来发现，基因与经验的交互作用，深刻而广泛地影响着脑与行为的发展。1998年，克拉布研究小组在压力标准测试中意外发现，受到饲养员的不同情绪影响，相同基因的幼鼠成年后在行为上竟出现了显著差异。某一对老鼠过敏而导致紧张或粗暴行为的实验员所饲养的老鼠焦虑度高、趋于保守，而其他正常饲养的老鼠则焦虑度低、更勇于探索新奇世界。这一研究成果发表在《科学》杂志上后，引起了科学界的激烈辩论（Crabbe, Wahlsten，& Dudek，1999）。

四、德育的神经教育学

道德教育是教育学的永恒主题。道德是指社会群体内一致认同的行为方式或习惯，或者是一定社会、一定阶级向其成员提出的处理人与人之间、个人与社会之间关系的行为规范的总和。以真诚与虚伪、善与恶、正义与非正义、公正与偏私等观念来衡量和评价人们的思想、行为。通过各种形式的教育和社会舆论力量，使人们逐渐形成一定的信念、习惯、传统而对行为产生作用。长期以来，人们对道德的研究一直存在着两种取向。哲学家们采用演绎逻辑取向，其目标是确立引导人们行为的普遍原则；而道德的科学取向则立足于解释人们道德行为的内在机制。神经教育学主要关注后者，特别是道德认知如何与情绪和动机发生关系，以及道德认知的神经机制等。这些问题的揭示在一定程度上为我们的道德教育带来启示。

五、智育的神经教育学

智育是教育学研究的主体内容。教育中一般智力集中体现在语言和数学两方面。人类婴儿是如何习得语言的？他们从生下来并不会说话，到一周岁左右会说出第一个有意义的词开始，标志着其语言的产生。等到四五岁的时候便能基本掌握本民族语言，其语言习得的速度令所有人惊叹。为什么计算机不能模拟婴儿的语言学习过程？为什么成人的语言学习变得非常困难？Kuhl 等人（2006）的研究表明，语音辨别能力的发展存在关键期，在生命早期，世界上所有儿童都具有超强的辨音能力，但随着年龄的增长和经验的影响，到 10 个月的时候，婴儿对非母语的辨音能力逐渐变弱。借助于认知神经科学的脑成像技术，研究者更加关注的是人类语言学习的神经机制。尽管左半球是语言加工的优势半球，但对于更多更为复杂的语言任务，则需要左右两半球的共同作用（Bookheimer, 2002; Vannest, et al., 2009）。数字认知的神经机制也是神经教育学关注的重点。心理数字线揭示了数字大小在人脑中的表征方式，它建构了数字和空间的联系，但这种联系的根源是什么？长期以来人们一直认为这种左空间映射小数的倾向是受阅读或书写习惯的影响，但是新近研究表明，数字与空间的联系似乎还与数手指的习惯有关（Fischer，2008）。这些研究结果对儿童早期教育具有重要启示。

六、体育的神经教育学

缺乏运动是一个全球性的健康问题（WHO，2004）。缺少锻炼和正常的营养，骨骼会很脆弱，容易骨折，进入成年和老年后问题会更严重。体育活动有益于儿童的心理、生理和社会性发展。体育锻炼对于儿童骨骼、肌肉和关节的正常发育是必不可少的。有规律的体育锻炼对控制体重、保持心肺功能有很大的帮助。它还有助于提高敏捷性、增强自尊和拓宽儿童的生活视野。一个经常参加体育活动的儿童，成年后更有可能保持旺盛的精力。遗憾的是，随着年龄的增长，体育活动呈减少趋势（Armstrong, 1998）。对那些父母的收入和教育水平较低的儿童来说，他们参加体育活动的障碍更多（Duke, et al., 2003）。这些事实让教育儿童认识到体育活动是健康、有利的生活方式的一部分变得更为重要。希望儿童会带着这些知识和行为建造一个更健康更有活力的社会。体育活动能够增强肌肉力量、提高协调性、改善身体素质，还可以消除压力、缓解焦虑和沮丧的情绪，增强自尊，同时可以让头脑变得更清晰（Ekeland, et al., 2004; Tmoporowski, 2003）。设计精良的体育课程可以确保儿童从体育活动中受益，因为它们关注儿童和他们所在的环境。体育锻炼与人脑的关系紧密，来自人类和动物有关研究都表明身体锻炼促进了心理健康（Kramer, et al., 2006），锻炼保护了某些类型的脑细胞并改善了运动功能。大量的研究揭示出锻炼有益于年幼的脑的发育。此外，Zigmond 等人的研究表明体育运动有助于神经受伤之后的恢复（Zigmond, et al., 2009）。

七、美育的神经教育学

在聆听盛大恢宏的交响乐时，或面对美轮美奂的敦煌石窟画像时，人们往往发出赞叹之声，甚至在内心激荡起强烈的情绪而流下激动的泪水。这就是艺术的魅力。艺术家通过对生活的浓缩和夸张，不断创造艺术之美，并借此宣泄内心的欲望与情绪，引起他人的共鸣。艺术具有多种多样的形式，文字、绘画、雕塑、建筑、音乐、舞蹈、戏剧、电影等任何可以表达美的行为或事物皆属艺术，相关的艺术教育被称为美育的主要部分。音乐能促进学习的另一个例子是来源于我们对音乐的认知作用的理解。Kraus 及其同事研究表明音乐经历显著地限制了对抗背景噪音的负面效应（Kraus, et al., 2007）。Schlaug 等人的研究发现小时候经常练习某种乐器的人表现出更好的声音再认能力，同时也改善了记忆和注意水平（Forgeard, et al., 2008）。因此，教育者、父母和公众不仅应当知道音乐训练能够改善语言能力和非语言能力，还应当知道这一切是怎么发生的（Hyde, et al., 2009）。

八、文化的神经教育学

教育心智总是文化的教育心智，教育心智在神经系统中的表征方式总有文化的嵌入。因而以“文化脑”为特征的文化神经科学需要在新的高度审视神经教育学中的文化属性，神经教育学需要在文化的高度审视脑、心理与教育的关系。教师和父母应当从这些广泛的研究成果中有所收获，从而变得更加见多识广，并成为实践者，也更容易识别神经神话。

神经教育学需要神经科学、教育学及相关学科做大量开创性工作。大量的新研究为我们提供越来越多的关于教育与学习的观点，而且这些信息多数能够被学术圈共享。对于那些还没有被广泛分享的尚处于学科之外的信息也许预示着更重要的问题。事实上，这个工作的转化潜力通常还没有被发现探索，也没有得到进一步评估。对于神经科学研究成果的转化延伸时机已经成熟。“神经教育学”仍然是一个相对新的而且是正在发展的学科。

第三节　神经教育学的研究意义

神经教育学对教育学和神经科学都具有重要意义。人类认识脑、理解脑的最终目的是开发脑、利用脑、创造脑，这一目标就决定了神经科学研究与人类学习、智力活动、教育活动紧密相关。神经教育学在教育领域的研究意义在以下几个方面已引起人们的关注。

一、促进教育的科学性

教育学从赫尔巴特（Herbart）起一直致力于寻求其科学基础。生理学、心理学一直是其重要的科学基础。虽然人类的智力活动、教育教学活动最直接的参与是神经系统，特别是大脑活动，但长期以来受科学技术发展水平的局限，人类把大脑一直看成是黑箱，对大脑采取行为学还原或计算机类比。神经科学，特别是脑成像技术的飞速发展，使教与学的脑机制更加清晰，神经教育学的研究促进了教育的科学性。

当给老师解释什么是执行功能以及在道德上它是怎样影响我们的判断时，会发生什么现象呢？假设能够使用我们所知道的学习规则去进行课堂设计，以帮助我们的儿童更聪明地成长。假设能够使用我们的脑功能知识去预防、纠正或阻止脑的伤害，比如对于那些遭到忽视、滥用甚至营养不良的儿童。假设能够运用压力和睡眠等生物因素对儿童能力影响等知识来促进学生的学习与记忆。在以实证研究为基础的神经科学的推动下，这样的想象还可以继续进行，更多的研究成果能被转化为实践运用，它们的效力能够通过各种方式进行测量。比如，学校的创造性，非正式的学习测验等。这些有关教育和学习的游戏规则的变革是我们力所能及的。

随着技术上的进步、坚持不懈的调查研究以及人们对于心脑如何工作的强烈好奇心，很多有关脑的重要的研究成果和新知识不断产生，从记忆、学习到执行功能、情绪、自闭症、读写能力和语言运动技能等。教育者、父母以及儿童工作者正在寻求手边一切可及的相关知识。为什么呢？因为如今我们的儿童所面对的问题很可能跟前面几代人是不同的。

然而，在现实生活中充斥着大量的与神经科学有关的教育“神经神话”(neuromyths)。比如，“根据左右半球认知功能的差异，进行左脑和右脑学习”，“大脑在敏感期最可塑，因此特定领域的教育应在敏感期内进行。生命的头三年对后期发展以及人生成就起决定作用”，“人类大脑只使用了10%”，等等。这些神经神话甚至存在于课堂中，并且被错误地冠用在“基于脑的教学法”的名称下继续盛行。神经教育学的研究成果也许能有效消除这些不正确教育观念对大众的影响。

二、促进教育研究的跨学科发展和国际合作

很多学科的研究成果，包括从心理学和遗传学到神经科学和工程学，已经汇聚

起来影响到课程和政策的制定。例如，神经科学家经过深入研究，知道了很多关于注意、压力、记忆、练习、睡眠和音乐等的知识，这些知识能够很容易地转换到课堂教学中。一些教育家已经或正在开始利用这些有价值的成果。例如，美国约翰霍普金斯大学教育学院已经发起了神经教育学的倡议，强调专业发展、研究、交流和超越的重要性。

此外，研究机构正在开创新的神经教育伙伴关系。哈佛大学教育学院的 Fischer 提出“可用的知识”在研究与实践之间架起桥梁。他的目标是培养研究骨干，使其能够把生物学和认知科学的知识与教育学课程结合起来。

纽约大学 Brabeck 认为，在这个正在发展的新领域，教育者和研究者之间的互补关系正在形成。教育者必须把研究结果从实验室拿出来，并把他们运用到课堂教学之中；研究者必须提取他们的结果为教育服务，随之教育实践的改变必须再次反馈给科学家。如此循环往复，其目的就是为了搞清楚到底什么是有用的，什么是没有用的。她还身体力行地致力于把实验室研究转移到课堂教学实践中，她认为这个鸿沟就好比健康研究者和医务工作者之间的关系一样。她说教育就好比医学，重要的知识通常在研究者那里，作为教师和父母这样的实践工作者却很难接近。

三、推进教育政策制定、执行的科学化

“基于循证、证据的政策”是法制国家政策制定的出发点。神经教育学在促进早期智力发展、早期健康人格的形成、老年化减缓、终身学习与老年化、知识经济背景下的学习、新技术条件下的学习、创新学习等方面为各国相关政策的制定提供相关证据，特别是教育政策的制定。

神经教育学正在产生有价值的新知识以指导教育政策与实践。在许多问题中，神经教育学研究是建立在已有知识结论和日常观察的基础上，其重要贡献在于使表面现象研究、相关研究转向因果研究，以理解日常现象背后的内在机制，并进一步帮助有效地解决问题。

在其他问题上，神经科学正在产生新的知识，并开辟了新的道路。

脑科学研究提供了重要的神经科学证据来支持终身学习的广泛目的。神经科学并不支持教育是年轻人的领域这种歧视老年人的观念，虽然年轻人的学习能力很强，但神经科学已经证实，学习是一种终身的活动，持续的时间越长越有效。

神经科学加强了对教育的广泛利益的支持，尤其是老龄人口。神经科学另外还提供了强有力的有关“教育的广泛利益”的观点（超越了在决策中举足轻重的纯粹的经济观），它把学习干预作为解决社会中无数高成本的老年痴呆问题的一种重要策略。

在身体、心智、情绪和认知的基础上需要一种整体论方法。这不是关注脑、过分强化认知成绩的偏见，而是表明需要一种整体论的方法，认识到身体、智力健康之间密切的相互依赖关系，情绪与认知、分析与创造性艺术之间的密切交互作用。

运用神经科学的研究更好地指导课程，确定教育阶段，提高教育水平。神经科学研究表明，不存在学习必须发生的“关键期”，而是存在着“敏感期”。敏感期是指个体从事特定学习活动的特别理想的阶段（此部分内容将在语言学习中详细讨论）。此外，有关尽早为终身学习奠定坚实基础的结论也强化了早期儿童教育和基础教育的重要性。

保证神经科学为重要的学习挑战做出贡献，包括“3DS”，即阅读障碍、计算障碍、老年痴呆。例如，阅读障碍的原因直到最近才弄清楚。现在人们了解，主要是听觉皮层的非典型性特征（可能在有些例子中是视觉皮层）造成了阅读障碍，可以在儿童很小的时候鉴别这些特征。早干预常常比晚干预更成功，但是两者都是可能的。

第四节　神经教育学简史

“心”、“脑”关系的认识有漫长的过去，它既是身心关系问题认识的重要组成部分，也是心理学、心灵哲学长期关注的基本问题。心、脑关系是神经教育学的基础，神经科学在各国脑科学计划的推动下快速发展，深入到人类的教与学的日常活动中，为神经教育学的形成创造了契机。

一、古希腊的相关思想

古希腊遵循万物有灵论的传统。柏拉图把灵魂区分为三部分：思想灵魂、激情灵魂、欲望灵魂，并对应着三个群体，即统治者、守护者、劳动者，强调灵魂的非物质性、先前性、不朽性。亚里士多德进一步把灵魂划分为：植物灵魂、动物灵魂与理性灵魂。植物灵魂具有物质吸收和生殖的能力；动物灵魂具有感知觉、欲望与运动的能力；理性灵魂是理论与实践理性的承载者。古希腊时期灵魂与肉体统一的思想，强调“心”与“脑”的统一。

二、近代的相关思想

近代的心脑问题是双实体的笛卡尔的二元论。笛卡尔在脑室说的基础上提出生命精气说。生命精气冲开脑室壁上的特定瓣膜从脑室中流出，流向特定运动神经引起肌肉收缩。笛卡尔的心脑统一观实现了四个转变：(1) 心灵是灵魂的全部，相对于经院哲学心灵是灵魂的部分，把灵魂视为思维、意识的本源。(2) 提出完整意识的边界。笛卡尔认为思维包括意识的一切，即包括理解、意愿、想象、感知觉意识。(3) 心脑是两种截然不同的实体。心脑不是单一的存在物，而是复合的实体。(4) 心灵单一的本质属性是思维。笛卡尔认为物理学、生物学的解释只能是机械原理，人类心灵的解释是神经与心理。（贝内特，哈克，2008）

三、脑科学的十年

据中科院心理研究所脑高级功能实验室介绍，脑科学的发展已经历了几次进步：1989 年美国率先把 20 世纪的最后十年命名为“脑的十年”，重点是保护脑，防治脑疾病；欧洲“脑的十年”则兼顾保护脑和了解脑；日本 1996 年制定的“脑科学时代计划”是把创造脑提到了和了解脑、保护脑并重的地位，并成为脑研究的三大目标。

四、神经学化与神经神话

把人建立在脑基础上的“神经人”、“大脑人”的驱动，使得神经类学科的不断涌现成为一道风景。目前已经涌现了神经儿科学、神经老年病学、神经老年学、神经经济学、神经美学、神经神学、神经语言学、神经精神分析、神经伦理学等多种学科，并成立了相关的研究组织。

所谓“神经神话”（neuromythologies）是指来源于神经科学但在演化过程中偏离了神经科学的原始研究，在神经科学以外的领域中传播与稳定下来的广泛流传的观念（周加仙，2008）。神经神话是广泛流传的观念，它来源于神经科学的研究，但是在演化的过程中偏离了神经科学的原始研究，在教育文献中传播与稳定下来。由于“神经神话”运用了大量科学的权威、增加了合理的细节、引用了科学研究或者科学家的话语等增加了其“可信度”。神经科学是在试误的过程中通过迂回曲折的道路不断前进的，在实验与观察基础上得到的结论需要经过多方面证据的证实、否定或者修正，但是，由于研究方法、研究对象以及对研究数据的解释等多方面存在的局限性，一些在后来的研究中被证明无效的研究假设通过各种媒体传入大众的脑海中。而且这些假设切合了大众的想象力，深深地印刻在人们的脑海中，成为根深蒂固的“神经神话”。目前，教育界存在的许多神经神话不仅阻碍了人们对科学规律的正确认识，更为重要的是，神经神话还可能使教育者形成错误的判断，做出错误的决策，进而影响到对儿童的教育。因此，分析教育界存在的“神经神话”，澄清人们的错误认识，具有重要的意义。

在教育文献中，大量存在着由于错误理解与解释推论而产生的神经神话，其中对教育决策与实践产生重要影响的主要有以下三种：

（1）对生命早期突触发展研究的错误推论。生命早期突触发展的趋势呈倒U形曲线。该结论是由芝加哥大学哈腾罗切尔（Peet Huttenlocher）研究组和韦恩州立大学的医学博士诸格利（Harry Chugnal）采用不同的研究方法对人脑进行研究而得出的研究结果。婴儿出生后不久，神经细胞的突触数量开始快速增长，在10个月左右达到顶峰。在不同的脑区这种快速增长的速度是不同的，一般持续到2—3岁左右，然后开始下降，在10岁左右稳定在成人水平，由此得出突触发展呈倒U形曲线的结论。在教育文献中，人们将神经突触密度与智力水平直接关联起来，认为两者之间存在着线性关系，突触数量越多，人越聪明，学习能力也越强，但迄今为止，在人类神经科学的研究中还没有数据表明儿童与成人的突触密度与学习能力之间存在关系。人的智力与学习能力的发展也没遵循倒U形曲线。在出生和成年初期，突触密度相近，但是成人比婴儿更具智慧，行为更灵活，复杂学习与推理能力更强。随着突触密度的降低，青少年和成人的能力并没有下降，而是开始掌握更加抽象的知识体系与复杂的技能。而且，对智力障碍者的研究发现，不同智障类型的病人脑中的突触密度不同，例如唐氏综合征病人脑中突触密度很低，而有些智力障碍患者如脆性X综合征患者由于遗传缺陷造成突触删除异常，因此脑中突触密度很高。

（2）对“莫扎特效应”的夸大宣传。“莫扎特效应”来自1993年美国加利福尼亚大学神经科学家罗切尔（Ruacsher）等人的研究。他们让36名大学生听10分钟的莫扎特《D大调双钢琴奏鸣曲》或者放松音乐之后，完成3个空间推理测试任务，结果发现听莫扎特音乐后学生得分提高了8—9个百分点，这一效果持续10—15分钟，而听放松音乐或者不听音乐完成空间任务的学生成绩没有变化。人们将莫扎特音乐能提高人的学习和记忆能力的现象称为“莫扎特效应”。这种被动地提高空间推理成绩的方法引起了媒体的广泛关注，并成为一些人追逐商业利益的一个科学依据。在大众媒体等非专业领域中，人们将这一研究解释为：学习莫扎特音乐可以提高智力，或者学习莫扎特音乐能提高人的学习和记忆能力。罗切尔等人的研究发表后，许多人对此进行了重复研究，但是大多数实验没有证明其效果。其实该研究证明的是，当大脑的某些区域处于理想状态时，可以暂时地、小幅度地提高完成任务的成绩。儿童的大脑是在多种感官的刺激下发育成熟的，各种类型的音乐，不管是流行音乐还是古典音乐，都能对大脑产生刺激。在教育文献和大众媒体中，将音乐提高空间推理能力的研究拓展开来，引申到学生一般学习能力与智力的培养中，过分夸大了这一研究结果，但是由于它切合了社会与家长对儿童智力发展的关注，因此广泛流传开来。

（3）大脑“10%潜能论断”的错误。大脑“10%潜能论断”是指在教育专业书籍和大众媒体中广泛流传的一种观点，即人们仅仅运用了大脑10%的潜能，而其他大部分能力有待开发，但是随着脑科学的研究进展以及研究技术与方法的改进，许多科学证据表明“10%潜能论断”的错误：第一，从神经系统的发展来说，大脑的神经系统在突触的连接与修整过程中得到完善，适当的信息输入是维持突触连接所必需的。如果90%的大脑没有用，那么大脑中的许多神经通路就会退化，甚至消失。第二，从大脑功能定位的研究来说，感知、语言、运动、情绪等功能在大脑中都有特定的脑区，这些脑区分布于整个大脑。大脑的局部损伤会伴随着某些思维与行为能力的丧失。如果90%的大脑没有运用，那么一般的损伤则不会对大脑产生影响。第三，从大脑能量的消耗来说，大脑虽然占据整个身体重量的2%，却消耗了20%的氧气与葡萄糖。根据用进废退的自然法则，人类的身体在长期的进化过程中不可能保留这样一个消耗大而90%都没有用处的器官。第四，从静息态的研究来说，人脑在静息状态下，神经细胞的信息处理占用了大脑全部能量的60%—80%。表明人脑在静息状态下也存在着大量的神经细胞活动。这些研究共同表明，人类运用了大部分脑来发挥正常的功能。即使在睡眠状态和静息状态，大脑仍然活跃着，只不过处于不同的活动状态。

五、神经教育学建立的重要事件

神经教育学的确立有以下一些标志性事件：

1999 年国际经济合作与发展组织启动了“学习科学与脑科学研究”项目。

2000 年哈佛大学教育研究生院着手创建“Mind, Brain, and Education”（MBE）研究生教育项目，并在 2002 年由 Fischer 和 Gardner 开创了名为“Cognitive Development, Education, and the Brain”的一年研究生课程项目。

2003 年 11 月，在梵蒂冈召开“心智、脑与教育”的国际研讨会。

2003 年成立“国际心智、脑与教育协会”（International Mind, Brain, and Education Society）。

2003 年日本文部科学省启动了百亿日元的“脑科学与教育”研究项目。

2004 年欧洲启动了“计算技能与脑发育”研究项目。

2007 年该协会在哈佛大学创办了 *Mind, Brain, and Education* 杂志，标志着神经教育学学术阵地的建立。

2012 年 4 月，我国周加仙应邀参加联合国学术影响力组织、联合国教学委员会等共同主办的会议“模糊学科界限；国际教育的发展”并作主题报告，参加撰写了《“模糊学科界限；国际教育发展”大会宣言》，建议国际教师教育课程增加教育神经科学的教学内容。该宣言已在联合国学术影响力组织网站公布。此外，周加仙在教育神经科学领域主编了四套丛书：《教育神经科学与国民素质提升》、《教育神经科学》、《心智、脑与教育》、《脑与学习科学新视野》。其中，《教育神经科学与国民素质提升》在 2013 年被列入“十二五”国家重点图书规划；《心智、脑与教育》、《教育神经科学》分别获得 2013 年上海市文化发展基金会的支持；《教育神经科学引论》获得 2011 年上海市第十届教育科学研究成果二等奖；《受教育的脑：神经教育学的诞生》、《理解脑：新的学习科学诞生》被评为 2011 年影响教师的 100 本图书。这些书籍出版后再印 4 次，发行量达到 1 万余册。

国际心脑教育学会已经发起了心脑教育运动以促进多学科整合，即把教育学、生物学和认知科学整合起来，形成一个有关心脑和教育的新领域，共同研究人类学习和发展。与其他动物相比，人类通过学校教育以及各种文化教育的方式来学习，其特殊性显而易见。在文化传承中教育起了关键作用，它允许社会成员，特别是年幼的个体，能够在短时间内获得大量的历经数千年累积起来的知识和技能。如今的时代，需要教育、生物和认知科学结合起来创造一门新科学，并实践学习和发展。

生物和认知科学在研究工具上的创新为这个领域的开启提供了巨大的可能。强有力的脑成像工具的发明，以及各种评估认知、情绪和学习的方法的涌现，使多学科的联合成为可能，并共同说明人类的学习和发展（Fischer, Immordino-Yang, & Waber, 2007; Stern, 2005）。借助于这些工具和方法，人脑和身体中隐藏的加工过程逐步变得清晰可见，因而，研究者和教育者开始关注教育干预后的生物影响，并把它们联系到学习与发展上来。这个新的途径（方法）能够同时把信息反馈给实践，从而构建起有关学习与发展方法的基本知识。究竟是什么使人类获得了读写和算术这样的文化工具，从而可以远离个体经验来构建和使用科学文化知识？学校和其他教育机构究竟应该怎样设计才能使学生进行最优化的学习和健康的发展？

回答有关心脑和教育的关键问题需要科学研究与实践知识的交互作用。科学研究和实践知识之间必须形成动态交互，使科学研究来源于实践问题，同时又让科学研究指导和推动实践。例如，当教师和父母把神经科学与遗传学知识运用到实践，并把它联系到儿童在校行为与学习方式的时候，神经科学和遗传学研究会从中获得不同的意义与价值。在学校或家里读一本书不同于在心理学实验的“反应时”研究中在实验室读单词。脑成像和遗传分析的加入也许能阐明“反应时”加工的过程，但它并不会在实验室读单词与教师李的阅读之间架起桥梁。来自实验室背景下的结果很少能直接应用到教室中。来自神经科学和遗传学的知识不能直接转化到教室实践，只能借助于某种研究与实践相结合的媒介物来进行转化。

为了把心理、生理和教育联系起来，研究不能囿于象牙塔，而必须进入到真实生活环境中，同时教育实践也必须为科学研究所用（Shonkoff & Phillips, 2000; Snow, Burns, & Griffin, 1998）。研究和实践间的这种互惠过程植根于现代医学，即医学实践以生物学为基础，同时，生物知识的医学运用也依赖于临床检验。对于科学家来说要进行有用的教育研究，以及对教师来说要根据研究证据进行最优化的教育，这些都需要研究与实践的相互交织。生物学和认知科学需要从教育中吸取营养，正如教育不能脱离生物学和认知科学一样。

近年来，随着科学研究的深入，人们对学习和发展的理解有了长足的进步。有关在校学习和教育的有效性的实证研究已经变得非常普遍，这应当部分归功于学业成就和课堂实践的国际比较。科学的实证研究已经开始帮助我们更好地理解诸如“什么样的学习环境是有利的，以及什么样的教育干预是有害的”这样的问题。正因为有了这些研究，政策制定者和实践工作者才能根据研究证据来做有关教育实践和指导的决定，而不再像过去那样依从传统观念、流行时尚和意识形态。

同时，社会对神经科学和遗传学对教育的影响存在着较高的期望值，在很多时候这些期望是不切实际的。生物学上爆发的新知识已经导致人们错误地预期科学研究与教育实践之间的连接。教育者、科学家和媒体记者正积极地追踪这种连接，通常以一种原声摘要播出的方式及其简要地播报有关“研究表明……”(Bruer，1997)。认为科学研究本身将回答所有重要的教育问题其实是一种诱骗。例如，脑功能研究的最新成果需要得到正确的解释，并审慎地用于课堂教学实践中以接受检验。同样重要的是，有关怎样教育的决定不仅需要有效的科学信息，还需要什么是有价值的，包括应当教什么以及社会学校和教师应当怎样组织支持学习与发展的机构（Sheridan, Zinchenko, & Gardner, 2005)。

有的科学家有时会争辩说，把生物学知识运用到教育还为时尚早。他们认为科学首先需要回答大脑是怎样工作的这种深奥问题。与此相反，我们却敢断言教育环境中的研究将有助于对学习与发展的基本生物学过程和认知过程做更深入的探究。实践环境中的研究对心脑和教育领域来说是重要的，正如临床医学研究对医疗实践的贡献一样。

参考文献

巴特罗，费希尔，莱纳．(编). (2011). 受教育的脑——神经教育学的诞生．(周加仙，等译). 北京：教育科学出版社．

贝内特，哈克．(2008). 神经科学的哲学基础．(张立，等译). 杭州：浙江大学出版社．

周加仙．(2008). “神经神话”的成因．华东师范大学学报(教育科学版), 9, 60–64.

Blank, P. R., & Gardner, H. (2006). A first course in mind、brain、education. *Mind, Brain, and Education, 1,* 61–65.

Bookheimer, S. (2002). Functional MRI of language:New approaches to understanding the cortical organization of semantic processing. *Annual Reviews of Neuroscience, 25,* 151–188.

Bruer, J. T. (1997). Education and the brain: A bridge too far. *Educational Researcher*, 26 , 4–16.

Carew, T., & Magsamen, S., (2010). Neuroscience and Education: An Ideal partnership for Producing Evidence-Based Solutions to Guide 21st Century Learning. *Neuron, 67,* 685–688.

Fischer, K. W., Immordino-Yang, M. H., & Waber, D. P. (2007). Toward a grounded synthesis of mind, brain, and education for reading disorders: An introduction to the field and this book. In K. W. Fischer, J. H. Bernstein, & M. H. Immordino-Yang (Eds.), *Mind, brain, and education in reading disorders* (pp. 3–15). Cambridge, UK: Cambridge University Press.

Fischer, M. H. (2008). Finger counting habits modulate spatial-numerical associations. *Cortex, 44*(4), 386–392.

Fischer., et al. (2006). Why mind, brain, and education? Why now? *Mind, Brain, and Education, 1,* 1–2.

Goswami, U. (2004). Neuroscience and education. *British Journal of Educational Psychology, 74,* 1–4.

Goswami, U. (2006). Neuroscience and education: From research to practice? *Nature Reviews Neuroscience , 7,* 406–413.

Kuhl, P. K., Stevens, E., Hayashi, A., Deguchi, T., Kiritani, S., & Iverson, P. (2006). Infants show a facilitation effect for native language phonetic perception between 6 and 12 months. *Developmental Science, 9,* F13–F21.

Sheridan, K., Zinchenko, E., & Gardner, H. (2005). *Neuroethics in Education. Neuroethics in the 21st Century: Defining the Issues in Theory, Practice and Policy*, J. Illes (Ed.) Oxford University Press.

Shonkoff, J. P., & Phillips, D. A. (Eds.). (2000). *From neurons to neighborhoods: The science of early childhood development.* Washington, DC: National Academy Press.

Snow, C. E., Burns, M. S., & Griffin, P. (Eds.). (1998). *Preventing reading difficulties in young children.* Washington, DC: National Academy Press.

Stern, E. (2005). Pedagogy meets neuroscience. *Science, 310,* 745.

Vannest, J., Karunanayaka, P. R., Schmithorst, V. J., et al. (2009). Language networks in children: Evidence from functional MRI studies. *American Journal of Roentgenology, 192* (5), 1190–1196.

（秦金亮）

第二章　教育的神经基础

20 世纪 90 年代以来，随着实验手段和研究技术的改进，人类已经可以在无创伤条件下研究正常人大脑的活动状况，并在大脑机能完整的情况下研究各种高级心理机能与脑的关系。新的研究技术的应用，使我们能够从活体和整体水平来研究脑，可以了解到人在思维、行为活动时脑的功能性活动。这些新方法、新技术极大增强了从微观与宏观水平上进行脑研究的能力。通常，科学家将神经科学分成不同的分支与层次，主要包括以下 8 个方面：分子神经科学、细胞神经科学、系统神经科学、行为神经科学、认知神经科学、发育神经科学、比较神经科学和计算神经科学（齐建国，2011）。

科学家借助这些新的研究技术，将不同层次有关脑的研究数据进行检索、比较、分析、整合、建模和仿真，绘制出脑结构、脑功能和神经网络的图谱，从基因到行为各个水平都大大加深了人类对脑的理解。目前，脑科学研究的主要目标包括探测脑、认识脑、保护脑、开发脑和仿造脑（唐孝威，杜继曾，陈学群，魏尔清，徐琴美，秦莉娟，2006）。

第一节　脑、神经元、神经递质

一、大脑皮层与功能分区

人类大脑是世界上最复杂的物质系统，它所具有的学习能力是其他一切生物所无可比拟的。过去大量的神经生物学研究都是在无脊椎和脊椎动物上进行的，而将在实验动物身上所得的结果应用于人类神经系统是要非常慎重的。近年来，除脑电图和脑磁图等电生理技术的发展提高外，还开发出了多种脑成像技术，使得研究者能够越来越多地对人脑活动进行无损伤的直接在体观测。

中枢神经系统可分为7部分，即脊髓、延髓（心跳、呼吸和消化等植物神经中枢）、桥脑（主要传输从大脑半球向小脑的信息）、小脑（协调运动功能）、中脑（协调感觉与运动功能）、间脑（丘脑：编码和转输传向大脑皮层的信息；下丘脑：调节植物性神经系统、内分泌活动和内脏器官功能等）和大脑半球（包括大脑皮层、基底神经节、边缘系统等）（管林初，2005）。

成人大脑的重量为1200—1500g。平均来说，男性的脑相比女性的脑略重，但对于具体的脑区而言，两性各有自身的“优势脑区”（指体积与全脑重量的比例更大）。例如，在海马的大小与全脑重量的比例上，女性大于男性；在杏仁核的大小与全脑重量的比例上，男性大于女性（Kalat，2011）。大脑由左右两个半球构成。其间留有一纵裂，裂的底部由被称为胼胝体的横行纤维连接。两半球内均有间隙，左右对称，称侧脑室。半球表面层为灰质，称大脑皮层，表面有许多的沟和回，增加了皮层的表面面积；内层为髓质，髓质内藏有灰质核团，如基底神经节、海马和杏仁核等。

端脑（telencephalon）是脑的最高级部位，由左右半球借胼胝体连接而成。大脑表面的灰质层，称为大脑皮质（cerebral cortex），又称为大脑皮层，或简称为皮质或皮层，是大脑的重要解剖结构；深部的白质，又称为髓质，蕴藏在白质内的灰质团块为基底核（basal nuclei），主要包括了纹状体、黑质等（柏树令，应大君，2005）。基底核主要参与控制随意运动、程序性学习、习惯行为、认知和情绪等。基底核的病变可导致多种运动和认知障碍，如帕金森氏症、妥瑞症、强迫症和亨廷顿氏症。

皮层由神经细胞组成，还包括星形胶质细胞等其他支持细胞。大多数神经元属于锥体细胞形态，还有篮状细胞等。成年人类大脑皮层所含的神经元的数量大约在10^{11}量级。皮层神经元之间形成大量的突触连接。这些突触连接包括分区内的连接、分区之间的侧向连接和半球之间通过胼胝体的连接，以及与脑的其他部分（例如丘脑、基底核等）形成的连接。在高级哺乳类动物中，大脑皮层存在分层结构。在新皮层，由外向内依次命名为1—6层。不同的层的细胞类型和形态，以及链路模式不同。

根据空间位置，大脑皮质被分为几个叶。每个叶是几何上连通的一部分皮质，参见图2.1。以下列出的是这些叶的名称及目前学术界所认为的主要功能：（1）额

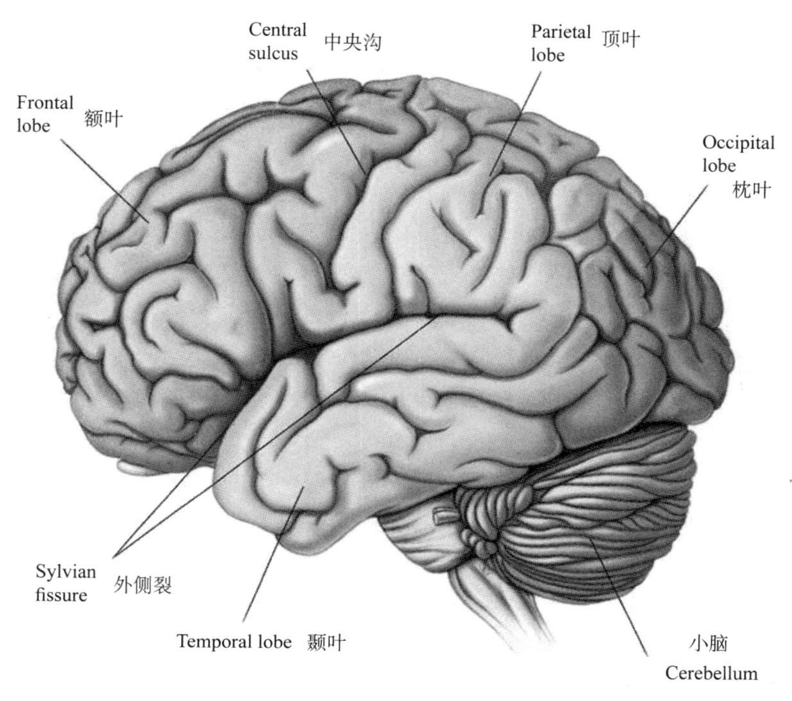

图2.1 大脑皮层的分叶（Bear, Connors, & Paradiso, 2004）

叶：高级认知功能——如语言、决策、学习、抽象思维，情绪情感，以及自主运动的控制等。(2) 顶叶：躯体感觉，空间信息处理，视觉信息和体感信息的整合等。(3) 颞叶：听觉，嗅觉，高级视觉功能（例如物体识别），语言理解等。(4) 枕叶：视觉信息处理等。(5) 边缘系统：情绪、学习和记忆等。

高级哺乳类动物大脑皮质的重要特征是功能分区。德国神经科医生布洛德曼（Korbinian Brodmann）将大脑皮质分区并编号，其分区系统被广泛使用。Brodmann分区系统包括每个半球的52个区域。大脑皮层分为左右两个半球，两侧半球在功能上有分化。对大多数人而言，语言功能主要由左半球掌管，而右半球更多地参与形象思维与情感活动等。德国解剖学家Gall认为，人的每种“精神、能力”都在大脑皮质上严格地局部定位，该处的发达与否会反映到颅骨表面。于是，他把头颅骨划分为“欲望、情爱、理想、仁慈、希望”等30多个区域，创立了著名的颅相学（罗跃嘉，2006）。显然Gall的划分并不正确，但他率先提出了大脑皮质的机能定位概念。

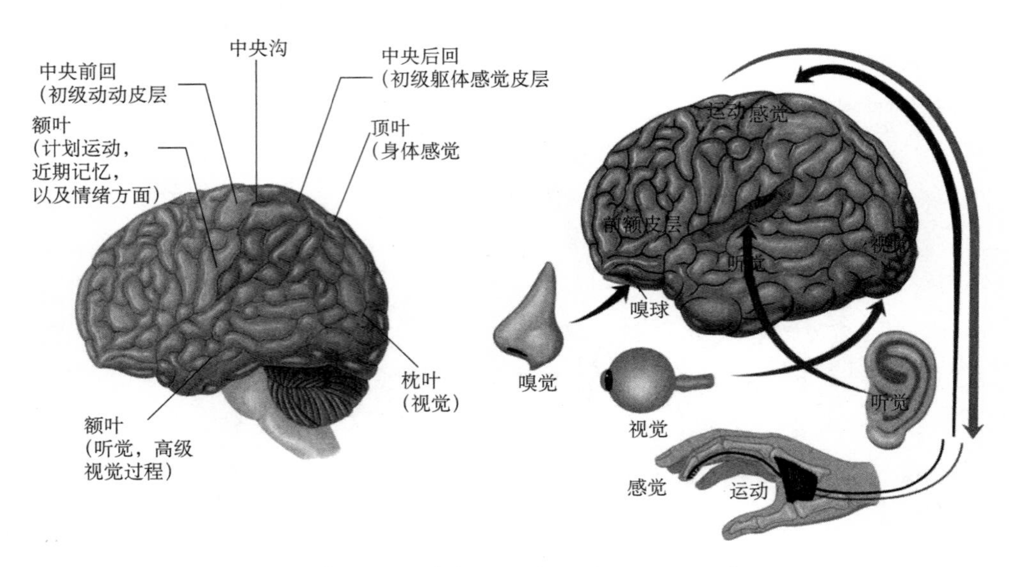

图2.2　大脑皮层的功能分区示意图（Kalat, 2011）

1861 年，法国神经病学家 Broca 根据尸检研究发现左半球额下回后部的“言语中枢（Broca 区)”；1873 年，德国神经病学家 Wernicke 发现左半球颞上回后部的“听觉中枢 （Wernicke 区)”；翌年，一位美国医生电刺激一位颅骨缺损病人的大脑皮质引起肢体剧烈地不自主运动和刺痛感；同年，俄国解剖学家 Botz 在中央前回发现与运动功能有关的大锥体细胞（Betz cells)。这些都无可争辩地表明：大脑皮层的功能不是均一分布的。近年来，无数科学家都致力于大脑功能分区的研究。如 1981 年的诺贝尔医学或生理学奖由 3 位科学家分享，其中斯佩里（Roger W．Sperry）是因发现大脑半球的功能分区而获奖。图 2.2 是大脑皮层的功能分区示意图，左图显示四个脑叶分别对应的大脑功能，右图标示了负责视觉、听觉、身体感觉的初级感觉皮层，初级运动皮层和负责嗅觉的嗅球。

神经科学家精细地研究初级感觉皮层和初级运动皮层，得到了拓扑对应图。脑部对应控制区域的面积与实际躯体的大小并不成比例。手指、面唇部等对应的脑区较大，而躯干、手臂和腿部对应的脑区较小。脑部对应控制区域的大小，反映了该部分躯体的感觉敏感性和运动灵活性的大小。有人按照脑内控制区对应的比例画成了头大、手大、身小的“侏儒人”，非常艺术性地描述了顶叶初级感觉皮层和额叶初级运动皮层的拓扑对应（Waxman，2003）。

边缘系统（limbic system）包括海马结构、海马旁回、内嗅区、扣带回、乳头体及杏仁核等。边缘系统的功能比较复杂，它与内脏活动、情绪反应、记忆活动等有关。例如，杏仁核具有抑制下丘脑防御反应区的功能；当下丘脑失去杏仁核的控制时，动物就易于表现防御反应，张牙舞爪，呈搏斗架势。有趣的是，有一位因毒打妻子而被捕的犯人，经过脑成像检查后发现其脑内一侧的内侧颞叶长有相当大的肿瘤，严重压迫到杏仁核和海马。因祸得福的是，在手术摘除肿瘤后，他完全改变了火爆脾气，恢复先前的风度，并令自己和妻子都惊讶不已（顾凡及，2011）。此外，海马与记忆功能密切相关。由于治疗的需要而手术切除双侧颞中叶的病人，如损伤了海马及有关结构，会引致近期记忆能力的丧失。

二、神经元及其电活动

大脑由上千亿个神经元与上万亿个神经胶质细胞构成，神经元形成的突触数达100万亿之众。神经元是构成神经系统结构和功能的基本单位，包括细胞体和突起两个部分。细胞体的形态多种多样，细胞的大小差别也很大。

每个神经元的树突（dendrite）有一至多个。从细胞体发出后可反复分支，逐渐变细而终止。树突是神经元的输入通道，其功能是将自其他神经元所接收的动作电位（电信号）传送至细胞本体。其他神经元的动作电位借由位于树突分支上的多个突触传送至树突上。树突在整合从这些突触所接收到的信号，以及决定此神经元将产生的电位强度上，扮演了重要的角色。

轴突（axon）是主要的神经信号传递通道，是由神经元胞体长出的突起，功能是将细胞体发出的神经冲动传递给另一个或多个神经元，或分布在肌肉或腺体中的效应器。大量的轴突牵连在一起，就形成神经纤维。除个别情况外，神经元一般都有一条细而均匀的轴突，轴突从胞体发出时常有一锥形隆起，称为轴丘。轴突也可能发自树突干的基部（许绍芬，1999）。

神经胶质细胞（neuroglial cell）又称胶质细胞（glia），是神经组织中除神经细胞以外的另一大类细胞，其数量约为神经细胞的10倍，而总体积与神经细胞的总体积相差无几。通常神经胶质细胞直径为8—10μm，和最小的神经细胞的直径相似。

神经胶质细胞具有多种重要的生理功能，如支持、隔离与绝缘、引导发育神经元的迁移、形成血脑屏障、修复与再生、参与免疫应答、参与神经递质的代谢、维持内环境离子成分的稳定、合成和分泌神经活性物质等。最新研究还显示，神经胶质细胞也具有长时程可塑性，可能还具有其他高级功能（Duan，2010）。最新研究显示，神经胶质细胞的功能并不局限于对神经元的支持、保护、营养和屏障等辅助作用。例如，神经胶质细胞还参与突触的形成并调节突触传递，也参与神经的发生并与神经元之间有信息传递。神经胶质细胞在思维和学习过程中扮演着几乎与神经元同等重要的角色（常笑雪，张鑫，2008）。

两个神经元之间的接触点称为突触（synapse）。神经元之间可通过轴突—树突、轴突—胞体、轴突—轴突等多种方式实现突触连接。在电镜下观察到，突触部位有两层膜，分别称为突触前膜和突触后膜，两膜之间为突触间隙。一个突触由突触前膜、突触间隙和突触后膜三部分构成。

1924年德国的精神病学家Ham Berger首次记录到了人脑的电活动，从此开始了人的脑电图的测量。脑电（EEG）是大脑自发性、节律性、综合性的神经电活动，其频率变动范围在0—30Hz之间，Walter将其划分为四个波段，即δ（0.5—3.5Hz）、θ（4—7Hz）、α（8—13Hz）、β（14—25Hz）、γ（26Hz以上），但这几种波的频率边界，目前在学界还没有完全统一的标准（赵仑，2010）。现在普遍认为，脑电活动是由垂直方向的锥体神经元与它们的顶树突的突触后电位产生的（刘秀琴，2004）。

δ波，频率约为每秒0.5—3次，当人在婴儿期或智力发育不成熟、成年人在极度疲劳和深睡状态下可出现这种波段。θ波，频率为每秒4—7次，成年人在意愿受到挫折和抑郁时以及精神病患者这种波极为显著。α波，频率为每秒8—13次，平均数为10次左右，它是正常人脑电波的基本节律，如果没有外加的刺激，其频率是相当恒定的。人在清醒、安静并闭眼时该节律最为明显，睁开眼睛或接受其他刺激时，α波即刻消失。β波，频率约为每秒14—30次，当精神活动、精神紧张和情绪激动或亢奋时出现此波，当人从睡梦中惊醒时，原来的慢波节律脑电会立即被该节律所替代。

脑电节律会受到被检测者的注意状态、情绪状态以及年龄的影响。魏金河等认为脑电的高频活动反映了一般注意状态；而信息加工过程中注意需求的动态变化可通过α活动的变化来反映。在情绪研究方面，很多研究表明焦虑情绪会在皮层引起以去同步化活动为主的β节律；而愤怒情绪则以α活动为主，同时在颞叶出现成串的θ波（赵仑，2010）。

脑电与年龄有密切的关系：6个月以前的婴儿脑电以δ活动为主；6个月以后的

婴儿脑电以θ活动为主，特别是在顶枕部形成3.5—5Hz的θ波优势；1—3岁幼儿对应的基本脑电频率分别是3Hz、4Hz和5Hz；4岁幼儿在6Hz以上；5岁幼儿在7Hz以上；6岁幼儿在8Hz以上；7—13岁儿童的基本频率如成年人（8—13Hz），但有明显的不稳定性；觉醒时正常成人EEG以α波（主要分布于枕顶区）和β波（主要分布于额颞区）为基本波；60岁以上老人的EEG，出现与儿童脑的成熟过程相反的变化，即α波频率减慢，波幅降低，波形变坏，且慢波（δ波和θ波）和快波（β波和γ波）均增加，出现老年性快波（赵仑，2010）。

此外，音乐也能暂时改变人类脑电的节律，如卢英俊等的脑电研究发现，莫扎特D大调双钢琴奏鸣曲（Sonata K.448）对脑电功率谱的影响模式存在性别差异。相比静息状态，聆听K.448显著降低了女性α1和α2频段脑电活动，却显著升高了男性α2频段脑电活动。聆听K.448还显著降低了β波功率谱，由于β波反映了人脑的警觉状态，提示聆听音乐使大脑更为放松（卢英俊，吴海珍，钱靓，谢飞，2011）。音乐所诱发的EEG的特性，是观察人类高级脑功能的一扇窗口，这些研究必将有助于推进对人类大脑的探索进程。

三、神经递质

自1921年开始，神经科学家相继发现了为数不多的（约10种）小分子递质和多种（50种以上）参与突触传递的神经活性多肽，以及近年又发现一氧化氮（NO）为气体信使。关于判断内源性神经活性物质是否为神经递质，即递质的鉴定标准，主要有：（1）该物质及其合成所需物质的存在；（2）该物质可被释放进入突触间隙；（3）具有相同的突触后效应；（4）存在灭活机制（徐科，2000）。

乙酰胆碱（Acetylcholine，Ach）为中枢及周边神经系统中常见的神经传导物质，于自主神经系统及体运动神经系统中参与神经传导。Ach主要参与下列功能：（1）促进学习和记忆；（2）维持觉醒与抑制深度睡眠；（3）参与感觉与运动控制；（4）参与镇痛；（5）调控体温；（6）促进摄食与饮水；（7）升高血压（许绍芬，1999）。

单胺类神经递质主要包含去甲肾上腺素（NE），多巴胺（DA）和五羟色胺（5-HT）等。酪氨酸是儿茶酚胺类神经递质的前体物质。多巴胺、去甲肾上腺素与肾上腺素（E）均为儿茶酚胺类物质，是由于都含有儿茶酚这一化学结构而得名。儿茶酚胺类神经递质广泛参与运动、情绪、注意及内脏功能的调节。五羟色胺，又名血清素，是以色氨酸为前体的单胺类神经递质，在调节情绪、情感行为和睡眠等方面起重要作用（齐建国，2011）。

去甲肾上腺素（Norepinephrine，也称 Noradrenaline，缩写为 NE 或 NA），是肾上腺素去掉 N- 甲基后形成的物质，在化学结构上属于儿茶酚胺。NE 的主要功能有：（1）调节血压；（2）参与镇痛；（3）与情感障碍有关；（4）调节体温；（5）维持觉醒。（许绍芬，1999）

多巴胺（Dopamine，DA）是一种重要神经递质，属于儿茶酚胺类，可影响人的情绪。因为它具有传递快乐、兴奋情绪的功能，又被称作快乐物质。阿尔维德·卡尔森确定多巴胺为脑内信息传递者的角色，使他赢得了 2000 年诺贝尔医学奖。DA 参与的主要功能有：（1）影响脑电；（2）调控躯体运动；（3）调节精神情绪活动。DA 与人类精神情绪活动有密切关系。中脑—大脑皮质、中脑—边缘叶的 DA 能通路积极参与精神和情绪活动，其功能的失平衡可能导致某些精神性疾病。加州理工学院的研究者设计了一种实验装置，大鼠在无意踩踏杠杆后，脑部就会被给予微弱电刺激。他们发现，当刺激电极位于某些位置时，大鼠会变得对踩踏杠杆非常专注，甚至对食物和水都不感兴趣，直到筋疲力尽倒下时才停止。这种行为被称为“自我电刺激”。随后的大量研究，包括对癫痫开颅手术病人的电刺激实验，都发现并证实脑内存在一条共同的通路，将散在的自我刺激位点相互连接，且这条通路与 DA 能神经元回路相重合。许多确切的证据，都显示 DA 参与了脑内的奖赏、强化作用，并调节成瘾行为（参见 Bear，Connors，& Paradiso，2004）；（4）调节内分泌；（5）调节心血管活动；（6）对抗镇痛；（7）DA 异常导致神经系统疾病，如帕金森氏症、亨廷顿舞蹈病、迟发性运动障碍与精神分裂症等（许绍芬，1999）。

5- 羟色胺（Serotonin，又称血清素，5–HT）为单胺类神经递质。研究表明，很多健康问题都与脑内 5–HT 水平低有关。造成 5–HT 减少的原因有很多，包括压力、缺乏睡眠、营养不良和缺乏锻炼等。在 5–HT 降低到需要数量以下时，就会出现注意力集中困难等问题，会间接影响个人的计划和组织能力，且经常伴随压力和厌倦感。如果 5–HT 水平进一步下降，还可能引起抑郁。5–HT 参与的主要功能有：（1）致痛与镇痛；（2）促焦虑作用；（3）促进睡眠；（4）体温调节；（5）抑制性活动；（6）调节内分泌；（7）呕吐；（8）与 5–HT 有关的精神疾病，如精神分裂症与情感障碍。躁狂症和忧郁症患者脑脊液中的 5–HIAA 均较正常人为低。推测 CNS 中 5–HT 功能降低，可能导致精神不平衡。总之，CNS 中 5–HT 功能不足，是情感障碍的重要因素（许绍芬，1999）。例如，常用口服抗抑郁药百忧解，主要是通过抑制神经元对5–HT的再摄取，来提高脑部细胞外5–HT浓度，以治疗强迫症，抑郁症及伴随而来的焦虑等，但类似其他抗精神病类药物，其副作用也较多。

氨基酸中的谷氨酸（glutamic acid，Glu）、甘氨酸（glycine acid，Gly）和γ–氨基丁酸（γ-aminobutyric acid，GABA）都是中枢神经系统中的重要神经递质。兴奋性氨基酸在脑内浓度过高时，会产生神经毒性，导致神经系统疾病。例如，持久地刺激兴奋性氨基酸受体（包括NMDA和非NMDA受体），可引起神经元的损伤乃至死亡。兴奋性氨基酸递质谷氨酸的失调可能与神经系统的疾病有关，如神经内分泌紊乱、精神分裂症、脑缺血、亨廷顿舞蹈症与阿尔茨海默病等。谷氨酸钠是广泛应用的调味品，俗称味精。给幼年动物及儿童口服谷氨酸钠，可破坏神经元，特别是位于缺乏血脑屏障区域的神经元，如调节内分泌的下丘脑弓状核，会导致复杂的内分泌缺乏综合征（许绍芬，1999）。

抑制性氨基酸主要有γ–氨基丁酸（GABA）和甘氨酸（Gly）。GABA的生理功能主要有：（1）抗焦虑作用；（2）对内分泌的影响；（3）与镇痛的关系；（4）抑制摄食；（5）防止惊厥；（6）传递和调控视觉信息；（7）γ–氨基丁酸相关的神经疾病。GABA与癫痫的关系广受重视。癫痫病人大脑皮质的GABA含量降低。而且，用钴引起猫的实验性癫痫发作时，皮质GABA含量降低，且其降低程度与癫痫发作的强度相关。此外，GABA与帕金森氏症之间也有联系（许绍芬，1999）。甘氨酸（Gly）的生理功能主要有：甘氨酸作为抑制性神经递质，也参与CNS的突触传递，特别是在脑干和脊髓处。例如，在小鼠和人，甘氨酸受体的α亚基突变时，会导致运动和行为缺陷，证明甘氨酸能神经传递具有重要的意义（Nicholls，Martin，Wallace，& Fuchs，2003）。

除了前述的乙酰胆碱、单胺类神经递质和氨基酸类神经递质外，目前发现还有一些肽类、嘌呤类（如ATP）和气体分子（如NO）等类的神经递质或调质（Kalat，2011）。

第二节　脑的发育与环境

尽管目前神经教育学还处于初创时期，但它的一些理论思考和科学证据已经使我们对儿童心理与行为发展背后的神经机制的认识有所突破，为教育者更好地认识脑、使用脑、保护脑、开发脑和创造脑提供了许多有益的启示。从儿童发展的本质来看，教育的根本目的在于促进儿童的心智全面和谐发展，而心智发展的保障正是儿童神经机制的良性协同发展。事实上，儿童心智的每种发展变化，在其神经机制中都会有所体现，这也正是神经教育学研究迅猛崛起的重要原因。脑发育不仅是基因驱动的过程，而且也是基因与环境交互作用的双向动态过程。

一、脑的形态学变化

以往组织学观察是脑形态学的主要研究方法，因此人们对脑发育并无直观及清晰的认识；随着神经影像诊断技术的发展，影像学已经成为脑发育研究的重要方法（陈曦，李胜利，2014）。

出生前人脑的发育过程大致如下：受精后不久，受精卵进行快速的细胞分裂，结果形成一群增殖细胞，即胚囊。胚囊分化出三层结构，形成胚胎。胚胎的每一层都将进一步分化为主要的器官系统。神经系统始于神经胚的形成。在怀孕后大约22天，部分外胚层开始向内卷曲形成中空的管状结构，即神经管，此过程称为神经胚形成。末端的脊髓进一步分化出一系列重复单元或节，而神经管的前端则形成一系列脑泡。

人脑胚胎期和胎儿期的发育示意图参见图2.3。对于第一行25—100天的脑图，下方对应的小图与其上方的大图所描述的脑的发育阶段是一致的，只是小图是根据5个月后的脑图比例绘制，而上方大图则是为了便于观察而做放大后的结果。前脑、中脑和后脑起源于神经管前端隆起的脑泡。在灵长类动物中，回旋的皮层发育后将遮盖中脑、后脑和部分小脑。出生前，脑发育过程中神经元以每分钟250000个以上的速度产生（Johnson，2007）。

出生两年后，婴儿的感知觉能力得到了迅速发展，其脑的重量也已达到成人脑重量的80%。综合国内外有关脑结构发育的研究结果，发现儿童（包括青少年）时期的脑发育呈现以下趋势：总脑体积随年龄增长基本没有显著变化；皮层灰质体积随年龄增长呈倒“U”趋势，具体表现为在青春期前随年龄增长而增加，青春期后随年龄增长而减少；而总白质体积在发育过程中随年龄增长线性增加，灰质/白质绝对体积的比率随年龄增长线性下降（李艳玮，李燕芳，2010）。发展认知神经科学正试

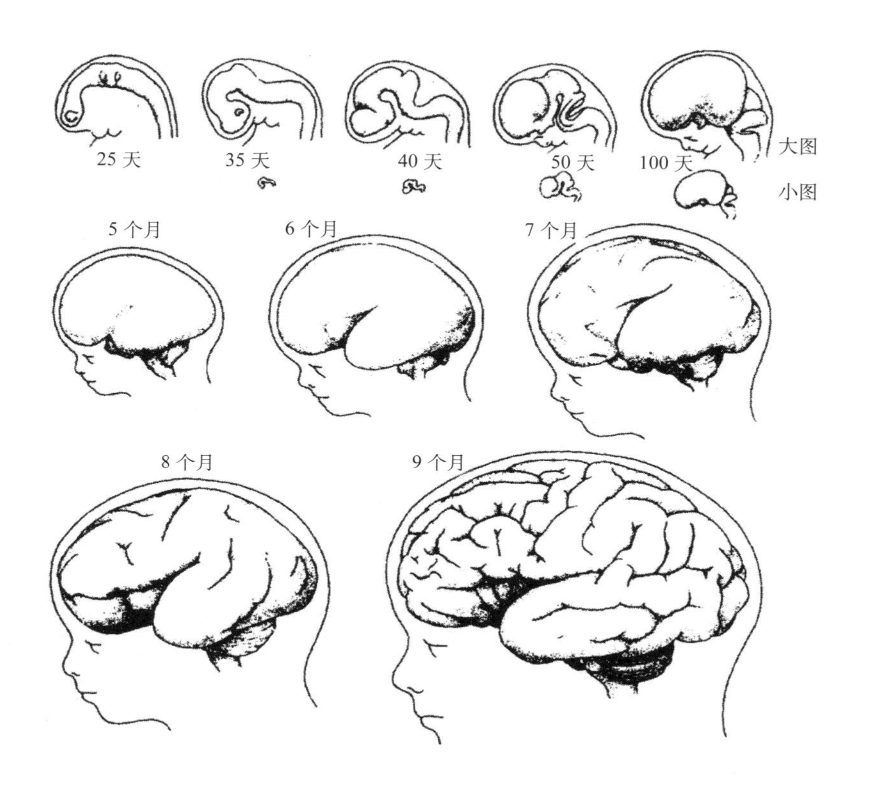

图2.3 人脑胚胎期和胎儿期的发育示意图（Johnson, 2007）

图回答，在儿童期（含青少年）脑结构形态发生巨大变化的同时，儿童认知能力发展与大脑发育之间存在怎样的关系。

脑成像研究表明，与感觉、知觉等基本生活技能相关的脑区发育成熟较早，而与决策、推理等高级认知活动相关的脑区发育成熟较晚（李艳玮，李燕芳，2010）。此外，男女两性的大脑结构发展中还存在性别差异，如男童的灰质和白质绝对总体积都显著大于女童。女童海马成长得更快，男童杏仁核成长得更快。这些脑部性别差异可能与男童空间加工能力强、而女童言语加工能力强有关（郭小娟，2006）。

二、物理化学的物质环境对脑发育的影响

儿童生活在物理化学的物质环境中，日常接触的物质有些会对个体健康发展起促进作用；有些则存在毒性，可能会给个体的健康发育带来损害。科学家很早就开始研究不同物质对身体的作用，尤其是关注早期接触有害物质对大脑发育的损害问题。

人类大脑的发育并非一直保持匀速，而是存在着不平衡性。大脑从胚胎时期到出生后前几年都处于快速发育的阶段，全脑的质量快速增加，轴突迅速延伸，树突迅速出芽，突触也大量形成，神经元之间的联系大量形成。这段时期是大脑发育的关键阶段，各种因素的变化都会强烈作用于大脑，因此也是大脑最易受到损伤的时期。还有一个重要因素使未成熟的大脑更容易受到有毒物质的损害。这就是成熟的大脑具有血脑屏障，可以有效阻止血管中的有毒物质进入大脑组织，而血脑屏障在胎儿期与出生后第一年内还未成熟（National Scientific Council on the Developing Child，2006）。

对大脑发育有损害的物质很多。根据来源，可将其分为四类：一是大环境中的污染物，包括重金属污染、空气污染、杀虫剂和电磁辐射等；二是致瘾性物质，如酒精、尼古丁和可卡因等；三是药品，如麻醉剂等；四是日用品中的有毒物质，如双酚 A、塑化剂等（王一逸，卢英俊，2014）。下面就这四类有害物质对儿童大脑发育的危害进行分析，并提出相关建议以保护儿童大脑健康、促进儿童脑发育。

（一）大环境中污染物对脑发育的影响

环境中的铅和汞等重金属的根本来源是工业污染。工业排放的废水和废渣中包含大量的含重金属的复杂化合物，这些重金属会随着化合物的分解而游离，并通过饮食、皮肤吸收、呼吸及胎盘等渠道进入婴幼儿体内，影响其大脑发育。这些重金属进入大脑，会阻碍神经元在脑中的迁移和突触的形成，以致影响大脑的正常结构和功能。同时，重金属还会干扰神经递质在突触间的传递，进而影响学习、情绪控制和社会交往等大脑功能，并对个体的动作、视觉、听觉和触觉等基础能力造成损害（National Scientific Council on the Developing Child，2006）。

（1）铅对脑发育的影响

铅对人体和动物有积累性的危害，它随着血流分布进入人体的所有组织中，并主要集中于中枢神经系统。如铅可通过破坏神经突触中的 NMDA 受体功能及大脑海马回的长时程增强等功能，影响儿童的学习、记忆过程（National Scientific Council on the Developing Child，2006）。婴幼儿在铅暴露环境中生活易发生铅中毒现象，即使是铅暴露造成的低浓度血铅仍然会损害婴幼儿发育中的中枢神经系统（Liu，Liu，Wang，McCauley，Pinto-Martin，Wang，et al.，2014）。胎儿期的铅暴露对大脑的影响最大，除影响记忆和注意力外，还会损伤其听觉脑干组织，并导致出生后婴儿头围减小。总之，铅会导致个体产生生理缺陷、认知能力下降及社会情绪性障碍等症状，且对处在生长发育期的儿童影响更深远（林珠梅，朱莉琪，陈哲，2013）。近期研究还表明，血铅浓度（即使低于已知的安全标准）也可能与学前儿童行为问题风险的升高相关，既包括焦虑等内化性问题，也包括广泛性发育问题（Liu，Liu，Wang，McCauley，Pinto-Martin，Wang，et al.，2014）。这提示，儿科门诊除了评估儿童精神行为问题之外，还有必要对儿童的血铅水平进行检测。

（2）汞对脑发育的影响

汞会对人体的多个器官造成影响，而对大脑的损害又是先于其他组织的。汞中毒个体的神经系统损害比较严重，并常常具有不可逆性。当含汞物质被排放到环境中，很可能会被土壤和水体中的一些细菌转化为更具毒性的甲基汞。甲基汞具有水溶性，能够进入微生物体内，并通过食物链进入并大量积累在鱼类和贝类体内。食用这些含甲基汞的水产品后，甲基汞就进入到人体内并大量聚集。甲基汞进入神经细胞内，会抑制某些酶的活动，阻碍特定神经元和神经胶质细胞的生成，破坏大脑正常结构的形成，使大脑正常功能受损（National Scientific Council on the Developing Child，2006）。

（3）工期污染对脑发育的影响

火力发电、汽车尾气、工业生产都会向空气中排放CO_2、SO_2、PM10、PM2.5以及多环芳香烃，导致空气污染成为严重影响健康的问题，会给发育中的大脑带来负面影响，导致大脑结构发生变化，影响儿童智力发展。Calderón-Garcidueñas等对生活在空气污染严重地区和无空气污染地区的儿童进行对比检测，发现来自空气污染地区的儿童右侧顶叶和双侧颞叶处的白质体积明显较小，且这些脑区的功能受损与其智力测试中的较差表现有关。对火电厂关闭前后出生的两组儿童进行测验后，研究者发现火电厂关闭前出生的儿童大脑运动区的发展出现延迟现象，且延迟程度与空气污染物中多环芳香烃的含量显著相关（王一逸，卢英俊，2014）。

（4）杀虫剂对脑发育的影响

杀虫剂的过量使用和误用已成为国际性问题，在发展中国家尤为突出。中国是全世界最大的杀虫剂消费国。使用最多的杀虫剂是有机磷酸酯类（OPs）杀虫剂，并主要用于农业种植。OPs是一种急性神经毒素，能抑制神经系统传导系统中乙酰胆碱酯酶的活性，使乙酰胆碱无法分解为胆碱和乙酸，阻断神经传导而致昆虫死亡。OPs可导致突触的调节异常并破坏神经结构的建立。OPs还会影响神经细胞迁移，减少神经元之间的联结，影响大脑回路的形成和功能。研究表明，胎儿和年幼儿童比成人更易受到杀虫剂的毒害。这不仅由于其大脑正处于快速发育期，还因为他们体内的排毒酶的含量少于成人。母体中的杀虫剂能够通过胎盘转移到胎儿体内，导致胎儿接触杀虫剂。在胎儿期和儿童期长期暴露于低水平OPs杀虫剂环境中会导致儿童的认知能力弱化并出现行为问题（王一逸，卢英俊，2014）。

（5）电磁辐射对脑发育的影响

现代人还面临电磁辐射伤害。研究表明，生活在低强度电磁（WI-FI和信号塔水平）环境中的人会出现睡眠障碍，并在短期内出现认知、记忆和学习问题，反应时和注意力集中程度均会受到影响。儿童较薄的颅骨和头皮使辐射更易进入大脑深处，使辐射对儿童造成更为严重的伤害（王一逸，卢英俊，2014）。

（二）致瘾性物质对脑发育的影响

酒精和尼古丁大量存在于日常生活中，其对儿童大脑结构与功能的损害不容忽视。许多母亲在孕早期未知已经怀孕而继续饮酒和吸烟，导致酒精和尼古丁损害胎儿大脑发育。

（1）酒精对脑发育的影响

孕期饮酒或含酒精饮料，可能会导致胎儿酒毒性综合征。该症涉及多个器官，最大的危害在于导致神经行为障碍，包括多动症、学习能力低下和抑郁症，严重影响胎儿以后的正常生活。大脑最易受酒精损伤的时期，是神经系统发育中的突触发生期。这一时期的酒精暴露会通过阻断NMDA受体和过度激活γ－氨基丁酸（GABA）受体的双重机制，引发神经元大量凋亡，影响大脑正常结构的形成。酒精暴露还会导致大脑海马区退行性改变，并抑制齿状回中新细胞的形成，从而引起学习、记忆能力及智力水平的下降（National Scientific Council on the Developing Child，2006）。

（2）尼古丁对脑发育的影响

尼古丁具有脂溶性。若孕妇在怀孕期间吸烟或吸二手烟，尼古丁会通过胎盘进入胎儿体内，从而损害胎儿大脑的结构与功能。对妊娠期的母鼠进行尼古丁暴露后，出生后小鼠大脑皮层和海马区神经细胞黏附分子的表达改变，影响细胞迁移、突触重塑等过程，致使出生后3周小鼠的大脑皮层和海马区细胞层变薄，细胞数目减少，阻碍后代大脑皮层和海马形态结构的正常发生，并影响中枢神经系统功能，使新生小鼠出现认知障碍、学习和记忆能力低下及行为异常现象（王一逸，卢英俊，2014）。还有研究显示，孕妇吸烟甚至与其后代在青春期和成年期的暴力犯罪率成正相关（Kalat，2011）。

(3) 毒品对脑发育的影响

药物滥用的流行病学调查结果显示，欧美等国家以滥用精神兴奋性剂可卡因为主，而亚洲地区以滥用阿片类药物海洛因为主，人群以35岁以下的育龄人口为主(约67.5%)(高国栋，2006)。这两类药物都能够透过胎盘屏障和胎儿的血脑屏障，对子代脑发育和行为产生严重影响。近年来研究证据都显示，胚胎期接触可卡因、吗啡等成瘾药物，可以影响神经细胞的增殖、迁移或凋亡等发育过程，使中脑、皮层与边缘系统中多巴胺、GABA、谷氨酸等神经元形态、受体功能以及突触可塑性发生改变，从而导致子代的学习记忆和成瘾易感性等行为异常（王园园，王冬梅，隋南，2013）。

可卡因常被当作止痛剂应用于术后治疗中，但如在怀孕期间使用这类止痛剂，可能会对胎儿的大脑发育造成非常严重的负面影响，如日后产生注意障碍、情绪控制问题及多动等（National Scientific Council on the Developing Child，2006）。海洛因或吗啡，会与GABA能神经元上的阿片类受体结合，导致GABA能神经元活动增强，进而扰乱受体后的细胞信号转导机制。有临床证据提示，孕期使用吗啡可导致胎儿发育畸形、认知功能低下、痛觉敏感性下降等（王园园，王冬梅，隋南，2013）。

（三）药品对脑发育的影响

由于胎儿和婴儿的血脑屏障尚未发育完全，所以使用药物时必须谨慎，以免药物对脑部产生负面影响。例如，儿童的绝大部分手术都需要在全身麻醉状态下施行。以前认为只要麻醉过程中没有发生大脑缺氧，就不会影响脑发育，但近年的研究结果表明，全身麻醉药对发育期大脑的影响并不乐观。各种全身麻醉药大多是通过兴奋GABA受体或抑制NMDA受体来阻碍神经信号在突触间的传递，以达到全身麻醉的效果，但GABA和NMDA受体参与的神经活动在早期大脑发育过程中起重要作用，若使用全身麻醉药，势必会阻碍大脑的正常活动，影响大脑的结构功能。例如在突触形成关键期使用麻醉剂，会影响海马区的突触可塑性，造成海马的长时程增强受损，导致个体出现学习障碍和记忆障碍（王一逸，卢英俊，2014）。

（四）日用品对脑发育的影响

下面将以双酚A、塑化剂和食品添加剂等物质为例，来探讨日用品对儿童脑发育的影响。

（1）双酚A对脑发育的影响

添加了双酚A（bisphenol-A）的塑料具有无色透明、耐用、轻巧、耐腐蚀和耐冲击等优点，被广泛用于食品容器。然而，双酚A是一种具有弱雌激素活性的环境内分泌干扰物，可与雌激素受体结合。在大脑发育过程中，雌激素对脑的发育具有非常重要的调节作用，而双酚A则通过改变不同脑区中雌激素受体的表达，干扰雌激素对脑发育的调节作用，给发育中的大脑带来危害。受双酚A影响，许多脑区的性别分化会受到干扰，进而影响个体的生殖行为以及探究、焦虑和学习记忆等多种神经行为（陈蕾，徐晓虹，田栋，2009）。发育中的脑对双酚A特别敏感，低于环境排放安全标准剂量的双酚A已可影响脑的发育。最新研究发现，长期暴露于低剂量的双酚A环境中，雄性大鼠的空间记忆和被动回避记忆能力均减退，且海马突触密度大量减少，突触的结构性参数也随之改变，如突触间隙增大、突触后活性区的长度降低等（Xu，Liu，Zhang，Zhang，Lu，Ruan，et al.，2013）。

为此，专家指出有必要重新制定双酚A环境排放安全标准（陈蕾，徐晓虹，田栋，2009）。在现今塑料制品充满生活各个角落的时代，教育者与养育者需充分了解和评估塑料成分对食品安全可能造成的隐患，将有助于更好地保护儿童发育中的大脑。

（2）塑化剂对脑发育的影响

塑化剂（增塑剂）是一种在塑料工业上被广泛使用的高分子材料助剂，可以使塑料的柔韧性增强，更易加工。常用的增塑剂邻苯二甲酸二乙基已酯（DEHP）是一种具有拟雌激素和抗雄激素活性的环境内分泌干扰物。目前已认定包括DEHP在内的PAEs增塑剂可干扰人和动物的内分泌系统，影响野生动物幼体的性腺分化和成体的生殖活动，导致人类男性生殖能力减弱、引发女性性早熟（杨艳玲，徐晓虹，2013）。

人类和野生动物可通过不同途径终生暴露于DEHP。人类主要通过食品、医疗用具、水体等途径摄入DEHP，其中人体内超过90%的DEHP是从食品摄入。母体摄入的DEHP可通过胎盘和乳汁转入子代体内并进入脑组织。DEHP及其代谢产物可以影响神经细胞的增殖分化和突触形成，干扰性激素调控发育过程中的下丘脑氨基酸递质系统对促性腺激素释放激素分泌的刺激作用，影响中脑多巴胺递质系统发育而诱导自发性多动症。DEHP对脑发育的作用最终影响动物的早期行为、学习记忆和情感等行为发育（杨艳玲，徐晓虹，2013）。

（3）食品添加剂对脑发育的影响

日常食品中存在的大量食品添加剂，包括防腐剂、抗氧化剂、着色剂、甜味剂等。专家指出，若剂量控制在允许摄入量水平内，对儿童是安全的；但若过量摄入，则会导致儿童出现过度活跃、过敏、哮喘等症状。将一些食品添加剂混合后，研究者发现这种混合物对大脑发育存在毒性，会影响神经细胞生成，降低中枢神经系统功能的活性（王一逸，卢英俊，2014）。

（五）重视物理环境对脑发育的影响

养育者和教育者，必须充分重视物理环境对脑发育的影响。怀孕阶段多种环境因素可能对胎儿孕期脑部发展造成负面影响，包括环境中的致畸物质，母亲的疾病、母亲的营养不良和用药等。

要减少有害物质对大脑发育的负面影响，需要大力宣传科学育儿知识，杜绝幼儿接触有害理化环境的机会，避免不利事件发生。政府可以成立相关的评估机构，对校园和幼儿家庭的环境给予免费评估与指导。校园的选址需重点考量环境因素，特别是远离空气污染与电磁辐射等，努力创建绿色园区。在家庭、幼儿园或学校日常生活环境中，应尽量避免接触双酚 A、塑化剂、杀虫剂与各类食品添加剂（王一逸，卢英俊，2014）。

三、社会环境对脑发育的影响

脑的发育起始于出生前，一直持续到成年早期。在这一漫长的过程中，脑的发育受到多方面影响：（1）父母的遗传因素；（2）胎儿期母亲子宫内的环境；（3）出生后的生活经历等。这些因素中任何一项的改变，都会给脑的正常发育带来影响。

人脑具有远超越动物的语言和高级思维能力，而人的早期体验也带有强烈的社会色彩。除了单纯的感觉体验外，儿童脑发育的环境中还存在与他人之间的社会性、语言性交往。抚养者、教育者及同伴与儿童的交往模式，都会影响儿童脑部结构与功能的发展。儿童的早期生活环境与生活经验影响着特定基因能否表达，以及表达的程度，从而塑造了其正在发育中的大脑（National Scientific Council on the Developing Child，2010）。

由于婴幼儿时期的神经可塑性较高，使得早期经历对儿童脑部塑造作用格外强烈。有关丰富多彩的环境对儿童脑发育的促进作用，如艺术熏陶与音乐练习等，将会在后续详述。这里，将重点讨论社会交往层面的经历。目前，早期不良经历对脑部发育的影响，特别引起研究者的关注。早期不良经历是指对儿童的心理或生理带来伤害的经历，如遭受虐待，被人忽视，与抚养者未能建立起正常的依恋关系，目睹父母间的暴力行为，经历使其生活发生重大改变的事件或自然灾害等。早期不良经历也会影响基因表达，如“遭受忽视”或“虐童”等应激性事件都会对大脑健康发育产生极其负面的影响，并日益引起关注。

如果早期某种不良经历持续的时间较长或强度较大，则可能抑制大脑发育。研究显示，早期不良经历对儿童的大脑容量、大脑皮层发育和大脑结构都有显著影响（张黎，张奇，2010）。早期不良经历可分为两类：（1）由于贫穷等社会因素影响儿童的脑发育，偏重生理层面，如营养不良等；（2）影响儿童心理健康的经历，偏重心理层面，如早期生活应激性事件等。

（一）贫穷导致营养不良对大脑发育的影响

在胎儿和婴儿期的发展过程中，儿童基本的器官和系统正在建造，此时包括大脑在内的许多组织需要大量的营养供应来维持各个器官的正常运作和发育。因此这段时期内，如由于贫穷或战争等社会因素导致营养供应不足，会给儿童脑部发育带来非常大的负面影响。例如，体内许多重要物质的合成都需要包括碘、铁等在内的微量元素。

碘被称为智力元素。缺碘会影响胎儿和婴幼儿的大脑发育，严重的可造成儿童呆傻甚至瘫痪。缺碘造成个体出现的智力障碍是不可逆的。碘缺乏抑制了甲状腺激素合成，而后者对促进神经系统生长和分化的基因表达有极重要的调控作用（朱素春，2011）。

铁是大脑中含量最多的微量元素之一，在神经元的能量代谢活动、髓鞘形成、神经递质代谢等多项生理活动中起重要作用。围产期铁缺乏，会延迟髓鞘发育并阻碍神经递质的合成代谢，降低各种酶的代谢活力，导致细胞功能紊乱，对神经系统的正常发育产生长远的不利影响（王来栓，邵肖梅，2004）。

（二）母婴依恋及分离对大脑发育的影响

儿童在早期生活经历中的应激性事件主要有母婴分离、母爱剥夺、忽视与虐待等。早期生活经历会影响神经内分泌功能，特别是下丘脑—垂体—肾上腺轴（HPA轴），对成年后的认知、情感和社会功能存在持续影响（Tang，Reeb-Sutherland，

Romeo，& McEwen，2014）。

儿童与主要抚养者（一般为母亲）的关系对成长非常重要。短期的母子间交往能够调节子代的情绪，而长期的母子间交往能够使大脑产生结构性改变，促进子代情绪调控能力的发展（Cirulli，Berry，& Alleva，2013）。相反，如果出现母婴分离或母爱剥夺，则会对子代的发展带来负面的影响。在新生儿期经历母婴分离会导致子代海马神经元形成的永久性减少，影响学习和记忆能力（Korosi，Naninck，Oomen，Schouten，Krugers，Fitzsimons，et al.，2012）。

（三）虐童事件对大脑发育的影响

进入幼儿园和学校后，每日陪伴儿童的教师将对其大脑发育施予巨大的影响。近年来，教师虐待儿童事件时有报道：如幼儿园教师对幼儿的殴打与恐吓，还有多起校园内猥亵、性侵事件等。这些虐待行为，对儿童大脑发育有着极大损害。研究发现，虐待会导致儿童海马体积减小，直接影响背外侧前额叶的发育，造成儿童的情绪控制能力、认知再评价能力和执行功能受损（Burrus，2013）。

（四）师幼依恋及教师情绪状态对大脑发育的影响

相反地，研究发现幼儿与幼儿园教师之间安全的依恋关系，能促进儿童的认知发展，并提高其注意能力和阅读技能。如果幼儿与教师没有建立正常的依恋关系，则会影响儿童的认知发展。例如，未与教师建立正常依恋的儿童表现出较弱的口头表达能力、计算能力和言语理解能力，且在总体学业成就上落后于那些建立了师幼安全依恋的儿童（Commodari，2013）。

教师的情感支持，也对儿童大脑造成影响。对儿童唾液中的皮质醇含量和α-淀粉酶进行测定后发现，提供较低教师情感支持的儿童可能处于慢性应激状态，其HPA轴与交感神经系统活动均比有较高教师情感支持的儿童为高（Hatfield，Hestenes，Kintner-Duffy，& O'Brien，2013）。

此外，教师的情绪状态也会影响幼儿的发展。研究表明，教师的抑郁程度与儿童在幼儿园内表现出行为问题的次数呈显著正相关，并影响其照顾儿童的质量（Jeon，Buettner，& Snyder，2014）。

（五）同伴关系对脑发育的影响

同伴关系是同龄人之间或心理发展水平相当的个体间，在交往过程中建立和发展起来的一种人际关系。研究表明，受欢迎型幼儿在四种情绪理解任务上的表现均显著高于被拒绝、被忽视和矛盾型（或称“一般型”）幼儿。幼儿受同伴接纳程度与其情绪理解能力呈显著正相关，而与被同伴关注程度相关不显著；且同伴接纳程度对幼儿的情绪理解能力具有预测作用（李幼穗，赵莹，2009）。由于同伴接纳水平高的儿童在与同伴交往过程中，获得了更多积极与正反馈式的体验，有助于其脑部情绪理解、表达与调节回路的健康发展，最终促进了儿童情绪能力的发展。而对于被忽视与被拒绝的儿童，在交往中处于被排斥地位，这种消极与负反馈式的体验不利于其脑部情绪与社交加工网络的发展。综上，同伴关系在儿童脑发育中具有重要影响。此外，儿童气质对同伴交往类型的形成影响也很大（刘文，杨丽珠，金芳，2006）。由于气质强烈受到先天遗传因素影响，更应引起教育者关注。

（六）重视社会因素对脑发育的影响

需要推广注重儿童心理健康发展的观念，唤起家庭和社会对不良经历影响大脑发育的重视。对于已经历早期家庭不良事件的儿童，要建立有效的干预机制。首先，改善生活环境，创设安全、稳定的生活环境，并防止不良事件再次发生。其次，对父母进行教育，传授相关育儿知识，帮助修复亲子关系。而后，帮助儿童进行积极的社会交往，让其在成功的社会交往中恢复信心，进行自我恢复。

教师——作为儿童大脑构建的关键塑造者之一，应当努力与儿童建立紧密的师幼依恋关系，不但可以有效减低儿童成长中的应激性反应，还能为其脑发育与认知发展提供高质量的情感支持。

此外，家长与教育者需要鼓励儿童多与同伴进行积极的交往——特别是被忽视型与被拒绝型的儿童，帮助其多累积正反馈式的同伴交往经验，促进其脑内社会性与情绪加工网络的健康建构。而且，应理解并尊重不同气质类型的儿童，根据不同气质类型为儿童提供适宜的教育内容与方式，把握儿童气质发展的关键期，整合基因、脑、个体经验及社会文化等多重因素，用关爱行为促进儿童的气质良性发展，同时重视艺术教育对儿童气质发展的调节作用（原阿丽，卢英俊，2014）。

总之，个体的基因和神经基础只是为潜在的发展提供了可能性，因为基因不可能独立于周围环境与儿童的经验而单独发挥作用，它远比人们想象的更富动态性。儿童脑发育研究应综合考虑基因遗传、神经系统发育、物理化学环境、个体经验与社会文化等多重关系的交互作用。

参考文献

柏树令，应大君 .(主编). (2005). 系统解剖学 . 北京：人民卫生出版社 .

常笑雪，张鑫 . (2008). 神经胶质细胞的研究进展 . 河南科技大学学报（医学版），26（3），233–235.

陈蕾，徐晓虹，田栋 . (2009). 环境雌激素双酚 A 对脑和行为发育的影响 . 中国科学：C 辑，12， 1111–1119.

陈曦，李胜利 . (2014). 大脑新皮质发育的影像学研究进展 . 中华医学超声杂志 (电子版)，11(1)，14–18.

高国栋 . (2006). 手术戒毒的研究与进展 . 2006 山东国际神经外科学术论坛，青岛 .

顾凡及 . (编著). (2011). 脑科学的故事 . 上海：上海科学技术出版社 .

管林初 . (主编). (2005). 生理心理学辞典 . 上海：上海教育出版社 .

郭小娟 . (2006). 中国正常儿童和青少年的脑发育研究 . 博士论文 . 北京：北京师范大学 .

李艳玮，李燕芳 . (2010). 儿童青少年认知能力发展与脑发育 . 心理科学进展，18(11)，1700–1706.

李幼穗，赵莹 . (2009). 幼儿同伴关系与情绪理解能力关系的研究 . 心理科学，32(2)，349–351.

林珠梅，朱莉琪，陈哲 . (2013). 血铅对儿童发展的影响及其特点，心理科学进展，21(1)，77–85.

刘文，杨丽珠，金芳 . (2006). 气质和儿童同伴交往类型关系的研究 . 心理学探新，26(4)，68–72.

刘秀琴 . (主编). (2004). 神经系统临床电生理学 . 北京：人民军医出版社 .

卢英俊 . (2004). 清醒大鼠神经递质和脑电联合检测方法在镇静药物机制研究中的应用 . 博士论文 . 杭州：浙江大学 .

卢英俊，吴海珍，钱靓，谢飞 . (2011). 莫扎特奏鸣曲 K.448 对脑电功率谱与重心频率的影响研究 . 生物物理学报，27 (2)，154–166.

罗跃嘉 . (主编). (2006). 认知神经科学教程 . 北京：北京大学出版社 .

齐建国 . (主编). (2011). 神经科学扩展 . 北京：人民卫生出版社 .

唐孝威，杜继曾，陈学群，魏尔清，徐琴美，秦莉娟 . (2006). 脑科学导论 . 杭州：浙江大学出版社 .

杨艳玲，徐晓虹 . (2013). 增塑剂 DEHP 的神经和行为发育毒性 . 心理科学进展，21(6)， 1007–1013.

王来栓，邵肖梅 . (2004). 围生期铁代谢异常与脑损伤 . 国外医学儿科学分册，31(3)，118–120.

王一逸，卢英俊 . (2014). 早期接触有害物质对儿童大脑发育的影响 . 幼儿教育 (教育科学版)，7–8，65–68.

王园园，王冬梅，隋南 . (2013). 胚胎期可卡因、吗啡暴露影响子代成瘾相关行为的神经发育机制 . 心理科学进展，21(6)，999–1006.

徐科 . (主编). (2000). 神经生物学纲要，北京：科学出版社 .

许绍芬 . (主编). (1999). 神经生物学，上海：复旦大学出版社 .

原阿丽，卢英俊 . (2014). 儿童气质的发展认知神经科学研究进展及其启示 . 幼儿教育（教育科学版），1–2，46–50.

张黎，张奇 . (2010). 早期不良经历对儿童大脑发育的影响 . 幼儿教育（教育科学版），4，42–46.

赵仑 . (2010). ERPs 实验教程 . 南京：东南大学出版社 .

朱素春 . (2011). 碘缺乏病的预防和优生优育 . 当代医学，17(32)，162–163.

Bear, M. F., Connors, B. W., & Paradiso, M. A. (2004). 神经科学——探索脑 (王建军等 译). 北京：高等教育出版社 .

Berk L. E. (2002). 儿童发展（第 5 版）(吴颖等 译). 南京：江苏教育出版社 .

Burrus C. (2013). Developmental trajectories of abuse-An hypothesis for the effects of early childhood maltreatment on dorsolateral prefrontal cortical development. *Medical Hypotheses, 81*(5), 826–829.

Cirulli, F., Berry, A., & Alleva, E. (2003). Early disruption of the mother-infant relationship：effects on brain plasticity and implications for psychopathology. Neuroscience and *Biobehavioral Reviews, 27*, 73–82.

Commodari, E. (2013). Preschool teacher attachment, school readiness and risk of learning difficulties. *Early Childhood Research Quarterly, 28*(1), 123–133.

Duan, S. (2010). Progress in glial cell studies in some laboratories in China. *Sci China Life Sci, 53*(3), 330–337.

Hatfield, B. E., Hestenes, L. L., Kintner-Duffy, V. L., & O'Brien, M. (2013). Classroom Emotional Support predicts differences in preschool children's cortisol and alpha-amylase levels. *Early Childhood Research Quarterly, 28*(2), 347–356.

Jeon, L., Buettner, C. K., & Snyder, A. R. (2014). Pathways from teacher depression and child-care quality to child behavioral problems. *Journal of Consulting and Clinical Psychology, 82* (2), 225–235.

Johnson, M. H. (2007). 发展认知神经科学 (徐芬等 译). 北京：北京师范大学出版社 .

Kalat, J. W. (2011). 生物心理学 (苏彦捷等 译). 北京 : 人民邮电出版社 .

Korosi, A., Naninck, E. F., Oomen, C. A., Schouten, M., Krugers, H., Fitzsimons, C., et al. (2012). Early-life stress mediated modulation of adult neurogenesis and behavior. *Behavioral Brain Research, 227*, 400–409.

Liu, J., Liu, X., Wang, W., McCauley, L., Pinto-Martin, J., Wang, Y, et al. (2014). Blood lead concentrations and children's behavioral and emotional problems: a cohort study. *JAMA Pediatri*cs, *168*(8), 737–745.

National Scientific Council on the Developing Child (2006). Early Exposure to Toxic Substances Damages Brain Architecture: Working Paper No. 4. Retrieved from www.developingchild.harvard.edu.

National Scientific Council on the Developing Child (2010). Early Experiences Can Alter Gene Expression and Affect Long-Term Development: Working Paper No. 10. Retrieved from www.developingchild.harvard.edu.

Nicholls, J. G., Martin, A. R., Wallace, B. G., & Fuchs, P. A. (2003). 神经生物学——从神经元到脑 (杨雄里等 译). 北京：科学出版社 .

Tang, A. C., Reeb-Sutherland, B. C., Romeo, R. D., & McEwen, B. S. (2014). On the causes of early life experience effects：Evaluating the role of mom. *Frontiers in Neuroendocrinology, 35*(2), 245–251.

Waxman, S. G. (2003). 临床神经解剖学 (英文原版教材). 北京：人民卫生出版社 .

Xu, X., Liu, X., Zhang, Q., Zhang, G., Lu, Y., Ruan, Q., et al. (2013). Sex-specific effects of bisphenol-A on memory and synaptic structural modification in hippocampus of adult mice. *Hormones and Behavior, 63*(5), 766–775.

第三章　脑的发育与教育促进

脑发育是在多种因素共同作用下进行的。人类脑的漫长发育过程，以及强大的可塑性与开放性，保证了其具有超凡的学习能力。教育就是为脑的发展提供丰富而适宜的外部环境刺激，并试图触发最佳的内部动机，从而最大程度上促进脑结构与功能的成熟，充分挖掘脑的潜能。越来越多的教育者意识到，教育促进必须符合儿童的脑的发育规律。神经教育学就是“基于脑的教育”。

第一节　基于脑发育规律的教育实施

脑发育过程是“成熟——先天”和“经验——后天”双重作用的结果。脑发育中的某些方面是由基因决定的，不会受到个体经验的直接影响。例如，视觉皮层都位于脑的相同位置，而且所有个体脑的突触联结的化学模式是相似的。这种类型的发育是基因导向的生物成熟性过程，然而，脑在建构过程中又会强烈受到经验的影响，甚至同卵双胞胎的脑也不相同。因此，脑的发育既存在普遍的规律，也存在个体差异。

一、追寻脑发育的规律

（一）脑新陈代谢率的发展规律

脑成像技术的突飞猛进，为更好地理解人类脑发育规律带来契机。利用 PET 脑成像技术，可以探究脑部新陈代谢与突触活动的发展情况。PET 研究表明，1 个月内新生儿的脑干、部分的小脑和丘脑的新陈代谢率是最高的，此外还包括初级感觉皮层和运动皮层。从功能的对应来看，这显示新生儿已经具备基本的脑功能，包括由脑干调控的呼吸、觉醒等功能，由丘脑和初级感觉皮层调控的触觉记录、视觉印象等功能，以及由初级运动皮层和小脑调控的执行基本动作的功能。此外，对应于记忆和注意功能的脑区也保持着相对较高的新陈代谢率，如海马、扣带回及基底神经节等。出生后第 2—3 个月，顶叶、颞叶和枕叶的次级皮层和三级皮层的新陈代谢率逐渐增加，这些脑区并不直接接收到感觉信息的输入，而是进一步加工来自初级皮层区域的信息。对应的是，儿童从不同感觉通道整合信息的能力和协调运动的能力逐渐增加。从婴儿 6 个月时开始，前额叶新陈代谢速率增加。前额叶负责复杂信息的加工和整合，并且与执行功能——制订计划与执行复杂的目标导向行为的能力有关。上述个体发育的进程，反映了种系发育的过程，是脑发育的普遍规律（OECD，2010）。

脑新陈代谢率的发育模式是非线性的。PET 研究发现，新生儿脑部葡萄糖的新陈代谢率比成年人低 30%，但它会直线上升并一直持续到 4 岁。伴随脑部的迅速发育，4 岁儿童脑部葡萄糖新陈代谢率达到成人的 2 倍。从 4 岁开始到 9 岁至 10 岁，脑部葡萄糖的新陈代谢率一直比较稳定，此后逐渐降低直至成年，此过程持续到 16—18 岁。有研究者指出，脑部葡萄糖的新陈代谢率可能反映了突触的活动，故推测此发育模式表明，在 4 岁时脑部拥有了远超过成年期所需要的突触，而随着时间流逝，冗余的突触会逐渐消失。突触删减，是人类脑发育的重要过程。在经验的筛选作用下，那些经常被使用的突触会被保留，而从不或很少被使用的突触会被删减（OECD，2010）。因此，遗传并没有规定脑内所有的联结，而是从起初就给予了脑最重要的基本联结。脑的后续的精细化的构建，则更多是开放性的，充分留下了被环境与经验来影响的空间。所以，脑功能是根据个体的实际处境与经验类型而逐渐发展起来的。

（二）脑灰质与白质的发展规律

磁共振成像（MRI）技术可以直接测量灰质与白质的变化。一项基于对 161 个被试的追踪研究发现：脑灰质的总量（GMV）呈现出典型的倒 U 形发展模式，即脑灰质的总量在儿童期迅速增加，在青少年期达到峰值，随后逐渐减少。然而，这种发育进程在脑的不同区域间存在差异。如在顶叶，脑灰质的总量在 11 岁左右达到峰值（女孩平均 10.2 岁，男孩平均 11.8 岁）；对前额叶，在 11 岁半左右达到峰值（女孩平均 11 岁，男孩平均 12.1 岁）；对颞叶，在 16 岁半时达到峰值（女孩平均 16.7 岁，男孩 16.5 岁）。而执行视觉功能的枕叶没有显著的灰质总量的下降（OECD，2010）。5—11 岁的儿童大部分脑区以每年 0.15—0.4mm 的速率生长，这种生长在额叶和枕叶最为明显，并会持续到青春期。正常发育中的青少年背侧额叶右侧以及双侧顶叶区域的皮层则以每年 0.15—0.3mm 的速度在变薄。这是典型的倒 U 形发展模式。大脑皮层灰质密度在此阶段的降低，特别是额叶皮层逐步变薄的过程，可能与青春期突触修剪的增加导致的神经元凋亡有关。这种儿童期皮层灰质的增长以及青少年时期皮层厚度的变薄都在某种程度上依赖于经验的作用（鞠恩霞，李红，龙长权，袁加锦，2010）。此外，一项对 150 名 18—83 岁的正常成年人进行磁共振扫描的研究显示，成年后大脑皮层灰质体积仍在缓慢下降（曾庆师，李传福，刘尊齐，娄丽，崔谊，2006）。

从脑的不同区域发育的差别中看出，脑灰质总量的峰值在初级感觉皮层的发育要早于次级和三级皮层。例如，背外侧前额叶同执行功能相关，是相对较晚成熟的一个区域；另一个成熟较晚的区域位于大脑左半球颞叶侧部，此区域与语义记忆的存储密切相关。语义记忆如同词典，存储了我们所了解的事物及它们是如何起作用的。此区域的灰质总量在很晚才能达到峰值，30 岁左右。事实上，人类终生都会获得语义记忆，特别在儿童期、青少年期和成年早期（OECD，2010）。

而白质总量（WMV）在发育期间的发展趋势明显不同于灰质，并非倒 U 形模式。白质是神经元的轴突部分，负责联结脑的各个部分并且传递信息。有研究显示，发育期的白质体积随年龄增长而线性增加（李艳玮，李燕芳，2010）。大部分的白质在青少年时期表现为持续增长，并在成人初期趋于缓和，变化的趋势逐渐趋于平稳。不同的白质通路成熟的速率也不同。右侧大脑胼胝体以及右侧放射冠上部区域的白质是随着年龄增长变化最快的区域。大脑胼胝体持续髓鞘化的过程对联系运动与感觉皮层有重要作用，有助于提高这一阶段青少年个体的运动技能。总之，白质的这种变化是与髓鞘化和轴突组织的功能性变化相对应的，这些变化最终都将导致神经信号更有效地传递，有助于儿童高级认知能力的发展（鞠恩霞，李红，龙长权，袁加锦，2010）。还有研究显示，在 45 岁之后人类脑白质体积会随年龄增大而缓慢下降，即 45 岁是白质体积发展的拐点（曾庆师，李传福，刘尊齐，娄丽，崔谊，2006）。

综合考虑灰质总量和白质总量的变化，并将其变化与功能相对应，则可发现：儿童在成熟过程中，脑的可塑性或学习潜力（此处主要指学习速度与灵活性）先不断提高，而在青春期后逐渐降低（主要受灰质总量及突触数量变化所影响）；但脑功能在儿童成熟过程中始终不断增强，包括青春期后期（主要得益于冗余突触删减，使脑回路得以优化；以及轴突的髓鞘化使信息传导效率提高，并且使白质总量保持增加）（OECD，2010）。

（三）脑发育的动态可塑性

脑发育中最吸引人的部分，就是其持续的发展性，甚至可以延续到成年之后，是一个动态性的过程。发育的某些过程，是生理性调控的预设，如在生命早期生成过多突触，然而经验会决定何处突触得以保留，何处删减。类似的“调节”过程，在成年之后依然起作用。这表明即使在成年之后，脑仍可以继续保持可塑性，突触联结可以被加强或是削弱，新的突触也会生成——尽管数目相对较少。成年也许意味着脑的可塑性、学习速度和灵活性的下降，然而值得庆幸的是，虽然学习的某些潜力会下降，但成人在已经学会的方面会做得更好（OECD，2010）。

皮亚杰（Piaget）很早就发现了儿童认知发展的成熟过程。青少年的高级心理功能逐渐分化，逻辑思维和演绎推理能力逐渐成熟，认知能力得到进一步发展。脑发育中髓鞘化程度的提高和不断增加的经验影响，使青少年在行为上表现得越来越成熟。研究表明，青少年脑内灰质总量与白质总量变化的模式，同其不断发展的高级认知功能是一致的。

儿童脑发育的过程，受其学习经验和参与活动的影响。而脑功能变化的程度，取决于学习或活动经验的强度与时间。脑功能上显著、持久和明确的变化，是依靠大量的学习时间以及对特定技能和做事方式的反复练习而达致的。正所谓“玉不琢，不成器”，脑成像研究也提示，个体脑的独特的结构和功能反映了每一个体的“学习历程”，包括其学习内容和学习方式都在脑中刻下了烙印（OECD，2010）。因此可以说，个体的学习过程塑造了其自身的脑。

二、促进脑发育的有效实施

（一）保护胎儿脑

到了第 28 周时，胎儿的体重不到 3 磅（约 1.36 千克），身长大约 16 英寸（约 40.64 厘米），然而他们已经具备了学习的能力，特别在听觉通路方面。一个有趣的研究发现，让母亲在胎儿出生前重复地大声朗读苏斯博士（Dr. Seuss）所著的童话书《帽子里的猫》（*The Cat in the hat*），等婴儿出生后就会更喜欢听别人朗读这则故事的声音（Renner，2013）。

在孕期的最后几周里，胎儿继续生长发育，重量持续增加。正常胎儿在孕期第38周末通常有7磅（3.18千克）重，20英寸（50.08厘米）长，但是，早产儿——指孕期38周前出生的婴儿，情况则不同。因为没能够充分发育，未来更有可能生病、出现各种问题，甚至死亡。其中孕期30—38周出生的婴儿，发展前景相对还好；而在24—30周出生的婴儿，情况非常不乐观。这样的新生儿在出生时也许只有2磅重（0.91千克），很可能夭折，因为器官还未发育成熟，而在孕期24周之前出生的婴儿，只有50%的存活率。而且之所以能够活下来多半是因为有额外的医疗救助，即便能够存活，在将来也很有可能发育迟缓或出现障碍（Renner，2013）。

此外，胎儿在出生前会经历一些敏感期，这时器官对某些刺激的接受度极高。例如，胎儿特别容易受到母亲服用的药物的影响。另外，如果缺乏某些营养素，也会影响胎儿的脑部发育，如叶酸缺乏导致的神经管闭合障碍，可能造成非常严重的后果。因此，保护胎儿脑（见图3.1），不但需要避免接触各种有害物质，还需保证孕妇的营养均衡供应。即使是对于新生儿或1岁以内的婴儿，由于其血脑屏障尚未发育成熟，仍需非常注意用药对脑部的影响。因为在血脑屏障成熟后接触到某些药物，造成的影响可能相对较小，但如果在血脑屏障尚未发育成熟时接触这些药物，影响将可能非常显著。例如，青霉素通常不能穿越血脑屏障，因而对脑部无显著影响，而如果直接注射入侧脑室，就具有明显的兴奋作用（卢英俊，2004）。

（二）营养有助大脑学习

营养对于身心健康毫无疑问是非常重要的。它还对脑功能产生重要影响。研究表明，可以通过改善饮食来提高学习能力。例如，研究发现不吃早餐会妨碍儿童正常的认知和学习功能，但是，许多儿童在早晨上学前吃得很少，有的甚至根本不吃早餐。

对美国1023名3—5年级的低收入家庭学生进行研究后，发现参加该研究（在学校吃早餐）的儿童所有标准测验的成绩都显著提高，数学、阅读和词汇成绩均有进步。此外，旷课和迟到的比率下降。在明尼苏达州的几所小学，实施一项为时3年名为“普通学校早餐计划”的试点计划后，学生数学和阅读的综合成绩都有显著提高，课堂行为普遍改善，就医次数减少，出勤率上升，测验成绩也有所提高。在Wesnes等的研究中，给29名在校学生连续四天每天提供不同类型的早餐（分别为谷类、葡萄糖饮料，以及不提供早餐），并在早餐前和早餐后30分钟、90分钟、150分钟、210分钟等几种条件下，让其分别完成一系列计算机测验，包括注意测验、工作记忆测验和情景记忆测验。结果显示，在吃葡萄糖饮料和不吃早餐的两种控制条

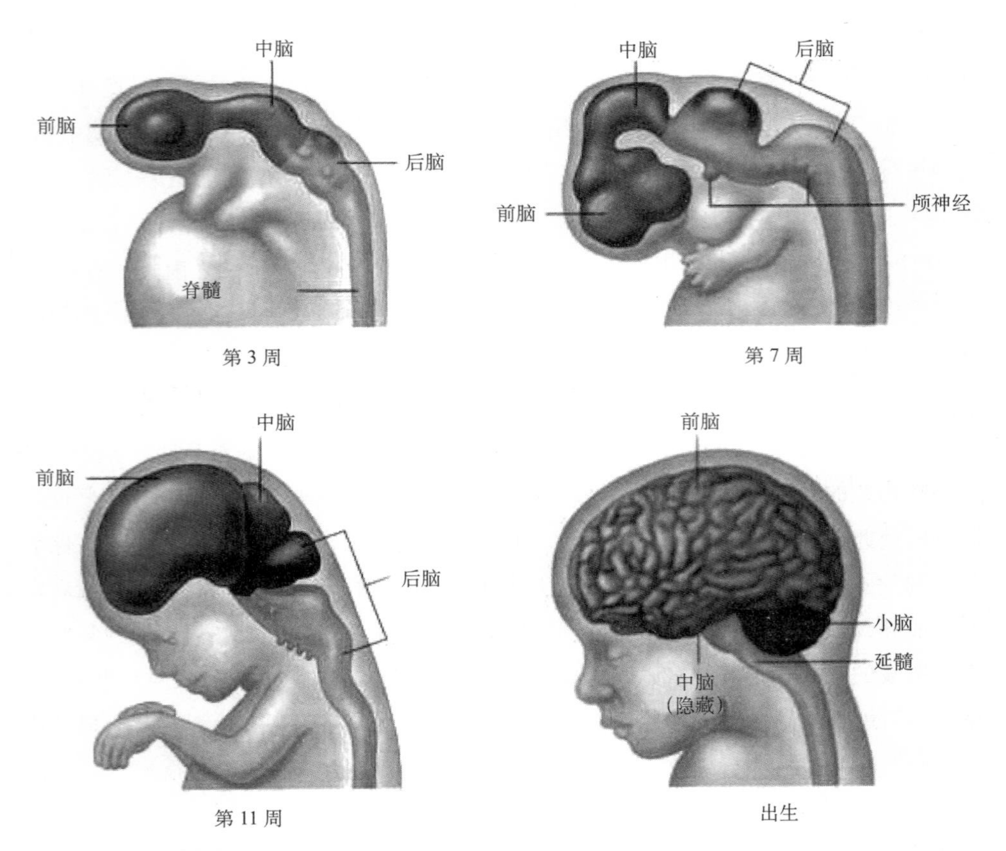

图3.1　胎儿脑发育的四个阶段（不同发育阶段的脑的示意图并非按照实际比例，而是将较小胎龄的脑放大以便于显示精细结构，Kalat, 2011）

件下，学生注意和记忆的能力出现下降；但如果隔天早餐换成谷物的话，注意和记忆功能就会得到明显改善（OECD，2010）。

因此，教育者需要了解儿童每天的营养需求，并依此对儿童每天的营养摄入情况进行合理安排。由于人体有多种生命所需的营养成分，无法由自身合成，因此必须从饮食来源中获取。鱼肝油与其他鱼油一样，富含不饱和脂肪酸（highly unsaturated fatty acids，HUFA），也即 Ω-3 脂肪酸。不饱和脂肪酸对内分泌平衡和免疫系统功能非常重要。在许多现代饮食结构中，不饱和脂肪酸的含量相对较少，但它们对脑的正常发育和功能是必需的。对 117 名 5—12 岁患有发展性动作协调障碍（Developmental Co-ordination Disorder，DCD）的儿童进行实验，在其饮食中加入 Ω-3

脂肪酸、Ω-6 脂肪酸或安慰剂。结果发现，虽然实验治疗对运动技能没有效果，但对阅读、拼写和行为能力有明显改善。这提示，针对 DCD 儿童的教育和行为问题，摄入不饱和脂肪酸可能是一种安全而有效的治疗方法。英国研究者在监狱中开展的一项研究还证实，摄入维生素、矿物质和重要脂肪酸会减少反社会性行为，如暴力行为，特别对那些饮食不良的群体（OECD，2010）。

虽然科学证据表明，富含不饱和脂肪酸的饮食结构和良好的早餐有利于大脑健康和学习进步，但迄今为止，科学研究所传达的明确信息却仍未得到广泛采纳。教育政策制定者、学校管理者、教师和家长都应当积极学习这些知识，充分认识到营养对儿童大脑健康和学业成绩的重要性。

（三）保障睡眠对大脑的益处

从行为层面到分子层面的研究都显示，睡眠有助于记忆的巩固。动物研究发现，睡眠与学习和神经可塑性有关，其中快动眼睡眠（REM）的时间与学习任务的成绩存在相关。最近研究也提示，人类慢波睡眠对记忆巩固及神经可塑性有非常关键的作用。功能性脑成像（记录较大神经网络的活动）、基因和神经药理学的研究都表明，在某些睡眠阶段——主要是慢波睡眠和 REM 睡眠，大脑会对记忆痕迹进行重加工，使记忆内容得到巩固。其中，REM 睡眠对技能记忆的巩固效果最好，而慢波睡眠对依赖海马的外显陈述性记忆的巩固作用最强（OECD，2010；参见图 3.2）。

大量睡眠的剥夺研究也证明，睡眠剥夺会导致注意力下降，学习能力和记忆力显著下降，反应迟缓，甚至间歇性失忆等。对动物和人类的实验显示，在睡眠之中能对最近的经验重新进行“离线（off-line）”加工，这是记忆巩固的内在原因。并且，在对丘脑 - 皮层系统进行分析后，发现一种互惠的现象——即睡眠本身也是可塑的，会受到清醒时经验的影响（Miyamoto, & Hensch, 2003）。

还有理论指出，睡眠对神经可塑性起着非常关键的作用。睡眠有利于维持神经元间的有效联结，强化突触间的主要神经联结，修剪次要神经联结。睡眠中大脑皮层本身会经历神经可塑性的过程，因为它会不断“重现”现实经验，特别是近期发生的事情。

研究表明，儿童睡眠障碍与运动障碍、神经疾病和情绪行为障碍有关，如多动症、学习困难等。儿童睡眠障碍的发生率很高，而且非常稳定，这是一个非常普遍的问题。流行病学研究显示，约有三分之一的儿童存在睡眠障碍。对儿科医生的一项调查也表明，睡眠障碍是父母担心的第五大问题，仅次于疾病、饮食、行为问题

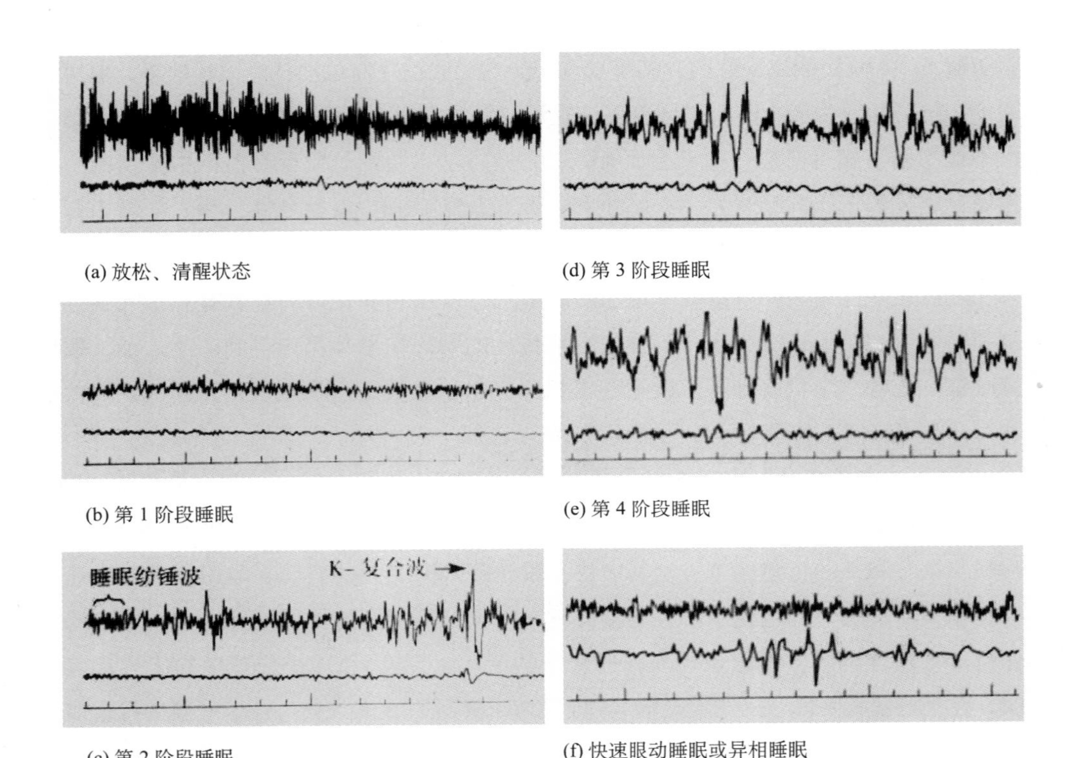

(a) 放松、清醒状态

(b) 第 1 阶段睡眠

(c) 第 2 阶段睡眠

(d) 第 3 阶段睡眠

(e) 第 4 阶段睡眠

(f) 快速眼动睡眠或异相睡眠

图3.2　不同睡眠阶段的脑电波图，其中第4阶段睡眠（慢波睡眠）与快动眼睡眠（REM）阶段与记忆的巩固关系最为密切（Kalat，2011）

和身体畸形（OECD，2010）。保障儿童睡眠对脑发展具有很多益处，需要引起充分重视。尤其在高强度学习期间，提供午睡休息可能是不错的选择。

（四）社会交往可提供脑的“营养”

社会因素能够影响人脑的发育。积极的社会因素，对人的生理和行为具有重要影响。丰富而充满积极情感的社会交往，可以促进儿童的学习能力发展。

婴儿是探索者、社会交往者和信息交流者。虽然许多早期学习活动可能是一种自发现象，但也需要有一个充满刺激的丰富环境，而其中社会交往必不可少。罗马尼亚孤儿研究显示，情绪关怀的匮乏，会导致依恋障碍。而且，在极端环境中长大、缺乏正常抚养经历的儿童，其社会交往关系的剥夺会导致脑内化学物质的长久改变，正常的激素分泌也被影响。显然，对于负责人类社会行为的脑系统的发展来说，早期社会经验起着非常关键的作用（OECD，2010）。

社会神经科学（Social Neuroscience）是一门新兴的交叉学科，它的研究目标是了解社会过程和社会行为的生物学机制，并且试图利用生物学的概念和方法来启发和完善社会过程与行为的理论。例如，脑成像结果表明，观察别人运动的时候，观察者脑内的“镜像神经元”（mirror neurons）会被激活。镜像神经元是指在执行某个行为及观察其他个体执行同一行为时都发放冲动的神经元。因而可以形象地说该神经元“镜像”了其他个体的行为，就如同自己在进行这一行为一样。研究者推测镜像神经元是形成人类社会理解的基础之一。利用这种镜像系统，人类可以进行模仿和社会学习，如理解别人动作的意义，想象作用于自己身上的感受等。有研究发现，当专业钢琴家听一首熟悉、久练的曲子时，他们就会想象手指的运动，即使他们并未动手指，他们的运动皮质的手指区已被激活（Kalat，2011）。另有一项共情（empathy）的脑成像研究，将志愿者经验一种痛苦刺激时的脑活动，与他观察到一个代表他所爱的人（处于同一房间内）也正经历同样痛苦刺激的信号时所诱发的脑活动进行比较。结果发现，当所爱的人遭受痛苦（电刺激）时激活的脑区与自己遭受痛苦时激活的脑区是相互重叠的。具体来说，这些脑区包括双侧的脑岛前部（bilateral anterior insula，AI），前扣带皮层吻侧（rostral anterior cingulate cortex，rACC），脑干与小脑；并且 AI 和 rACC 的激活与该个体的共情得分呈正相关（Singer, Seymour，O’Doherty，Kaube，Dolan，& Frith，2004）。

社会神经科学的研究进展提示教育者，人类脑不仅是储存知识的结构，也是参与社会性交互的结构。因此，我们需要充分意识到家庭关系、同伴关系、师生关系、文化、与他人的交流方式，及媒体等社会因素对儿童脑部发展的影响。

（五）在脑的学习敏感期提供经验刺激

下面以语言学习为例，来说明脑的学习敏感期。例如，一些语言专家认为，儿童在某一段时期之内学习语言尤其有效。如果孩子在这段时间没有暴露在适当的语言环境中，他们的言语发展可能会产生障碍（Renner，2013）。

虽然婴儿的脑结构在生理上为语言习得做好了准备，但还需要经验的催化。语言发展存在着敏感期，在此窗口内语言功能回路最容易发生经验依赖性的变化。最初 10 个月的特定语言经验，会使婴儿大脑对母语的语音很敏感。例如，生长在英语环境中婴儿的脑会逐渐变化，能将同一连续音阶的辅音 /r/ 和 /l/ 识别为两个不同类别，每个音位会发展出独特的原型表征。而由于日语中不存在 /r/ 和 /l/ 的区别，生长在日语环境中的婴儿就不会形成这些原型，而会形成与日语相关的原型，到 10 个月大时

就失去了区分 /r/ 和 /l/ 这种语音对的能力（OECD, 2010）。因此，从出生到 10 个月，大脑最容易获得所处语言环境中的语音原型。有趣的是，口音的获得也有一定的敏感期。

研究表明，语法学习同样存在着敏感期。语言学习越早，脑就能越有效地掌握这门语言的语法。在 1—3 岁进入外语环境，脑就会运用左半球加工语法信息，类似母语；如在—6 岁学习外语，脑就需要通过两个半球来加工语法信息；而在 11—13 岁才第一次接触外语，脑成像发现其语法激活模式异常。亦即，延迟接触语言会导致脑使用不同的策略来加工语法信息（OECD，2010）。对不同年龄（3—7 岁，8—10 岁,11—15 岁和 17—39 岁）迁入美国的中国和朝鲜成人的研究也显示，早期（3—7 岁）进入第二语言环境者可以形成高效的语法加工策略，其语法能力与当地人类似；而较晚接触第二语言者形成效率较差的语法加工策略，语法能力也较弱，并且随着初到美国的年龄增大而逐渐下降（Berk，2002）。

总之，脑研究提示，外语教学开展得越早，学习的效率和效果可能就越好。当然，最好在一岁以后开始，免干扰母语语言图的构建。另一方面，早期外语教育必须适合幼儿的年龄特征，重视听觉通路的刺激与语言环境的浸润，而不宜将根据大龄学生的学习规律而制定的方法生搬硬套地应用到幼儿外语教学中（卢英俊，施莹，2009）。

最后，尽管早期外语学习效率最高、效果最好，但其实人的一生都有学习语言的能力。虽然青少年和成年人学习外语的困难较大，但还是可以学会。如果他们沉浸于外语环境，也能把这门语言学得“很好”，即使某些方面如口音可能永远无法学得像早学习者那样标准。当然，个体间还存在差异，每个人语言发展敏感期的强度和持续时间都不同。有些语言天赋强的人在成年也能熟练掌握外语（OECD，2010）。

第二节　脑发育与教育时期的划分

瑞士心理学家皮亚杰（Jean Piaget）最著名的学说是儿童的认知发展阶段理论（Stage in Cognitive Development）。他把儿童的认知发展分成以下四个阶段：(1) 感知运动阶段（Sensorimotor Stage，0—2 岁），儿童靠感觉获取经验。在 1 岁左右，发展出物体永恒性（object permanence）的概念。0—2 岁的儿童以感觉动作来发展其认知结构。(2) 前运算阶段（Preoperational Stage，2—7 岁），儿童能使用语言及符号等表征外在事物，借助于表象进行思维，但还不能进行运算思维。2—7 岁儿童的思维具不可逆性，刻板性，且自我中心（egocentrism），缺乏守恒性（Conservation）概念。(3) 具体运算阶段（Concrete Operations Stage，7—12 岁），儿童获得了较系统的逻辑思维能力，包括思维的可逆性与守恒性。7—12 岁儿童具备了分类、顺序排列及对应能力，并能在运算水平上掌握数的概念，从而使空间和时间的测量活动也成为可能。此阶段儿童的自我中心观逐渐削弱。(4) 形式运算阶段（Formal Operational Stage，12 岁—成人），儿童开始不再依靠具体事物来运演，而能对抽象的和表征性的材料进行逻辑运演。形式运算的主要特征是有能力处理假设，而不只是单纯地处理客体，是最高级的思维形式。目前的教育阶段划分，与皮亚杰的认知发展阶段理论比较吻合。如通常 3—6 岁为幼儿园阶段，7—12 岁为小学阶段，13—18 岁为中学阶段。脑科学研究的进展，有助于我们更深入地理解儿童认知发展阶段背后所对应的脑基础。

一、大脑成熟与心理能力的发展协调一致

大脑新皮层是人类整个心理活动过程的中心和主要器官。每个个体新皮层的表面积，特殊脑回、脑沟的形状及其结构就像个体的指纹那样各具特色。神经元之间突触的发生、发展与修剪，以及神经回路的不断整合，不同的分子及细胞生物机制都在神经系统的发育过程中发挥着重要的作用。脑的发育并非仅是基因图谱的简单展开，个体经验与环境因素也参与调节神经系统的发育，并对神经结构的优化与精细化提供指引。发展认知神经科学家指出，在皮层突触快速发生的早期，经验预期效应（experience-expectant，指人类普遍的经验在塑造脑发展中的作用）占主导地位，此时外来信息对进行信息处理的皮层回路进行调整；在突触生成的后期，经验依赖效应（experience-dependent，指个体独特的经验在塑造脑发展中的作用）逐渐占主导地位，此时外来信息主要调节皮层的成熟。学习和经验在儿童发展过程中通过对大脑功能与结构的再组织机制——即神经可塑性（neural plasticity）来影响儿童知觉和认知能力的发展（丁月增，李丹，李燕，2006）。

在儿童从出生到青春期的发育过程中，其大脑成熟与心理能力的发展表现出明显的协调性与一致性，但这一认知与脑协同发展的速度并非平稳恒定，而是在某些时间窗口内表现出明显的跳跃式发展模式。研究表明，最重要的成熟转折点主要发生在出生后 2—3 个月，7—12 个月，12—24 个月，4—8 岁及青春期。儿童的抚养

者与教育者，如能重视这些成熟的关键转折期，并施以合宜的环境刺激与认知训练，必能收到最佳的教育效果（卢英俊，马芝妱，2008）。

事实上，儿童发展的过程是渐进而非突变的。因此，目前更倾向于用状态（phase），而非阶段（stage）来形容这一过程。在儿童发展的历程中，心理特征和大脑解剖结构及功能变化在时间上表现出高度的一致性。然而，大脑成熟状态和儿童心理特征之间的时间相关性并非一种严格的确定性，因为我们不能忽略经验这一重要的影响因素。例如，在12—24个月期间大脑的变化对于语言能力的产生是必要的，但如果儿童没有受到任何语言的影响，他们还是不会说话。因此，大脑的成熟制约了人类心理特征出现的时间，这是心理现象发生的必要但不充分条件（卢英俊，马芝妱，2008）。

自Casey等（2005）提出大脑活动模式受到年龄和认知水平的调节以来，研究者逐渐开始探讨年龄和认知水平对认知发展和脑发育关系的交互影响。这对于确定儿童青少年认知能力发展的敏感期，鉴别随生理成熟或经验积累而不断发展成熟的脑区及其活动模式，丰富有关自然成熟和经验对脑发育影响的认识，都具有十分重要的价值。

二、认知发展与脑发育的关联性的研究方法

一系列技术发明和方法革新，使人类能够更直接地来探索儿童认知与知觉发展的神经基础。某一种研究方法所提供的信息，往往仅是科学家想要了解的整幅图画中的一部分。事实上，通过传统心理学方法和新的生理学方法来研究同一个问题所得出的结论可能是不同的。例如，向10岁儿童呈现3—6岁前玩伴的照片和他们不熟悉儿童的照片后，问他们是否见过照片中的孩子，大部分儿童很难识别他们以往玩伴的面孔。然而，这些被试中的大部分，在看到他们曾经熟悉的孩子的照片时会有皮肤电的特殊反应，但对于陌生者的照片没有这种反应。因此，关于“10岁的儿童在6年后是否仍能记得他们的玩伴”这一问题的答案取决于研究方法的差异。这也部分地解释了为什么需要将各种先进的神经科学技术应用于儿童发展的研究中（卢英俊，马芝妱，2008）。

目前，应用于儿童发展与脑发育的关联性的研究方法主要有脑功能成像、神经电生理、标记任务、分子遗传学与动物模型等。其中，已广泛运用于儿童发展研究

的技术是功能性磁共振成像（fMRI）与事件相关脑电位（ERP）。Picton 指出，ERP 的高时间分辨率、非侵入性和操作的相对简便性，已使其成为目前国际上幼儿脑功能研究的最有效工具（Picton，T.W.，2007）。近红外光谱技术（NIRS）可以探测脑内血氧浓度的变化，是在幼儿研究中代替 fMRI 的最佳方法，这一技术正处于完善过程中，发展迅速。标记任务（marker task）是一种通过综合应用神经心理学及脑成像技术来研究与特定行为任务相关的脑区的方法。标记任务主要涉及特定行为任务的应用，且这些任务本身应与人类或其他灵长类动物的一个或多个脑区有关。分子遗传学技术主要通过将动物基因组中特定的基因敲除来观察其成年后执行各种特定学习任务的缺陷，其结论也可以为儿童认知发展的研究提供启示（Johnson，2007）。

三、脑发育时期与认知发展的关联

（一）婴儿期的脑发育与认知发展

在儿童出生后的第一年，大脑的发育和心理发展呈现高度的一致性，大脑事件的变化有助于婴儿心理的变化，其中第 2—3 个月和 7—12 个月时期发生的转变尤为重要。

（1）在 2—3 个月间的转变

许多新生儿反射开始消失，如手掌的抓握反射（grasping reflex：是新生儿的一种无条件反射。当触及新生儿手掌时，立即被紧紧地抓住不放，如果让其两只小手握紧一根棍棒，甚至可以使整个身体悬挂片刻。婴儿 3—4 个月时抓握反射消失，以自主抓握取代。如超过 4 个月还有，则可能存在神经病变），是第一次转变的可靠标记。大多数科学家相信这种现象是由于脑干神经元的皮层抑制，即从辅助运动皮层到脑干和脊髓的投射抑制了脑干神经元的活动。虽然这些突触在出生前已到达脑干和脊髓，但真正的突触接触在 2—3 个月后才出现。

第一次转变也以啼哭明显减少和社会性微笑增加为标记。前一现象可能是由于调节啼哭的脑干核团（特别是网状结构、中央灰质、孤束核和臂旁核）受到皮层抑制的结果。

第三个转变的特征是用以募集和维持对刺激物注意的心理基础在上升。在头 7—8 周对于一个可视事件的注意持久度主要受其物理特性，尤其是大小、轮廓密度和运动的影响，而在这个转变之后，注意的持久度更大程度上是受事件与婴儿已习得的该事件图式之间的关系所调控。图式（schema）是由事件诱发的大脑活动所产生的最先的心理形式。图式的心理学定义是一种事件物理特征的模式。两个月前对于一个差异事件的注意募集不是自动的一个原因是，婴儿必须将事件和习得的图式相关联，而这一过程在出生后的头两个月是脆弱的。并且注意的持久度和差异的相关函数不是线性，而是像一个倒U形。适度差异事件比非常熟悉或非常新奇事件需要更长的注意时间。例如，4个月大的婴儿对于不熟悉的面孔比对一张熟悉的面孔或完全新奇的事件（比如一片不规则的泡沫塑料）所注视的时间长。有实验证据显示在2—3个月时，婴儿对一个新事件的图式的持续时间有所增加（卢英俊，马芝妈，2008）。

可能海马的成熟有助于2月龄婴儿在一段时间延迟后再认事物能力的提高，因为海马发育的最快速度出现于2—3个月间。特别是，海马齿状回的苔状细胞经历着一种快速的分化。海马的发育也为3月龄婴儿建立视觉期待提供可能。实验者令婴儿仰卧躺着，向上看两个监视器。每一个监视器上交替呈现一张彩色的面孔或其图片，延时700ms；然后有1100ms的延时，两个监视器都黑屏；随后在第二个监视器上出现另一个刺激。这个交替程序共持续1.5分钟。结果有五分之一的3.5月龄的婴儿在间隔的黑屏期将他们的头转向另一监视器期待刺激的出现，而2月龄的儿童未出现该现象（Kagan，& Baird，2004）。

（2）在7—12个月的转变

在此阶段，巴宾斯基反射（Babinski reflex：一种在刺激足底时出现的神经反射现象，常被用来观察新生儿神经系统发育情况以及诊断成人脊髓和脑的疾病。用手指轻划婴儿脚底外侧，他的拇扯会缓缓地上跷，其余各趾则呈扇形张开）逐渐消失。巴宾斯基反射的产生，是由于新生儿的重要中枢神经通路——由大脑皮层到脊髓的锥体束还未完全髓鞘化，因而该反射不受大脑皮层抑制所致。该反射在6—18个月逐渐消失，但在睡眠或昏迷中仍可出现。2岁后若再出现此反射，一般是锥体束受损害的表现。

大多数健康的婴儿在7—12个月间，开始发展出从不存在于当前感知场的过去事件记忆中提取图式（schemata），并将它们和当前的知觉一同放在工作记忆回路中的能力。这些婴儿们试图把新的知觉同化于旧有的图式。4个月的婴儿能够识别过去曾经在感知场中经历过的事件，但要他们从不再呈现的过去事件中获取图式，并对此加以认知加工就很困难了。对此结论的支持来源于一个对6—14个月的婴儿每两周进行评估的纵向研究。在实验过程中，测试员在两个相同的圆柱体中的其中一个下面藏了一件具有吸引力的物体，并在婴儿和圆柱体之间放置一块不透明的屏幕，时间间隔分别为 1 秒，3 秒或 7 秒，然后移走屏幕，允许婴儿去抓其中一个圆柱体。当时间间隔增大时（从 1 秒—3 秒—7 秒），抓向隐藏物体的可能性随着年龄增大呈正线性关系增加。例如，在时间间隔为 7 秒时，几乎没有一个 7 个月的婴儿会去抓正确的圆柱体；而 12 个月的婴儿能够轻松地解决这个问题。

婴儿 7—12 个月工作记忆能力的提高，伴随着前额叶皮层中锥体神经元和抑制性中间神经元的迅猛发育和分化。PET 检测也发现，这一发育伴随着外侧和背外侧前额叶皮层中葡萄糖摄取量的增加。此外，在 10—12 个月间海马体积已经接近成人的大小。这些解剖上的变化，伴随着 7—12 个月间比先前更快的脑电 α 频率（6—9 Hz）。海马结构的完整性，而非前额叶皮层，对于在短时记忆中保持一个表征一段时间（少于 10 秒）是必需的。然而，前额叶的完整性对于皮亚杰的 A-not-B 任务（皮亚杰发明的用于检测婴儿的物体永恒性概念的实验方法：实验者先出示很有吸引力的玩具，而后以 A 障碍物遮挡之，婴儿很容易就能找到该隐藏的玩具。重复若干次后，再当着婴儿的面将玩具置于 B 障碍物后，10 个月及以下的婴儿通常仍然去 A 处寻找玩具。这个错误就被称为 A-not-B error。而 12 个月以上儿童通常不会再发生这种错误）的成功执行是必需的，即使其时间间隔很短。为此，有些科学家将短时记忆存储和工作记忆的概念区分开来，因为后者隐含着对信息的某种认知加工（Kagan，& Baird，2004）。

总之，婴儿 7—12 个月间行为变化的中心特征是，能够提取图式并与当前处境一同保持于工作记忆回路中 20—30 秒，并对它们做出比较或对其执行其他的认知操作。这一进步的生物学基础主要依赖于前额叶皮层中神经细胞的生长和分化，以及前额叶皮层与杏仁核、海马及颞叶皮层连通性的增强。

（二）出生后第二年的脑发育与认知发展

出生后第二年的发展是以四个心理能力为典型特征的，它们都依赖于大脑中的一系列特殊变化。这些新的特征包括：（1）理解和表达有意义言语的能力；（2）推断特定心理和感受他人情感状态的能力；（3）生成被成人禁止行为的表征；（4）表现出对自我感情和自我意图有意识觉知的初步迹象（Kagan，& Baird，2004）。下面分别对此四个特征加以说明。

（1）语言

新的语言能力的大脑基础根植于广泛的大脑皮层网络中，这个网络连接了听觉通道和对时间序列表征所涉及的从颞叶到顶叶、额叶和小脑的区域。大多数婴儿在

12—15 个月间第一次说话，这绝非偶然。因为这段时间 Broca 区的左口面部（left orofacial section）发生快速的树突发育；同时由于小脑齿状核树突的广泛生长，使得小脑容量也增加，到一周岁时其葡萄糖摄入量已达成人的 175%。而已知 Wernicke 区在言语理解的知觉方面起重要作用，而 Broca 区在言语的运动成分中起重要作用。

此外有研究者认为大脑皮层第三层的神经元的发育也促进了言语能力的发生，因为其轴突构成了胼胝体。基于表征物体的知觉图式存储于右半球，而词汇结构表征位于左半球的假设，胼胝体的功能性成熟将大大提高左右半球的信息传输效率，使脑能够将知觉图式表征与词汇表征相整合，从而帮助儿童在看见物体时能正确地构音发声。例如，当 12—15 个月时，胼胝体的信息传递更加有效，当幼儿看见桌子上的一个杯子时所激活的知觉图式（右半球）就能更快地与物体的词汇表征（左半球）相整合，使孩子能够很快地说出“杯子”（卢英俊，马芝娼，2008）。

（2）推理

推测他人思想和感受的能力，是两岁时发展出来的第二种能力。观察这个能力有一个特别清楚的实证，就是当成人在障碍物后将一个玩具藏在三个盖子中的某一个的下面，而孩子不能看见玩具藏在哪里。移开障碍物后，如果成人注视玩具放置的地方，2 岁的孩子——而非 1 岁的孩子，会根据成人注视的方向去获取玩具，表明他们能够推测成人正在看向正确的位置。此外，当 8—19 个月的婴儿看到成人把头转向某一有趣的景象时，其中只有 18—19 个月的婴儿能可靠地利用成人注视的方向引导他们的朝向指向目标。能够对他人感知的悲伤有移情行为的表现，也揭示了幼儿具有推测他人思想的能力。例如，皮层第Ⅲ层神经细胞的发育，可使得忧伤（distress）时躯体感觉的图式表征（主要存储在右半球）与他人处于此状态的语义表征（主要在左半球）更快地整合。于是，移情就产生了（卢英俊，马芝娼，2008）。

（3）禁止行为的表征

儿童首次获得禁止行为的图式概念（schematic concepts）是在出生后的第二年。如果家长让 2 岁的孩子执行一件违反家庭规范的行为，大多数孩子会表现出犹豫，如令其在一张干净的桌布上倒上果汁。有趣的是，住在斐济群岛孤立环礁的父母们也意识到 2 岁幼儿的这种进步，他们相信他们的孩子在两周岁生日后不久获得了 vakayala，意即通情达理。

大脑两半球间信息的有效协调也促进了该行为，因为由父母亲批评或惩罚所带来的不确定感（feeling of uncertainty）的心理图式（主要在大脑的右半球），能够更好地与禁止行为的语义表征相整合（主要在左半球）（卢英俊，马芝妱，2008）。

（4）自我意识

最后，在出生后第二年出现了自我意识的起始迹象。如现在婴儿能够识别镜子里他们自己的映像；指使成人以特定方式来行动；当他们不能模仿他人行为时会表现出沮丧，但能模仿时就会表现出自豪；能够用语言来表述他们正在干什么等。大脑两半球连通性的增强也有助于这些行为的出现。孩子瞬息万变的感觉基调（feeling tone）的表征，是自我意识形成的重要基础，主要存在于大脑的右半球。当这种信息与自己的名字、思想和意图等相关语义信息（主要在左半球）相整合，一种对自我感受和自我意图的意识就产生了。

1岁婴儿的行为和认知功能与黑猩猩相似。这两个物种都表现出工作记忆的增强和对不能被同化的差异事件的恐惧，然而到了第二年末，这两个物种有了截然不同的差异。因为有了语言、推理、禁止行为意识和自我意识，没有一个观察者会将2岁的儿童与黑猩猩相混淆（卢英俊，马芝妱，2008）。

（三）2~8岁的脑发育与认知发展

数世纪以前的文献就认为儿童两岁后，一系列普遍的心理特征都出现了，且在5—8岁之间加速发展，从8岁以后到青春期则进入一个平稳阶段。即使是那些不爱读书而对儿童心理发展阶段特征不甚了解的家长，也在孩子6岁或7岁时开始给他们分派家务，并且期望他们的孩子能够照顾幼小的婴儿，照料动物，在地里干活和遵守社区的风俗，因为他们注意到他们的孩子变得善学，有责任感，有理解他人所需的能力和能够明白合理的解释。这个较长时期内成熟的能力包括：（1）过去与现在的积极整合；（2）对于语义网络的依赖增强；（3）种类间共同关系的探究（Kagan, & Baird，2004）。

（1）过去与现在的整合

这个发展状态的一个标志是，通常在4岁时儿童能够自动而更为可靠地激活过去表征来理解当前的情境。这种能力被皮亚杰称作守恒（conservation）。在这种能力的一个经典实验中，测试员向孩子出示两团相同的球状橡皮泥，问这两个球是不是有相同多的橡皮泥。所有的孩子都承认两个球的橡皮泥一样多。然后测试员把其中一个球搓成香肠的形状，再次问孩子，“哪个的橡皮泥多？”4岁孩子感觉这个问题似乎完全与前一个问题无关，他们看到香肠状似乎更大就回答说香肠状的那个橡皮泥更多。相反，7岁的孩子能把香肠状的橡皮泥，看作是最初形状随时间序列变形的一个结果。因此 7 岁的孩子能够理解测试员的问题是，“根据刚才 1—2 分钟内你们看到的过程，哪个的橡皮泥更多？”年长的孩子都会把第二个问题看作是连贯的时间序列中的一个过程（卢英俊，马芝妈，2008）。

（2）语义网络

这个时期第二个显著的特征是对经验的分类更多地依赖于语义网络。造成童年期遗忘现象的一个重要原因是，年幼的孩子不能够有规律地使用语义结构来编码他们的经验，所以他们无法叙述出一件过去所经历过的显著事件。应用语义来分类经验，影响了儿童组织和提取知识的方式。例如让 4 岁或 7 岁的儿童阅读一份有 12 个单词的列表，其列表包含两种语义种类（如，动物和食物），只有 7 岁的孩子在回忆中会按语义种类来归组。这一现象暗示年长的孩子有一种把相同语义种类的词语进行归类的自动化倾向。在 2—8 岁期间，儿童记忆功能的不断提高，是与其开始使用语言来组织经验密不可分的（卢英俊，马芝妈，2008）。

（3）共同关系

对多种事件间共同关系的探究是这一时期的第三种典型能力，它出现在 4 岁或 5 岁后。6 岁以下的孩子能够探究两个或两个以上事件间的共同物理特性、功能或名称。然而，年幼的孩子不能探究属于不同种类事件间的共同语义关系（例如，6 种喧哗的噪音和 6 种甜美的味道在数量上相同，具有共同的语义关系）。这种能力晚出现的原因是共同关系并非直接呈现于知觉中，如形状或动作那么直观，而是必须以语义的形式进行推理。

上述各种心理能力的发展有赖于许多脑区协调地合作。在此阶段大脑发育的主要特征有：(a) 4—8 岁期间儿童大脑的重量已达到其成人之后脑重的 90%，且大脑皮层表面积增长的速度在 2—6 岁间最快。这种发育也伴随着皮层和皮层下结构对葡萄糖摄取量的增加。(b) 突触生成数量和突触删减数量之间的平衡关系发生调整，5 岁或 6 岁后在比率上逐渐趋向于后者占优势。冗余突触数量的删减，反映了活跃的具有学习功能的突触网络的巩固。突触密度在大脑皮层第Ⅳ层达到峰值比第Ⅱ层和第Ⅲ层早；而第Ⅱ层和第Ⅲ层主要是调节关联活动的。Huttenlocher 指出，前额叶皮层突触的最大密度要到 3—4 岁时才达到。(c) 大脑连通性——该时期发展的最核心特征，可从髓鞘化的增强和脑电（EEG）相干性提高中显明。在 3—6 岁间，胼胝体前部轴突上的髓磷脂发育速度最快，且连接大脑半球内非邻近部位的较长纤维束在 3 岁后出现髓鞘化的高潮。在生命前 3 年，皮层第Ⅱ层和第Ⅲ层的灰质比白质更多，而此时反转过来，白质第一次超过了灰质。总之，2—7岁间大脑最基本的变化是，在两半球之间、大脑前后皮层区域之间，以及皮层和皮层下结构之间的大量相互连接的建立（卢英俊，马芝妱，2008）。

（四）青春期的脑发育与认知发展

皮亚杰指出，尽管大部分的认知过程在8—10岁期间都已功能化，但抽象思维、逻辑推理、计划和认知的灵活性在青春期的开始和发展过程中仍在不断提高。青春期的典型特征是发展出一种识别在信念之间或感觉和信念之间的逻辑矛盾或语义矛盾的能力。例如，识别对朋友不忠诚的思想（“我是一个好人，但我希望我的朋友考试失败”），会引起片刻的不和谐或内疚感，尽管朋友实际上并没有被那些思想所伤害。年幼的孩子很少能够识别这一矛盾。对某一主题相关的信念之间的矛盾的探究，会激发青少年将他们过去的知识与目前的经历相整合，从而能够全面地理解他们目前的处境。在儿童早期无须思考就表现出的行为，在青春期则更多地处于有意识思考的控制之下。例如，年幼的孩子虽能区分不同的面部表情，但很难抽象地思考人类的情感。相反，青春期的儿童能够从人的面部表情或姿态来做复杂的推理，来了解其情绪状态（卢英俊，马芝妱，2008）。

上述认知能力的发展主要归功于额叶的发育。虽然内侧颞叶结构（包括海马）在发育早期功能已经成熟，但额叶直到青春期过后才达到完全的功能成熟，且前额叶比后部区域成熟更晚。突触修剪也一直从青春期延续到20岁后。此外，调节着情绪、注意和认知功能的前扣带回脑区髓鞘化的增加，也带来皮层和皮层下结构之间连通性的提高。从皮层和皮层下区域到扣带回的投射提高了对心理过程的协调与控制能力。虽然我们目前对这一过程还知之甚少，但对啮齿类动物的研究可以提供一些参考，如大鼠从杏仁核到扣带区的投射就出现于青春期。而且，青春期母鼠的皮层下结构（尤其是杏仁核和海马）的体积近似于成年时的体积，但青春期公鼠的皮层下结构体积却大于成年时的体积，表明不同性激素对上述脑区的突触修剪有着显著不同的影响（Kagan，& Baird，2004）。

在青春期所发生的心理变化，不但与前额叶皮层的突触修剪有关，也与连接前额叶皮层和大脑其他部分的轴突的髓鞘化有关，并且依赖于扣带回皮层、杏仁核和前额叶皮层之间的稳固回路的建立。

四、从脑科学角度看教育时期的划分

首先，教育者应重视脑发育的成熟转折点。从前述研究可知，认知与脑协同发展的速度并非平稳恒定。在某些时间窗口内会出现明显的跳跃式发展。脑科学家提示，最重要的成熟转折点主要有：出生后2—3个月，7—12个月，12—24个月，4—8岁及青春期。儿童的抚养者与教育者，必须重视这些脑成熟的关键转折期，施以丰富和合宜的环境刺激与认知训练，才能收到最佳的教育效果。例如，婴儿第一次说话的时间通常在12—15个月间，其背后的神经基础是Broca区快速的树突发育，而Broca区在控制言语的运动成分中起重要作用。因此，教育必须与脑发育的进程相匹配。

其次，尽管存在这些转折点，教育者应当始终牢记，儿童发展的过程是渐进而非突变的。儿童的认知发展存在阶段性，并非意味着它只是在少数高台阶上跳跃式地发展。事实上，儿童发展更是一种连续不断进步的状态。所以，当设计幼儿园、小学、初中、高中和大学课程时，必须保持很好的衔接性与连贯性。目前国内的教育体制下，特别如幼小衔接，在内容和形式上都有很大的跨度与差异。从以游戏教学法为主的学前阶段，突然跳入以课堂、作业与应试为特色的小学阶段，以致小学生出现很多的适应困难。由前述可知，2—8岁的脑发育同属一个连贯的阶段。教育政策制定者需要根据脑研究成果来重新审视7—8岁低年级小学生（1—2年级）的教学方案。此外，在高中与大学课程中也存在明显差异：高考前的应试教育模式，与以自学为主、教学为辅的大学模式存在很大的张力。青春期是脑发展的关键转折期，其间前额叶皮层的突触被修剪，连接前额叶皮层和大脑其他部分的轴突也发生髓鞘化。这使得抽象思维、逻辑推理、计划和认知灵活性都在青春期阶段得到不断发展。因此，中学时期的课程应注意与大学课程的衔接性，多利用脑发展的这个窗口时期启迪和开发青少年的思维能力、想象力和创造力，而不只是知识的灌输、累积与巩固。而这些能力的获得，将有助于中学生进入大学后，在浩如烟海的知识系统中游刃有余地进行自主性的探究式学习。

第三，在发展过程中，大脑成熟状态与儿童心理特征的对应，也并非是严格确定的。因为经验在其中发挥着非常重要的影响，所以同一班级的学生总是存在学习能力的明显差异。例如，2—8岁间，儿童记忆能力的显著提高，是与其语义网络的发展成熟密切相关的，而语言经验——包括言语和书面的经验，对其语义网络的成熟都是不可或缺的，但是儿童个体由于家庭环境和教育背景的不同，在语言经验方面可能存在很大的差异。因此，低年级小学教师需要认识到个体差异的存在，因材施教，通过好的教育策略来弥补儿童过往经验的不足，帮助后进的学生发展完善其语义网络。

神经教育学的兴起，有助于我们更好地认识教育时期，并为其设置最科学的教育策略。这方面的研究进展，将为教育革新带来新的希望。

第三节　脑发育与教育策略的选择

发展认知神经科学试图关联大脑发育与儿童发展，探究儿童心理与行为发展的神经基础，对于教育策略的选择具有重要的启示。

一、基于脑、适于脑、促进脑的教育

首先，发展认知神经科学的研究进展有助于建立基于脑的发展模型和学习理论，而这将为教育实践与研究提供最坚实的科学依据。北京师范大学“认知神经科学与学习”国家重点实验室提出的要建立“基于脑、适于脑、促进脑的教育”的主张，正反映了当前国际教育界对脑科学研究日益关注的趋势。

“适于脑的学习”理念已经有初步的实践，如美国加州的教育学家 Eric Jensen 开展了一系列的“超级营地”教学活动，试图利用最新的脑科学研究成果来帮助儿童学习生活技能和学习技巧。他们数年追踪的研究显示，学生的成绩、出勤率和自信心都得到增加。目前，该项目已成为有 20000 学生参加的国际性固定活动（Jensen，2005a）。

二、将抚养方法、教育政策和课程设置建基于科学证据

教育学家、教育政策制定者、幼儿教师、抚养者以及发展认知神经科学家之间的对话，有助于使具体的抚养方法、教育政策、实践标准和课程设置建基于最优秀的科学研究证据之上（Hirsh-Pasek，& Bruer，2007）。例如，ERP 研究发现婴儿在出生后 6—12 个月内建构起高效的母语语音加工回路，在此期间抚养者需要让婴儿多暴露于标准母语的刺激中，尽量避免外语或方言的干扰。脑科学家已经证实听觉通路是人类习得语言最重要的早期路径，这提醒我们在实行儿童外语教学过程中需要

尊重儿童认知的发展模式、多从听说训练入手（卢英俊，施莹，2006）。

神经语言学家 Helen Neville 指出，第二语言学习包括语言的理解与生成（language comprehension and production）。其中，语法加工与语义加工过程依赖于脑内不同的神经系统。语法加工主要在左侧前额叶，而语义加工（如词汇学习）激活的是左半球和右半球的后部外侧区域。语言不是由单一脑区加工的，而是通过全脑的不同回路整合来加工（OECD，2006）。对教育应用非常有趣的是：确定加工语言的脑区，将有助于解释开始学习第二语言的时间对这些亚系统的影响。

研究表明，语法学习开始越晚，完成语言任务时脑激活就越活跃。这通常表明某一任务的难度加大。例如，在词汇识别任务中专家型阅读者，比新手型阅读者的脑激活更少。语言学习起步晚的学习者不只在左半球中加工语法信息，而是用大脑两个半球来加工。语言学习开始晚，大脑就运用不同的语法加工策略。而且，大脑两半球都激活的学习者，在语法的正确运用方面存在更大的困难。Neville 指出，就第二语言学习而言，儿童早开始，掌握语法就更快更容易，而语义学习也可以确实持续终身，不受时间限制。语法学习证实了学习敏感期的存在，是一种经验期待型学习。对晚学习者而言，并不一定丧失了学习的效率与掌握水平，而是由于在生理限定的时间段内，没有接受相关经验，学习会更加困难（OECD，2006）。该领域的脑科学研究对教育政策的一个明确启示是：13 岁以后学习第二语言（语法不同于母语）很可能导致该语言的语法掌握程度不高。

如前所述，语音能力发展也存在敏感期。例如，学习英语较晚的母语为日语的人区别英语 /r/ 和 /l/（例如单词“load”和“road”）相当困难。这些困难甚至当其成年后移民到英语国家生活多年仍然存在，这一事实为语音辨别能力的习得存在着敏感期提供了依据。正如 Neville 在纽约论坛上论证语音“敏感期”时所提到的：“你听到有人用外地口音说你的母语的时候，你可以肯定他 / 她是在 12 岁以后学习这门语言的。”当然，这并非意味着这种学习困难在敏感期以后是永久性的。研究显示，大量输入 /r/ 和 /l/ 语音的训练，可以使母语为日语的成人能够明确地区别这两个语音；也有脑成像结果初步证明，这种训练影响了负责母语语言感知的大脑皮层（OECD，2006）。

这些双语习得的脑科学研究，有益于教育政策和课程设置的科学性的提高。在全球走向一体化的进程中，具备优秀国际交流能力的学生将拥有更多的竞争优势，而“面向世界、面向未来，面向现代化”的教育，也需要更多汲取脑科学研究的成果。总之，语音与语法的习得，存在明显的敏感期，而语汇获得则不受时间的限制。这对母语与第二语言都同样适用。因此，在总结神经语言学关于双语习得的研究进展后，卢英俊等指出，在0—4岁期间，在听觉通道上为儿童提供丰富多彩的标准母语环境的浸润，对其习得母语的音素、词汇和语法具有重要意义，而在儿童较好掌握母语的基础上，可以进一步通过多角度地营造“浸入式”的第二语言语音环境，以适应儿童心理发展特征的学习方式让儿童从4—6岁开始学习第二语言（卢英俊，施莹，2009）。“浸入式”的第二语言学习，强调不只是在课堂上学习第二语言，而要在生活、幼儿园或学校的情境中广泛地使用第二语言，在真实的语境中进行交流；同时可以灵活使用第二语言动画、绘本、儿歌等工具，并鼓励儿童进行第二语言为媒介的游戏等。

三、将脑科学成果运用于特殊障碍或学习困难儿童

对特殊障碍或学习困难儿童的发展认知神经科学研究，有助于幼儿园或学校制定出有效的教学和干预策略。例如脑成像研究发现，儿童阅读障碍者大脑左半球颞顶枕交界处的脑区存在功能异常，反映了其对快速变化的语音序列的加工障碍，而改善快速听觉处理能力的训练计划，使阅读障碍儿童的行为表现与脑成像结果都显著改变（卢英俊，龚蕾，朱宗顺，2006）。

Spencer等（2006）对年龄在13—22岁带有自闭症特征的智力发育迟滞个体的大脑结构特征进行了研究，发现智力发育迟滞组被试的大脑结构形态特征较之正常人存在异常，并且携带自闭症性特征的智力发育迟滞患者的左侧颞上回白质密度要高于无自闭症特征的智力发育迟滞患者。有关障碍患者的认知发展与大脑结构和功能的关系研究，有利于了解特殊人群的认知与脑发育规律，进而为促进儿童青少年认知能力发展障碍的诊断、分类、干预、治疗和预防等提供科学依据，也从另一个角度验证、丰富和支持了有关儿童青少年认知发展与脑发育关系的研究结果和发现。

四、重视体育锻炼对大脑功能的益处

研究表明，有氧运动不仅可以增强心血管健康，还能促进大脑功能。Arthur Kramer让被试参与一项连续3个月的有氧运动计划，即每天散步一段时间，并逐渐增加时间长度。6个月后，接受脑扫描和心理测试，发现测验分数提高了11%，且额

叶中部和顶叶上部脑区的激活增加。这些脑区与执行功能有关，能够将大脑资源集中在特定任务上，并负责空间注意的分配（OECD，2010）。这项研究提示了体育锻炼可以促进大脑健康，并对正常人的认知功能具有明显促进作用。

身体锻炼能够促进运动的协调控制能力——平衡能力、运动的综合协调能力、特定运动技能和身体自觉能力等，并对学习困难和注意障碍有改进作用。多项研究还显示，在许多方面，运动能力和语言发展之间显著相关。Moser（2004）指出，身体锻炼能够促进认知功能的提高，因此提示教育界需要进一步探究身体锻炼对各种教育课程所产生的深刻影响。事实上，在学校中身体锻炼一般都被局限在体育课的范围内，而没有与其他课程进行有机整合。为此，如果能更好地理解身体锻炼影响脑功能的生理机制，我们就能更深入地认识人的认知健康，并知道在日常教育课程中如何安排锻炼计划以更好地促进学习。而且，即便是空气通风这样的简单因素也能产生积极影响——时不时打开窗户，放下手头的学习，疏松一下筋骨，呼吸一下新鲜空气，也会促进学习效率的提高（OECD，2010）。

五、重视艺术的大脑开发价值

神经教育学家 Eric Jensen 指出，艺术与所谓“学术性学科（包括科学、语言、数学等）”的地位是相当的，我们不能再把艺术称为“文化的附加物”或“大脑右半球的装饰品”。新近的脑科学研究证明艺术不但具有右脑开发的功能，并能够促进大脑皮层对边缘系统的调节、提升人的情商。

“莫扎特效应”引起了音乐开发大脑潜能的研究热潮，目前实验已经证实音乐可以增强儿童的认知系统、感知运动系统和应激－反应系统，提高儿童的记忆力与情绪智力（Jensen，2005b；卢英俊，吴海珍，钱靓，谢飞，2011）。在片面追求学业成绩的应试教育的潮流中，教育者更需要重视艺术学科的大脑塑造功能，积极地把对音乐艺术、视觉艺术、戏剧艺术、工业艺术和运动艺术的欣赏和创作融入学校课程设置和日常教学活动中来。

六、重视学习与训练对大脑结构与功能的塑造作用

哲学家狄慈根（Joseph Dietzgen）说：“重复是学习之母。”还有学者表达类似的

观点，提出“重复即教育”。这都提示，学习的过程中重复与反复练习是非常重要的。

脑科学研究证实，重复的学习与训练的确可以改变大脑皮层厚度等结构形态，这反映了大脑结构受经验影响的可塑性。Haier，Karama，Leyba 和 Jung（2009）对青春期女生进行 3 个月的视觉空间问题解决的计算机任务训练，并分别在练习前后对被试进行磁共振扫描，结果发现，这些被试在 BA 6 和 BA 22/38 区皮层厚度显著增加。音乐训练也可导致大脑结构的可塑性变化。Schlaug，Norton，Overy 和 Winner（2005）对 5—7 岁儿童进行了长达 4 年的追踪研究，发现接受音乐训练的儿童大脑感觉运动皮层和双侧枕叶皮层的部分脑区的灰质体积显著大于控制组儿童。

不但如此，fMRI 研究表明练习和训练还可以促使大脑活动模式发生变化，即大脑功能的可塑性改变。如 Koelsch，Fritz，Schulze,Alsop 和 Schlaug（2005）对 10 名接受不同强度音乐训练的儿童在不规则和弦刺激下的大脑活动模式进行研究，他们将儿童分为没有接受过音乐训练的儿童组、接受中等强度音乐训练的儿童组和接受过度音乐训练的儿童组，结果发现，音乐训练与额叶岛盖和颞上回前部的脑区激活增强相关，即接受音乐训练的时间越长，上述脑区的激活也越强。另外，Koelsch 等（2005）还选取 10 名成人音乐家与 10 名非音乐家被试，分析他们在不规则和弦刺激下大脑活动模式的差异，发现音乐家在外侧额叶下部和右侧颞上回前部激活较之非音乐家要强，并且在儿童组被试也发现类似的结果，表明音乐训练确实造成了大脑活动模式的改变。

第四节　为脑发育创设丰富的教育环境

教育的主要功能之一，是为建构儿童认知结构提供丰富的“经验营养”。针对儿童发展与脑发育各个阶段的典型特征，积极创设环境，施以合宜刺激，为儿童提供发展所需的经验。大量的证据显示，儿童大脑成熟与心理能力发展呈现高度的一致性，但我们既不能将一切人类心理与行为现象都简单还原为神经元的各种生化反应或电活动，也不能认同决定论的观点，以为儿童发展只是基因图谱展开的过程。神经元的变化和人类经验的交互作用，构成了整个儿童发展过程的主旋律。因此教育者需要为儿童不断发育中的大脑提供丰富的“经验营养”，以帮助儿童积极地建构认知结构、塑造其充满学习潜能的大脑（卢英俊，马芝妱，2008）。在本节，我们将探讨几个重要的“基于脑的教育”的原理。

一、培育神经农场

人类婴儿在刚出生时比任何其他哺乳动物的婴儿都软弱无助。这一事实意味着，人类婴儿不能很好地照顾自己，但同时也意味着婴儿仍在发育中的脑能够不断发展以适应其所处的环境。这一脑的“神经适应”，既可能来自仅有零星刺激的“贫瘠荒漠”，也可能源自有着大量感官刺激的“富饶风景”。1967 年，脑研究的先驱、加州大学伯克利分校的神经解剖学家戴耳蒙德（Diamond, Lindner, & Raymond, 1967）发现脑具有令人震惊的可塑性。她的研究，以及随后的系列研究改变了我们先前对脑的看法。大脑完全可以在环境刺激下形成新的连接。戴耳蒙德说：“当丰富周围的环境时，我们的脑皮层就会加厚，脑的树突增多，成熟的神经棘（spines）增多，且细胞体也增大了。”在脑接受刺激后的 48 个小时之内，上述变化就会发生。这些改变意味着脑细胞相互间可以更好地交流信息，同时也会存在更多的支持性细胞（Jensen，2005a；参见图 3.3）。

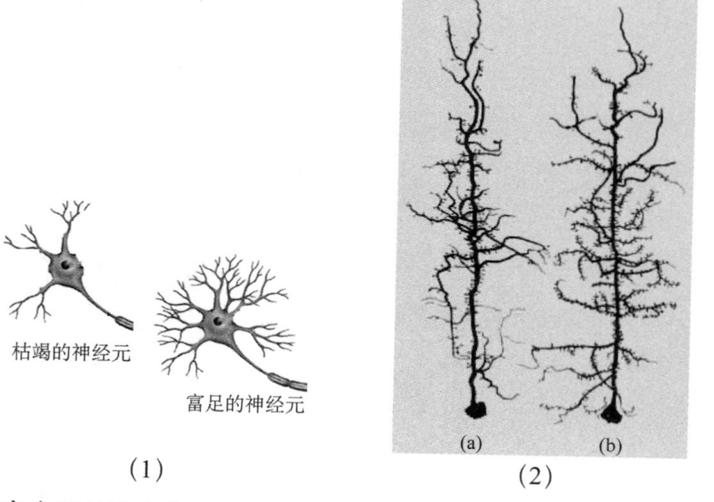

图3.3　丰富多彩环境对神经元的影响：（1）神经元的树突（反映了突触连接）丰富与否取决于脑被赋予的活动的丰富程度；（2）宝石鱼的神经元，（a）为单独饲养的宝石鱼，神经元突起较少，（b）为与其他鱼一同饲养的宝石鱼，有更多的神经元突起（Kalat，2011）

韦恩州立大学的神经生物学家 Harold Chugani 指出，学龄期的脑随着能量的消耗而“发光放热”，它们燃烧葡萄糖的速度是成人水平的 225%。在学龄的早期阶段脑的学习速度最快，并且也最容易。当完全适应了周围的环境之后，它就以非常惊人的速度爆炸式地成长起来。在这个阶段，刺激、重复和新奇对于奠定以后学习的基础都极其重要。外在的世界是脑成熟的真实养料。脑吸收了气味、声音、景象、味道和触感，并且将这些整合到无数的神经连接中（Jensen，2005a）。当脑开始理解世界时，它就开垦了一块神经的农场。诚然，脑的发展，不仅需要大量的物质营养，还渴求着丰富的“经验营养”来滋养。

过去存在一种误解，认为只有那些“天才”学生才能从丰富环境的方案中获益最多。其实，人脑在刚出生时就有成千上万亿的神经连接。随着早期感知觉的发展，大量新的突触会出现，但是一些冗余的突触会被删减。研究“丰富环境”的先驱 Greenough 说，经验决定哪些突触被删减，哪些突触会被保留。这些脑内基础回路是儿童今后发展的基础。脑的神经连接有一个“基线”，丰富的环境会使其连接增多。我们可以只拥有一个接近“基线（baseline）”水平的脑，也可以拥有一个有“丰富（abundant）”连接的脑，但没有人有权剥夺那些所谓“没有天赋”的学生将自己的脑发展成一个“丰富的脑”的权利（Jensen，2005a）。

二、构成丰富环境的要素

William Greenough 针对丰富环境对脑的影响进行了长达几十年的研究。他指出，对于脑发育来说，有两件事情尤为重要。对于任何一个旨在丰富学习者的脑的方案而言，首要的就是保证学习具有挑战性，包含新的信息或经验，即新异性与挑战性。其次，学习者还必须能够从互动的反馈中习得经验（Jensen，2005a；参见图 3.4）。

挑战性很重要，但是挑战性过大或过小，都可能使学习者放弃或感到厌倦。这种挑战可以通过呈现新的事物、增加难度，或者减少提供解决问题的资源等来实现。新异性也很重要，如每两周或 4 周改变教室墙壁的装饰，最好是由学生自己去完成这任务。经常改变教学策略，此外还可以通过使用计算机、小组讨论、实地考察、报告、合作团队、游戏、学生讲课、记日记等方案（Jensen，2005a）。

其次，尽可能对学习者进行反馈。因为反馈可以减少不确定性，不但使学习者的处理能力得以增强，而且能够降低其下丘脑—垂体—肾上腺（HPA）轴的紧张反应。脑本身非常精细，能够操纵反馈——包括内部反馈和外部反馈。大脑是自我参考的，它会根据刚完成任务的情况来做调整。好的反馈必须是具体的，而非笼统的；并且，实时的反馈对学习者的作用通常最大。

再次，学习伙伴是建造丰富学习环境中最好的资源，但是，在传统的教育模式中，很少意识到要利用这一宝贵资源。最理想的学习小组是由不同年龄、不同地位的学习者构成的群体。合作小组明显具有两大功能：（1）当感受到自身价值或感受到被关注时，学生的脑就会分泌诱发快乐的神经传递物：内啡肽和多巴胺。这些化学物质会使大脑更乐于工作。（2）小组提供了极好的社交和学习反馈途径，学习者可以得到同伴对自己思想与行为的明确反馈（Jensen，2005a）。

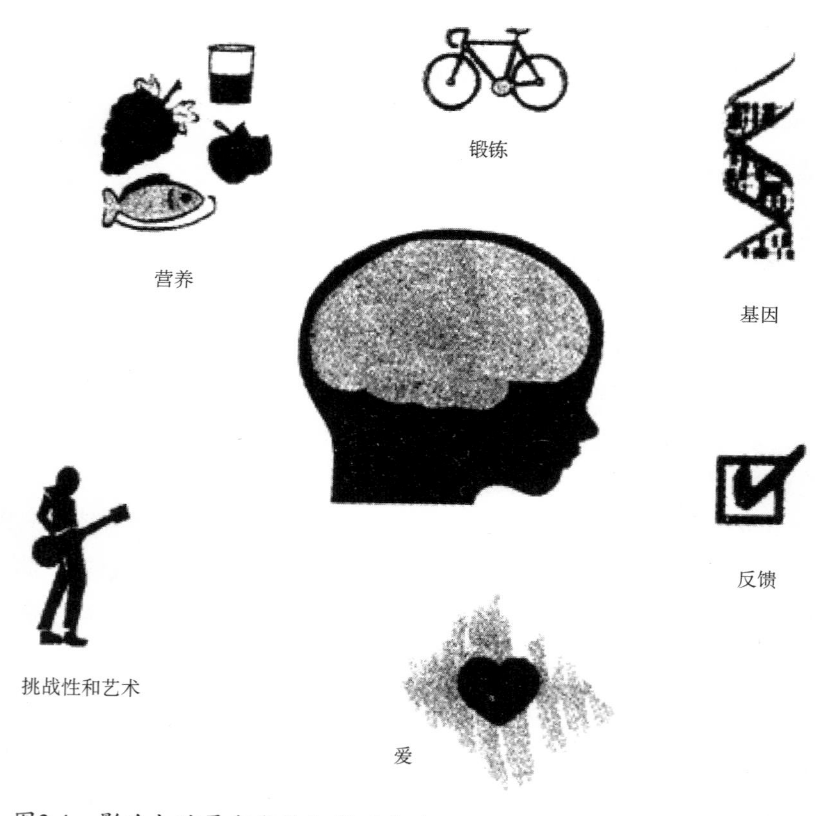

图3.4　影响大脑早期发展和学习成就的关键因素（Jensen，2005a）

三、丰富环境的内容

构成丰富环境的资源是无穷的。诸如阅读和语言、动作刺激、思维和问题解决、艺术，以及生活与学习环境等。在本书中，有许多的脑科学研究实例都为丰富多彩的环境提供了注解。下面将透过音乐与游戏等案例，来说明丰富环境对大脑的作用。这里并不罗列所有丰富环境的资源，或为其分类。不仅是因为这种资源是无穷无尽的，更是期待读者（无论是教育者或是养育者）能自主地、创造性地发现并创设这些丰富多彩的环境，来刺激儿童大脑的“神经农场”，使其花香常漫、硕果累累。

例如，在德国有约700家的“森林幼儿园”，孩子们可以整日在户外活动。狭窄的教室不见了，取而代之的是葱郁而充满活力的森林。在德国慕尼黑市的一家“森林幼儿园”，儿童每周有一日全天的森林玩耍，在那里可以经验春华秋实，冬雪夏阳的四季变换，呼吸自然的清新空气，与野生小动物一起玩耍。孩子们自由地在树林中追逐，在吊床上嬉闹，用幼儿版的刀锯切割着木块，还在用木头搭建的玩具架子上爬上跳下。每位教育者，都可以因地制宜地开发出类似的创造性的教育模式。

（一）音乐对脑部的益处

音乐在儿童身心全面和谐发展中起非常重要的作用。研究显示，音乐能促进神经系统的发育，对认知系统、情绪智力，以及应激－反应系统等都产生影响，并为儿童学习带来积极和持续的益处。如Wolff发现音乐教育可显著提高儿童的创造力（Jensen，2005b）；Morton，Pietrangelo和Belleperche（1998）发现游戏中使用音乐促进了综合能力和自我概念的发展；孙长安，韦洪涛和岳丽娟（2013）的研究还证实了音乐对工作记忆具有促进作用；ERP研究也发现音乐训练能改善儿童前额叶相关的执行功能（Moreno，Bialystok，Barac，Schellenberg，Cepeda，& Chau，2011；韩明鲲，吕静，2013）。Mockel等发现节奏性很强的音乐可降低皮质醇与去甲肾上腺素水平，缓解心理紧张（Jensen，2005b）。此外，研究者甚至发现音乐与空间智能存在密切的联系，引发了著名的“莫扎特效应”。1993年，Rauscher，Show和Ky报道听10分钟莫扎特“D大调双钢琴奏鸣曲”（K.448）的实验组大学生的时空推理成绩比听通俗音乐和不听音乐的控制组高出8—9个百分点，且该作用可持续10—15分钟。法国医生Tomatis进一步提出“莫扎特效应”（Mozart Effect）这一术语。

“莫扎特效应”一经提出，就引起了社会的广泛关注，并成为研究的热点，但其行为学层面的结论并不一致，有些能再现“莫扎特效应”，除Rauscher的研究团队

（1993）之外，Ivanov 和 Geake（2003），Jackson 和 Tlauka （2004），Jausovec 和 Habe（2005）及黄君（2010）等在研究中均证实了莫扎特效应的存在；Aheadi，Dixon 和 Glover（2010）指出，莫扎特效应存在限制性特征：聆听莫扎特音乐能提高非音乐家的心理旋转能力，而对音乐家无效，但有些实验并不能再现“莫扎特效应”。1997 年起，Steele 等发表系列论文，质疑“莫扎特效应”的存在（Steele，Ball，& Runk，1997; Steele，Bass，& Crook，1999; Steele，2003）。此外，Wilson 和 Brown（1997），Mckelvie 和 Low（2002），Crncec，Wilson 和 Prior（2006）也未能在实验中证实莫扎特效应。

但认知神经科学方面的研究，较一致地证实莫扎特音乐对大脑的影响存在独特模式（侯建成，刘昌，2008）。如脑电实验发现莫扎特音乐增加了颞叶与左侧额叶区域的脑电相干性（Hughes，2001），且对大脑 α1 频段脑电功率谱的作用最显著（卢英俊，吴海珍，钱靓，谢飞，2011）。功能性磁共振成像（fMRI）和近红外脑成像（NIRS）实验也证实莫扎特音乐除激活与音乐加工相关的颞叶皮层外，还激活了与时空推理密切相关的背外侧前额叶和枕叶（Bodner，Muftuler，Nalcioglu，& Shaw，2001; Suda，Morimoto，Obata，Koizumi，& Maki，2008）。

研究者试图探究能产生“莫扎特效应”的音乐的本质特征。Rauscher 等曾指出，简约型音乐、简单重复型音乐均不能产生“莫扎特效应”，而具有复杂结构的音乐则可能产生“莫扎特效应”（黄君，2009）。Hetland（2000）利用元分析指出：能产生“莫扎特效应”的音乐并不局限于莫扎特所创作的音乐。Hughes 认为能产生“莫扎特效应”的音乐应该是一种高度结构化、具有长时程周期性的音乐，它与大脑皮层的高度组织化的微观解剖结构可能存在某种模式上的相关性。Hughes 利用自动分析软件解析了数百首不同音乐家作品（包括莫扎特，巴赫，肖邦，瓦格纳，贝多芬，李斯特，海顿等）的结构特征，发现莫扎特音乐具有最高水平的长时程周期性：即 4—60 个音符长度的旋律线的重复度显著高于其他作曲家。海顿和巴赫的音乐也具一定长时程周期性，但相对弱于莫扎特音乐。此外，显著存在于摇滚乐中的 1—2Hz 短时程周期，在莫扎特音乐中几乎未见（Hughes，2001; Hughes，2002; Jenkins，2001; 卢英俊，吴海珍，钱靓，谢飞，2011），而音乐的高度结构化特点是指音乐的空间组织结构复杂，密度高。莫扎特音乐的纵向和声与横向的旋律走向构成的音乐空间组织结构密度大，重复度高。Hughes 进一步分析了 4 音符长度旋律线的特征：包括音符、音程、旋律轮廓、音符时值和终止和弦等要素的重复性。结果发现莫扎特音乐的音符和音程得分显著高于其他作曲家的音乐，音符时值显著高于肖邦音乐。逆向的音符、音程和音符时值上也有类似趋势（Hughes，2001）。Hughes 提出的“高度结构化、长时程周期性”假说，试图阐明莫扎特音乐的本质特征；而这种特征与大脑皮层的高度组织化存在模式上的相似性，能够促进特定的脑功能，可能是“莫扎特效应”的成因（吴海珍，赵蕾，卢英俊，2014）。

此外，莫扎特音乐对神经系统疾病、认知障碍等治疗效果显著：如可减弱患有癫痫症的成人及儿童的痫样放电；改变平衡变量，促进前庭损伤病人康复；促进心血管健康，并诱导高血压大鼠血压下降；使患有轻度认知障碍的老年人康复认知；帮助克服认知失调等（吴海珍，赵蕾，卢英俊，2014）。

更有研究显示，音乐活动（不囿于莫扎特音乐）对学生各种智能表现均具促进作用，如提高数学分数，促进阅读、地理等能力的发展（Cabanac，Perlovsky，Bonniot-Cabanac，& Cabanac，2013；Jensen，2005b）。1999—2000 年度的美国大学委员会报告指出，音乐课程与学术能力评估测试（SAT）高分数之间存在密切相关（Jensen，2005b）。

音乐还能够改造大脑的结构，如多数音乐家同时运用双手的能力的确比普通人强，学者推测音乐演奏使其两半球运动区域之间的协调能力得以提高。研究证实，音乐家的前扣带回比非音乐家更大，而前扣带回中就含有联系两半球运动区的纤维束。音乐学习能够塑造大脑，增强神经细胞的反应能力，增加对重要声音产生强烈反应的神经细胞数量，参见图 3.5。

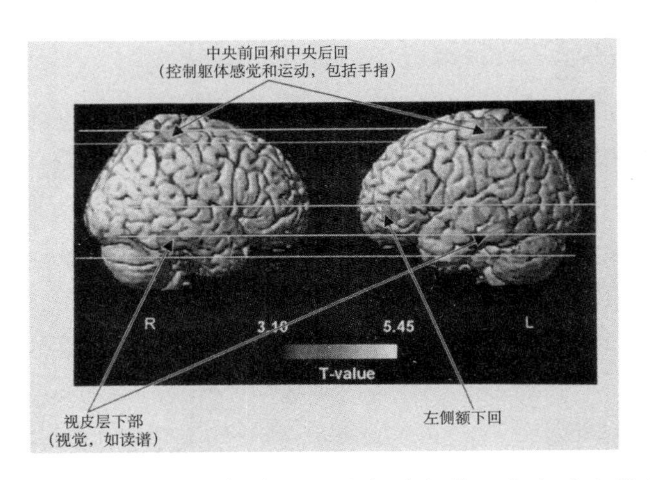

图3.5　音乐练习导致相关脑区的灰质变厚：在灰质变厚程度上，专业键盘手〈业余键盘手〉一般人（Kalat，2011）

德国一项脑磁图（MEG）研究发现，音乐家听到钢琴音调时，听觉皮层激活的范围比非音乐家更大；并且，接受音乐训练的时间越早，激活范围就会越大。研究还发现，小提琴手的左手手指对应的运动皮层的电反应更强。音乐家的手部运动控制脑区和听觉脑区范围比一般人更大，也说明了长时间训练能够改变神经系统的结构（OECD，2010；参见图 3.6）。此外，研究还表明，音乐训练能够刺激大脑皮层的活动，6 个月的短期训练即可显著改变行为，并改善神经突触的生长（Moreno，Marques，Santos，Santos，& Besson，2009）。

吴海珍、赵蕾、卢英俊等近期的研究（2014）也揭示聆听莫扎特音乐，会导致女童的时空推理能力短暂提高（大约在聆听音乐后 15 分钟之内），且产生这种“莫

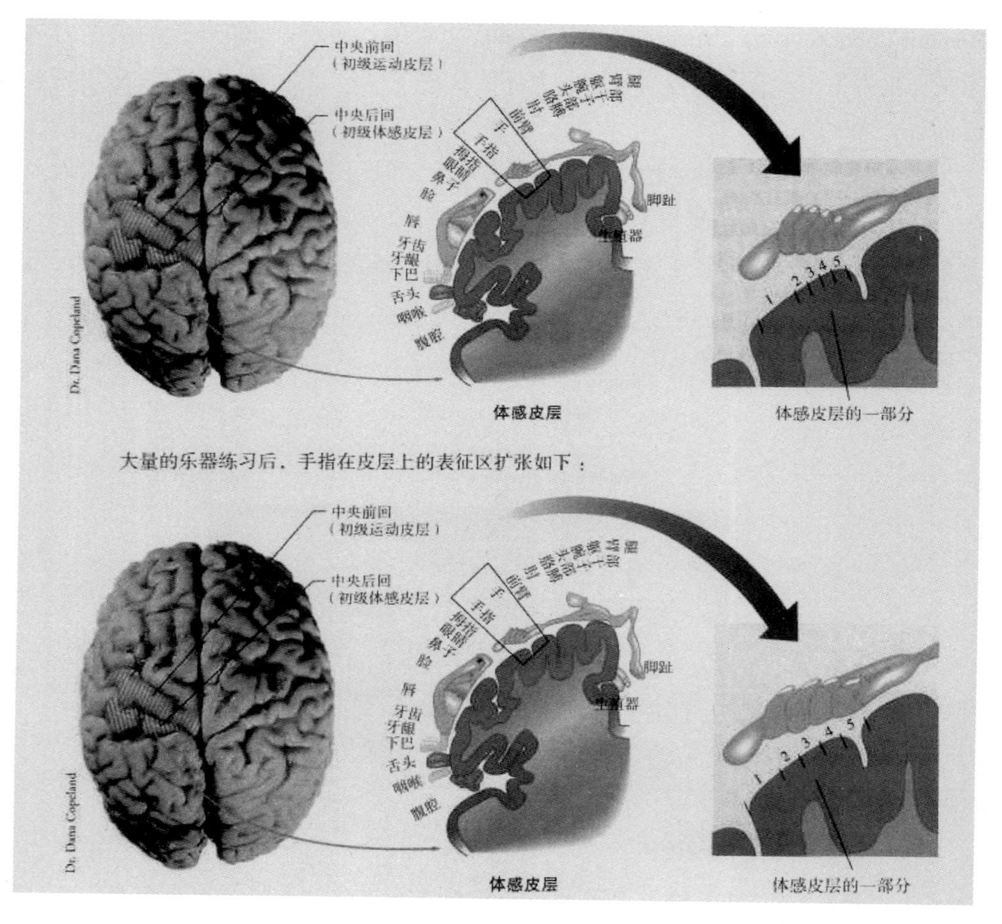

图3.6　大量乐器练习导致手指在皮层上的表征区域发生扩张（Kalat，2011）

扎特效应”的音乐具备长时程周期性和高度结构化的特点。提示教育者可以选择具备长时程周期性和高度结构化特征的纯钢琴曲，作为儿童音乐欣赏活动中的素材，还可以将之作为自由活动时间的背景音乐，让儿童（特别是女童）在长期聆听、感受理解和鉴赏音乐作品过程中，进一步促进和巩固其时空推理能力的发展。

热爱音乐是儿童的天性，天真活泼的幼儿对音乐有着天然的亲近和向往。教育者应重视音乐的认知开发功能，充分利用音乐欣赏和音乐训练等手段，更好地促进其发展。

此外，必须指出的是，音乐教育绝不仅仅是音乐技巧的学习，虽然技巧习得是必不可少的。脑科学家小泉英明指出，如果在儿童的音乐感觉和音乐萌芽还未开始的时候，就让他 / 她终日练琴的话，大脑就有可能过多地受到技能反射系统的支配，而这对其乐感的发展是不利的。最好的做法是在儿童理解范围内，一点一滴地培养他们的心灵 / 大脑对周围事物的感悟和感动：如夏夜虫子的鸣声，海水涨潮的浪花声，或在小溪里一面玩水一面感受潺潺水声的凉意。最近在国际音乐比赛的评审中，常常听到“square music”（方方正正的音乐）一词。所谓“square music”，指的是那些演奏技巧娴熟，但总感觉缺少心灵感动的死板音乐（小泉英明，2009）。

（二）游戏对脑部的利与弊

游戏对儿童的心理动机有着很大的促进作用。在教学情境中，采用讲故事的方式，或采用激发想象力的活动，对动机的促进是不言而喻的。有研究者曾利用游戏来激励儿童，帮助他们完成由大量题目构成的标准化测验，因为这些测验通常是非常枯燥的。儿童比较喜欢传统游戏道具，如木偶等，也很容易受它们激励。利用游戏，教育者能够营造出一个积极的学习环境，克服很多的学习障碍——如反抗行为、消极情绪、对立态度等（OECD，2010）。这对于课业任务很重的中国儿童的教师与家长来说，是个重要的提醒。

利用近红外脑成像对“游戏中的脑”进行的一项研究显示，与采用常规方法完成某种活动相比，采用木偶游戏的方式会使脑血流量显著增加。Nussbaum 等的一项研究让 300 名学校儿童玩多种“Gameboy”游戏，结果发现儿童的动机明显提高，无论是熟悉这种游戏还是平时不接触这些游戏的儿童。McFarlane，Sparrowhawk 和 Heald 研究了教师对电子游戏优缺点的看法，结果发现，教师们对冒险游戏的态度是正面的。他们认为，这些游戏有利于促进各种策略的发展，而这些策略对学习有举足轻重的作用（OECD，2010）。

MIT 媒体实验室设计了一个在电脑中呈现的名叫 Sam 的人物角色，这个角色非常善于交谈，是为了促进儿童语言发展而设计的。Sam 让儿童用真实物体进行讲故事的游戏，同时会有一个虚拟玩伴参与进来，而他也使用相同的物体。这个程序可以让儿童通过与电脑的互动来提高讲故事的能力（OECD，2010）。该游戏使儿童更富想象力，故事叙述方式也更复杂，语言表达能力得以提高。

综上，游戏化教学不仅可以增强学习的动机，还有助于提高儿童的想象力，并能对其认知能力和策略运用产生积极影响，但是，许多学校却不断占用和减少休息时间，增加测验的强度，留给娱乐、游戏的时间少之又少。而家长也应当负部分责任，因为他们总是让儿童参加各种课外学习活动，为的是提高学业成绩，使儿童失去玩耍的时间。

不过，有关电子游戏对于儿童脑部发育的利弊，也有不同的观点。而这个问题本身相当复杂，不能一以蔽之。长期玩电子游戏会如何影响儿童的健康状态、认知、情绪与行为？在这个电子科技一日千里的时代，探究这一课题有迫切的重要性。

有的研究证实电子游戏有助于认知能力发展。如罗彻斯特大学的研究发现，投入大量时间玩快节奏电子游戏的年轻人比不玩这种游戏的人视觉能力更好，而且注意复杂视觉环境的能力也明显更强。他们“能够同时注意到的物体也更多，而且能更有效地加工快速变化的视觉信息”。这可能是由于新一代电脑游戏重视画面的三维和动态效果，所以需要玩家将注意力同时分配在画面的不同部分，还需要提高视觉和注意技能（OECD，2010）。玩游戏还可以使儿童增加电脑知识与技能，而这种知识与技能在今日 IT 时代非常重要。此外，利用虚拟技术模拟真实情境的学习方式，也非常有益。

但是，不可忽视的是，有不少流行的电脑游戏中充满了暴力。有研究表明，画面的情绪成分过多，可能会增加玩家的反社会行为。电子游戏会引起多种情绪反应——危险、暴力和对抗等。新近研究显示，暴力游戏和攻击行为之间存在直接关系。一些研究者还指出，电子游戏激发的脑暴力反应模式与真实攻击行为的模式是类似的。例如，德国亚琛大学的一项研究让男性被试玩一种杀死歹徒，营救人质的游戏。在游戏中，许多处理情绪的脑区，如杏仁核、前扣带回都发生了激活；而研究者在扫描大脑想象攻击行为时，也发现了相同的激活模式。德国 Tubingen 大学的 Birbaumer 指出，青少年玩电子游戏的时候，这些神经回路通常都会得到强化，因此当他们面对类似的真实情境时，攻击性就会被启动（OECD，2010）。

脑科学家小泉英明对此问题有更深入的思索。他指出，研究发现，玩战斗型游戏不太需要大脑额叶的机能。因为额叶的主要功能是判断和发出指令，虽然刚开始玩时需要额叶的判断，但如果总是通过额叶的判断以后再发出行动指令的话，这类游戏是一定赢不了的，而主要是透过脑的神经反射区来实现快速反应，这些反射区包括最原始最低层的脊髓，及稍高一层次的脑干。此外，反射性的、自动化的动作还需要小脑。等到这些反射性的动作熟练以后，就基本无须额叶的参与了，但是，同属计算机游戏的网络围棋则完全不同，需要额叶的活动。例如，使用近红外脑成像进行探测发现，在玩五子棋时额叶活动频繁，因为需要高级思维活动，而不只是反射（小泉英明，2009）。因此，我们需要设计出更多有利于发展儿童脑部高级思维能力的游戏，而减少那些纯粹反射式的战斗游戏的开发。

小泉英明还进一步指出，研究计算机游戏对脑部的影响尚在其次，更重要的问题是研究如何帮助儿童在电脑游戏过程中，在享受快感和培养克制力上保持平衡（小泉英明，2009）。利用人类的创造物去追求快乐，也许并无不妥，但儿童的自我克制力较差，如不加以限制与引导，难免会导致夜以继日地玩，以致白天昏昏沉沉不思学习，而且对那些缺少刺激的事物如学业与阅读提不起兴趣。沉溺电脑游戏导致失衡的例子不在少数，应当引起教育者充分的重视。

最后，小泉英明呼吁让儿童更多接触大自然与社会真实的环境，而不是让儿童一天当中醒着的大部分时间里都是在与人造机器交流。今日，即使生活在被美丽自然围绕的环境里，儿童们却仍沉迷于长时间的电子游戏、网上聊天与看电视。这不仅是有损于儿童的视力与身体健康。他提到：“即使生活在大都市里，只要你深入观察身边的小动物、植物的叶子，身边的小环境也能变成丰富多彩的大自然。我总是觉得，如果不重视实际体验，今后的社会将变得多么贫乏无味啊。”（小泉英明，2009）电脑固有其益处，但透过感知真实的自然界和社会交往所带来的体验，能给予脑部更丰富的多感官通道的刺激，可以促进儿童大脑更健康平衡地发展。因为大脑加工二维图像世界，毕竟不同于在可感可触的三维现实世界中的经验。克里斯·罗文在《被虚拟化的儿童》一书中，指出“从生物学角度看，人体构造不适合久坐不动……发育中的儿童每天需要2—3小时的无组织、积极的嬉戏玩耍，这样才能保证儿童的前庭系统、本体系统、触觉感官系统得到足够的刺激，从而达到最佳的发展和学习状态。”长时间坐在计算机前或使用手持设备独自玩耍，都不利于儿童机体和脑的健康发展。正所谓过犹不及，过度的电子设备使用，可能会让儿童大脑的反馈回路受限，思想变得“贫乏”（Rowan，2013）。

总之，构成丰富环境的资源是无穷无限的，而这些经验与环境对儿童脑部影响的研究正方兴未艾。这必将给“基于脑、适于脑、促进脑的教育”带来曙光。

参考文献

丁月增，李丹，李燕．(2006). 评述早期儿童认知发展的神经科学研究．心理科学，29 (3), 649–653.

韩明鲲，吕静．(2013). 音乐训练对改善儿童前额叶执行功能的作用．中国健康心理学杂志，21(4), 542–545.

侯建成，刘昌．(2008). 国外有关音乐活动的脑机制的研究概述——兼及“莫扎特效应”. 中央音乐学院学报，1, 110–118.

黄君．(2009). 莫扎特效应的实验研究．博士论文．重庆：西南大学．

黄君．(2010). 音乐与空间推理能力—莫扎特效应的实验研究．中央音乐学院学报，2, 124–129.

鞠恩霞，李红，龙长权，袁加锦．(2010). 基于神经成像技术的青少年大脑发育研究．心理科学进展，*18*(6), 907–913.

李艳玮，李燕芳．(2010). 儿童青少年认知能力发展与脑发育．心理科学进展，18(11), 1700–1706.

卢英俊．(2004). 清醒大鼠神经递质和脑电联合检测方法在镇静药物机制研究中的应用．博士论文．杭州：浙江大学．

卢英俊，龚蕾，朱宗顺．(2006). 儿童阅读障碍神经科学研究对早期教育的启示．中国特殊教育，10, 66–70.

卢英俊，马芝炤．(2008). 儿童期大脑成熟与行为发展的关联．幼儿教育（教育科学版），*7–8*, 64–69

卢英俊，施莹．(2006). 发展认知神经科学视野中的学前第二语言教学．幼儿教育（教育科学版），*9*, 11–15.

卢英俊，施莹．(2009). 儿童语言系统大脑表征的发展及教育启示．幼儿教育（教育科学版），*10*, 40–45.

卢英俊，吴海珍，钱靓，谢飞．(2011). 莫扎特奏鸣曲 K.448 对脑电功率谱与重心频率的影响研究．生物物理学报，*27*(2), 154–166.

孙长安，韦洪涛，岳丽娟．(2013). 音乐对工作记忆影响及机制的 ERP 研究．心理与行为研究，*11*(2), 195–198.

吴海珍，赵蕾，卢英俊．(2014). 莫扎特音乐对幼儿时空推理能力影响的研究．心理发展与教育，4, 233–241.

曾庆师，李传福，刘尊齐，娄丽，崔谊．(2006). 正常成年人脑体积随年龄变化的磁共振成像定量分析．中国医学科学院学报，28(6)，795–798.

Aheadi, A., Dixon, P., & Glover, S. (2010). A limiting feature of the Mozart effect: listening enhances mental rotation abilities in non-musicians but not musicians. *Psychology of Music, 38*(1), 107–117.

Berk L. E. (2002). 儿童发展（第 5 版）（吴颖等 译）. 南京：江苏教育出版社．

Bodner, M., Muftuler, L. T., Nalcioglu, O., & Shaw, G. L. (2001). FMRI study relevant to the Mozart effect: brain areas involved in spatial-temporal reasoning. *Neurological Research, 23*(7), 683–690.

Cabanac, A., Perlovsky, L., Bonniot-Cabanac, M. C., & Cabanac, M. (2013). Music and academic performance. *Behavioural Brain Research, 256*, 257–260.

Crncec, R., Wilson, S. J., & Prior, M. (2006). No evidence for the Mozart effect in children. *Music Perception: An interdisciplinary Journal, 23*(4), 305–317.

Diamond, M.C., Lindner, B., & Raymond, A. (1967). Extensive cortical depth measurements and neuron size increases in the cortex of environmentally enriched rats. *The Journal of Comparative Neurology, 131*, 357–364.

Haier, R.J., Karama, S., Leyba, L., & Jung, R.E. (2009). MRI assessment of cortical thickness and functional activity changes in adolescent girls following three months of practice on a visual-spatial task. *BMC Res Notes, 2*, 174.

Hetland, L. (2000). Listening to music enhances spatial-temporal reasoning: evidence for The "Mozart effect". *Journal of Aesthetic Education, 34*(3/4), 105-148.

Hirsh-Pasek, K. & Bruer, J.T. (2007). The brain/education barrier. *Science, 317*(7), 1293.

Hughes, J. R. (2001). The Mozart Effect. *Epilepsy & Behavior, 2*(5), 396–417.

Hughes, J. R. (2002). The Mozart effect: Additional Data. *Epilepsy & Behavior, 3*(2), 182–184.

Ivanov, V. K., & Geake, J. G. (2003). The Mozart effect and primary school children. *Psychology of Music, 31*(4), 405–413.

Jackson, C, S., & Tlauka, M. (2004). Route-learning and the Mozart effect. *Psychology of Music, 32*(2), 213–220.

Jausovec, N., & Habe, K. (2005). The influence of Mozarts' sonata K.448 on brain activity during the performance of spatial rotation and numerical tasks. *Brain Topography, 17*(4), 207–218.

Jenkins, J. S. (2001). The Mozart effect. *Journal of the Royal Society of Medicine, 94*(4), 170–172.

Jensen E. (2005a). 适于脑的教学 (北京师范大学"认知神经科学与学习"国家重点实验室 译). 北京：中国轻工业出版社 .

Jensen E. (2005b). 艺术教育与脑的开发 (北京师范大学"认知神经科学与学习"国家重点实验室 译). 北京：中国轻工业出版社 .

Johnson M. H. (2007). 发展认知神经科学 (徐芬等 译). 北京：北京师范大学出版社 .

Kagan, J., & Baird, A. (2004). Brain and behavioral development during childhood. In M.S. Gazzaniga (Eds), *Cognitive Neuroscience* (pp.93–101). Cambridge: The MIT Press.

Kalat, J. W. (2011). 生物心理学 (苏彦捷等 译). 北京：人民邮电出版社 .

Koelsch S, Fritz T, Schulze K, Alsop D, Schlaug G. (2005). Adults and children processing music: an fMRI study, *Neuroimage, 25*(4), 1068–1076.

Mckelvie, P., & Low, J. (2002). Listening to Mozart does not improve children's spatial ability: Final curtains for the Mozart effect. *British Journal of Developmental Psychology, 20*(2), 241–258.

Miyamoto, H., & Hensch, T. K. (2003). Reciprocal interaction of sleep and synaptic plasticity. *Molecular Interventions, 3*(7), 404–417.

Moreno, S., Bialystok, E., Barac, R., Schellenberg, E. G., Cepeda, N. J., & Chau, T. (2011). Short-term music training enhances verbal intelligence and executive function. *Psychological Science, 22* (11), 1425–1433.

Moreno, S., Marques, C., Santos, A., Santos, M., & Besson, M. (2009). Musical training influences linguistic abilities in 8-year-old children: more evidence for brain plasticity. *Cerebral Cortex*, 19(3), 712–723.

Morton, L. L., Pietrangelo, M. C., & Belleperche, S. (1998). Using music to enhance competence. *Canadian Music Education*, 39(4), 13–16.

OECD（经济合作与发展组织）编 . (2006). 理解脑——走向新的学习科学 (北京师范大学“认知神经科学与学习”国家重点实验室 译). 北京：教育科学出版社 .

OECD（经济合作与发展组织）编 . (2010). 理解脑——新的学习科学的诞生 (周加仙等 译). 北京：教育科学出版社 .

Picton, T.W. (2007). Electrophysiological evaluation of human brain development. *Developmental Neuropsychology*. 31 (3), 249–278.

Rauscher, F. H., Shaw, G. L., & Ky, K. N. (1993). Music and spatial task performance. *Nature*, 365(6447), 611.

Renner, T. (2013). 妙趣横生的心理学（第 2 版）(王芳等 译). 北京：人民邮电出版社 .

Rowan C. (2013). “被”虚拟化的儿童 (李银铃 译). 上海：华东师范大学出版社 .

Schlaug, G., Norton, A., Overy, K., Winner, E. (2005). Effects of music training on the child's brain and cognitive development. *Ann N Y Acad Sci, 1060*, 219–230.

Singer, T., Seymour, B., O'Doherty, J., Kaube, H., Dolan, R.J., Frith, C.D. (2004). Empathy for pain involves the affective but not sensory components of pain. *Science, 303*(5661), 1157–1162.

Steele, K. M. (2003). Do rats show a Mozart effect? *Music Perception*, 21(2), 251–265.

Steele, K. M., Ball, T. N., & Runk, R. (1997). Listening to Mozart does not enhance backwards digit span performance. *Perceptual and Motor Skills, 84*(3c), 1179–1184.

Steele, K. M., Bass, K. E., & Crook, M. D. (1999). The mystery of the Mozart effect: Failure to replicate. *Psychological Science*, 10(4), 366–369.

Suda, M., Morimoto, K., Obata, A., Koizumi, H., & Maki, A. (2008). Cortical responses to Mozart's sonata enhance spatial-reasoning ability. *Neurological Research, 30*(9), 885–888.

Wilson, T. L., & Brown, T. L. (1997). Reexamination of the effect of Mozart's music on spatial-task performance. *The Journal of Psychology, 131*(4), 365–370.

小泉英明 . (2009). 脑科学与教育入门 (陈琳 译). 北京：高等教育出版社 .

（卢英俊）

第四章　脑与德育

在日常生活中，当我们偶然目睹一幕正在发生的人间惨剧时，惊愕之余，是否要去阻止罪恶，捍卫公正，帮助弱者呢？对此有些人会踌躇不决。那么到底是什么使我们在这种需要付出极大代价的助人行为面前退缩呢？本章结合认知神经科学中有关道德、情绪、压力等方面的知识，解读他人及自身社会行为的奥秘。

第一节　脑、道德与教育

道德是指社会群体内一致同意的行为方式或习惯，或是一定社会、一定阶级向其成员提出的处理人与人之间、个人与社会之间关系的行为规范的总和。以真诚与虚伪、善与恶、正义与非正义、公正与偏私等观念来衡量和评价人们的思想、行动。通过各种形式的教育和社会舆论力量，使人们逐渐形成一定的信念、习惯、传统而对行为发生作用。长期以来，人们对道德的研究一直存在着两种取向。哲学家们采用演绎逻辑取向，其目标是确立引导人们行为的普遍原则；相反，道德的科学取向则立足于解释人们道德行为的机制。在本章中，我们主要关注后者，特别是道德认知如何与情绪和动机发生关系，以及道德认知的神经机制等。这些问题的揭示能在一定程度上为我们的道德教育带来启示。

一、道德认知的神经基础

（一）道德行为障碍与脑

道德行为障碍通常是由于道德感缺乏或丧失而带来的行为问题。很多研究都证明了不同皮层或皮层下结构的损坏会导致社会行为的改变。这些行为变化包括从轻微的社交障碍（比如，缺少社交性应答）到严重的道德违背（比如，恋童癖）。关于道德行为与脑的关系的发现最初来自于对前额叶受损的脑损伤病人的观察与研究。一个代表性的案例是，Eslinger 和 Damasio（1985）发现，一个名叫 EVR 的病人在经历了双侧腹正中前额皮层（ventromedial prefrontal cortex，VMPFC）切除手术后，他的社会行为发生了明显的改变，出现了严重的社交障碍，并导致他不能进行正常的生活与工作。有意思的是，进一步的测查发现他的智力水平却是较高的，而且他还能够完成特定的道德推理任务，以至于他常被人误认为是一个“装病”的人。后来，又有研究者发现，如果前额叶的损伤发生在生命早期，则会使其在成年期产生更加严重的道德行为障碍。因为早期 VMPFC 的损坏，常常会延伸到额极皮层(frontopolar cortex，FPC)。而且这些道德行为障碍是随年龄增长而日益变得严重的，其症状与发展性心理变态的症状具有一定的相似性。比如，经常表现出撒谎、打架斗殴、偷窃等侵害公共利益或严重伤害他人的行为（Hare, 1970）。此外，与成年期才出现前额叶损伤的病人不同，尽管这些早期发生的前额叶受损的病人的基本认知能力是正常的，但在道德推理任务上还存在严重障碍（Anderson, et al.,1999; Eslinger, et al., 1992)。此外，也有研究发现背外侧前额皮层（DLPFC)，特别是其右半球受损也会引起道德行为的变化（Tranel, et al., 2002; Eslinger, 2001)。

除了前额叶，其他脑区对道德认知也起到重要影响。比如，前颞叶的结构性变化，不管是先天的还是后天获得的，都会影响到道德行为（Kruesi, et al., 2004)。颞上沟（STS)——社会认知的关键脑区——如果出现功能障碍，也会导致诸如自豪感、内疚感、困窘感等与道德相关的自我意识情绪减少（Blakemore, et al., 2004; Frith, et al., 1999)。边缘系统与副边缘系统受损则会削弱基本的生理动机机制，比如，性驱力、社会性依恋、攻击性等，甚至导致极端的道德违背，比如，无缘无故的人身攻击、恋童癖等（Burns & Swerdlow, 2003; Weissenberger, et al., 2001)。对心理变态人群的结构和功能成像研究已经表明，心理变态或反社会人格障碍的人在以上提及的所有脑区几乎都出现异常。特别是相比正常人而言，他们前额叶皮层灰质减少，而且在边缘系统、前额叶和颞叶出现极不正常的激活模式（Soderstrom, et al., 2002; Kiehl, et al., 2001; Muller, et al., 2003）。

由此看来，道德认知涉及的脑区非常广泛（如图 4.1 所示），VMPFC-FPC 区域，连同前颞叶皮层、颞上沟、边缘系统等共同形成了道德脑的神经网络，整合了道德评价的各种功能。

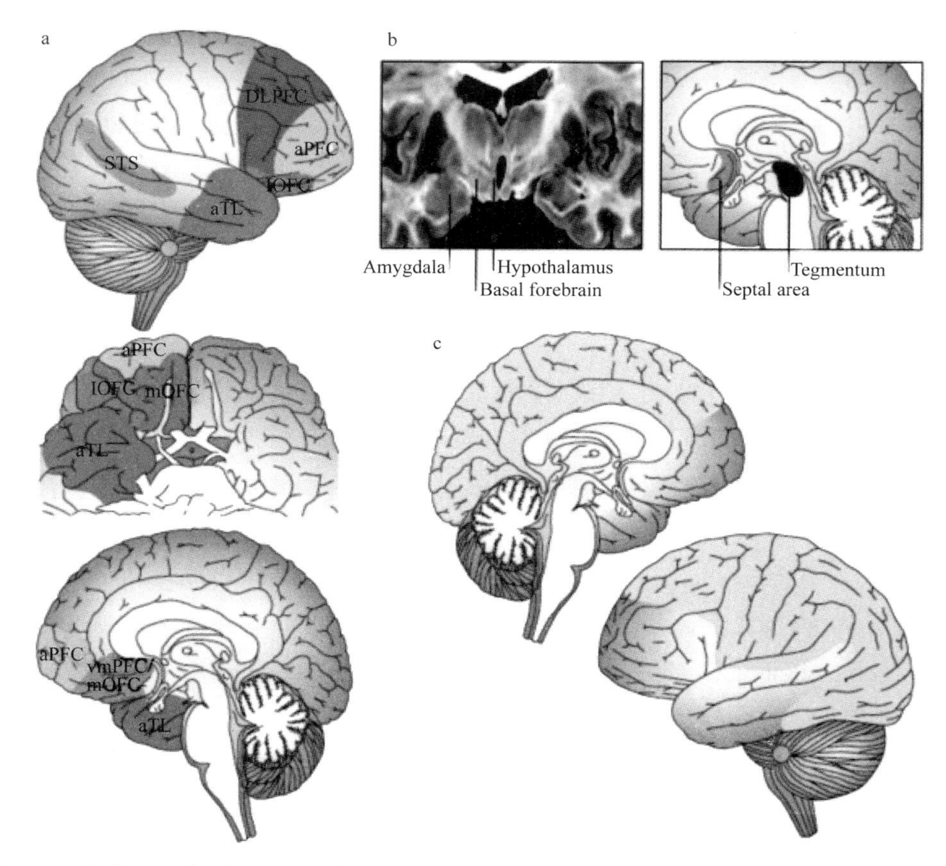

图4.1　道德认知相关的脑区（Moll, et al., 2005）。［a：与道德认知相关的皮层区域，包括前额叶前部（aPFC），中部和侧向前轨皮层（mOFC和lOFC），背外侧前额皮层（DLPFC，特别是右半球），腹正中前额皮层（vmPFC），前颞叶（aTL），以及颞上沟（STS）；b：皮层下结构，包括杏仁核（Amygdala）、下丘脑（Hypothalamus）、被盖（Tegmentum）、隔区（Septal area）、基底前脑（Basal forebrain）等；c：与道德认知相关但还存在争议的脑区，包括顶枕叶、大范围的额叶和颞叶、脑干、基底核等］。

（二）VMPFC 与道德判断

虽然大量的证据表明很多脑区都在道德行为的执行和规范上起作用（Moll, et al.，2005)，但是，在所有这些区域中，最引人注目的焦点仍是腹正中前额皮层（VMPFC）。尽管这个区域并不特定于与道德相关，但先前研究已表明 VMPFC 与很多行为的神经机制相关，包括结果预测、联想学习、行为偶然性评估等 (Rolls, 1996)。而且 VMPFC 与边缘系统、下丘脑以及脑干等情绪中枢有投射联结，这些区域与情绪的自主反应有关。VMPFC 中的神经元负责对感觉刺激中的情绪成分进行评估和编码，与中脑缘、颞上叶前端共同构成亲社会情绪（prosocialsentiments）的神经中枢（Ongur & Price, 2000)。前面已经提到，成年后 VMPFC 的损毁只产生道德行为障碍而与道德推论无关，但 VMPFC 的早期损毁会同时导致道德行为和道德推理的严重障碍。这个事实说明 VMPFC 在道德学习中起着关键作用，早期 VMPFC 的损坏会阻碍道德的发展（Eslinger, et al., 1992)。

很多脑功能成像研究通过使用大量的实验任务（包括主动参与道德判断和被动观看道德图片或文字）来研究正常成人被试的 VMPFC 在道德推理和道德情绪行为中的作用。Moll 等人（2002）的研究让被试仅仅被动观看能唤起道德感的照片，并不需要外显的判断，结果发现其 VMPFC 有显著激活。此外，研究采用阅读道德陈述的方式也获得了相似的结果，当被试读到诸如“他们绞死了那个无辜的受害者”这样的道德陈述时，其 VMPFC 区域内的左内侧眶额皮层（OFC）也产生了激活（Moll, de Oliveira-Souza, Eslinger, Bramati, et al., 2002)。Harenski 和 Hamann（2006）比较了观看道德图片和观看能诱发相同效价负性情绪的非道德图片时神经活动的差异，发现道德图片和非道德图片均能激活杏仁核和内侧前额叶（MPFC)，但道德图片还对应激活更多的脑区，如 VMPFC、后侧颞上回和扣带后回等区域。

在被试主动参与道德判断的任务中，获得了更为一致的结果。比如，让被试判断“A 偷了一辆车”和“A 想要一辆车”哪种行为不符合道德时，VMPFC 区域显著激活。而在让其判断“A 经常散步”和“A 往往散步”哪种表述不符合语法规则时，这一脑区的活动不明显（Heekeren, Wartenburger, Schmidt, Schwintowski, & Villringer, 2003)。Moll 等人（2001）的研究要求被试默不出声地判断某个陈述是否正确，结果发现，如果陈述与道德相关（如“在必要时可以违反法律”)，可以观察到 VMPFC 的激活；而如果陈述是与道德无关的（如“石头是水做的”）则没有类似的激活。除此以外，让被试在某些模拟现实的情境中判断是否应该做出诸如捐赠、助人等道德行为时，其 VMPFC 也表现出较强的活动水平（Moll, et al., 2006）。Moll 等人（2007）的研究发现，不同类型的道德判断会激活大脑中不同的情绪代表区，比如在进行与亲社会情绪相关的道德判断时，VMPFC 和颞上回的激活更明显，而在进行与负性情绪相关的道德判断时，杏仁核、海马旁回和梭状回的激活更强烈。这似乎与不同的道德判断诱发了不同效价和强度的情绪体验有关。

除了对正常被试进行脑功能成像研究外，还有大量研究仍采用脑损伤病人为被试来探讨 VMPFC 与道德判断的关系。作为协调和监控情绪体验和情绪反应的重要脑区，VMPFC 的损伤会产生严重的情绪及社交行为障碍，使个体表现出情绪钝化、共情能力丧失、情绪不稳定、情绪调节失常等症状（Barrash, Tranel & Anderson, 2000; Ciaramelli, Muccioli, Ladavas & di Pellegrino 2007; Mendez, Anderson & Shapira, 2005），但 VMPFC 受损者的智力水平正常，基本认知功能健全。

在一项新近研究中，Koenigs 等人（2007）以六个 VMPFC 受损病人为被试，以其他脑区受损但基本认知功能健全的病人为对照组，要求他们在假想的道德两难情境（比如，是否愿意为了多数人的利益而结束少数人的生命）中进行决策。道德情境主要分成以下四类：（1）个人卷入的“高冲突”道德情境（比如，你站在天桥上，看见一列飞驰的电车即将撞上在前方轨道上作业的 5 个工人，碰巧你身旁有个身材肥大的陌生人，如果把他推下去就能阻挡电车挽救这 5 个工人性命，但这样做的话他就会被撞死。你愿意把这个男子推下去吗？）；（2）个人卷入的“低冲突”道德情境（比如，你驾车在郊外碰到一个腿部严重受伤正流着血的陌生人跟你求救，你很想帮助他送他去医院，但又担心他的血玷污你昂贵的汽车内饰，你会丢下他不管吗？）；（3）非个人卷入的道德情境（比如，你开的一列电车即将撞上在前方轨道上作业的 5 个工人，要拯救这 5 个工人唯一的方法就是按下一个开关，让电车转到另一条轨道上，但那条轨道上也有一个工人，这样做他就会被撞死。你愿意按下这个开关吗？）；（4）非道德情境（比如，你要出差到外地去开会，乘火车可以及时到达刚好赶上开会时间，而乘汽车可能会提早一个小时到达，也可能会因为堵车而晚好几个小时达到。你很喜欢能赶在开会前有一个小时的游玩时间，但又不能接受晚点。那么你是否愿意选择乘火车而不是公共汽车呢？）。在个人卷入的道德情境中做“是”的选择意味着你接受了一个在道德上令人高度鄙视的选择。结果表明，VMPFC 病人和控制组在低冲突的人格情境中都无一例外地做“否”选择。但是，在高冲突情境中，相对于控制组而言，VMPFC 病人却做了“功利主义”的选择，即在情感上令人鄙夷但却保护了多数人的利益（如，为了挽救5个人的生命不惜牺牲一个无辜者）。功利决策以获得最大利益为判断的出发点，只关注行为的结果而较少考虑其他因素。功利决策代表着最佳收益，往往与认知推理有关。相当多的研究表明，正常人在决策时并非完全依据功利原则，在考虑效益的同时，也会受到互惠、公平、共情等社会情绪因素的影响，做出利他决策（De Quervain, et al., 2004; Kahneman, 2003; Tankersley, Stowe, & Huettel, 2007）。Koenigs 认为道德两难问题中的功利主义选项所对应的伤害行为会激起个体强烈的负性情绪体验，正常被试受到这一情绪的影响会自动地拒绝和排斥功利选择。VMPFC 损伤会严重影响个体的情绪反应和情绪调控能力，致使患者在面对功利主义选项时不能产生相应的情绪体验，而他们正常的认知推理能力会促使其做出收益更高的功利判断。这个研究提供了直接的证据表明 VMPFC 的损坏与高度情绪性的道德判断行为的改变有关。这个研究也在很大程度上支持了下面的看法，即正常道德判断是来自于认知和情感的复杂交互作用，其机制依赖于特定的神经结构。

二、情绪参与道德判断的机制

道德判断中的理性与情绪之争自古有之，早在18世纪，哲学家休谟就提出情绪是驱动人类道德判断的直接因素，而康德则认为理性是道德判断中的唯一动力。自20世纪六七十年代以来理性主义道德观就一直主导着心理学界对道德的认识与研究。它强调抽象推理的认知过程在道德判断中的作用，认为认知系统负责对道德判断中所有信息进行表征和加工，同时也负责对情绪体验和反应进行调节和控制。相反，情绪因素在道德判断中的作用却长期被忽视。如今，无创性神经科学研究已经在脑与道德之间架起了桥梁，指出了情绪参与道德判断的物质基础，为情绪在道德判断中的作用提供了重要证据，但是，关于情绪参与道德判断的机制仍然存在争议，当前具有代表性的观点有以下两种。

（一）道德判断的认知－情绪双加工理论

Greene（2004，2007，2008）在大量实证研究的基础上提出了道德的双加工理论，即道德判断是抽象推理和情绪直觉并存的信息加工过程。该理论认为，道德判断涉及两个不同的加工系统：一个是深思熟虑的认知推理过程，与抽象道德原则的习得和遵循有关；另一个则是相对内隐的情绪动机过程，与社会适应相联系。情绪和认知（或理性）在道德判断中起着相互竞争性的作用。通常这两个系统会协同作用以促成道德判断，但当社会适应的目标与遵守道德原则的目标不一致时（例如道德的两难情境），这两个系统就可能产生冲突和竞争。已有的研究结果表明，强烈的情绪直觉常在情绪和认知的相互竞争中胜出，主导道德判断。这可能与情绪加工的速度较认知推理更快有关，也可能是由于情绪导向的决策更具适应和进化的意义。通常情况下，情绪因素对道德判断的影响都在无意识的状态下自动完成，故人们很难意识到情绪直觉对其道德判断的影响。

（二）道德判断的认知－情绪整合观

Greene 和 Haidt（2002）根据脑成像研究的结果，提取出几个参与道德判断的重要脑区，并简要分析了这些脑区在道德判断中的主要功能。这些脑区包括：VMPFC——负责加工感觉刺激中的社会性情绪成分，并将情绪信息整合到道德判断中，是构成亲社会情绪的重要中枢；扣带后回和楔前叶——负责加工与自我有关的情绪刺激，可能与道德判断中情绪性心理意向（emotional mental imagery）的产生有关（也见 Pujol, et al., 2008）；杏仁核——负责社会性情绪的加工，对道德情境诱发的消极情绪尤为敏感，并与奖惩信息的快速编码有关；扣带前回（STS）和顶叶下部——负责感知和表征道德情境中的社会性信息；DLPFC——负责道德判断中的抽象推理和逻辑判断，是典型的认知中枢。不难看出人类的“道德脑”是情绪脑与认知脑的复杂重叠，认知与情绪的整合形成了最终的道德判断。

在此基础上，Haidt 等人（2007，2008）借鉴 Wilson（1975）有关伦理的生物社会性整合的观点，进一步提出了道德判断的认知—情绪整合观。该观点认为具有情绪负荷的直觉过程启动了道德判断，并贯穿于整个道德判断的始终，同时也影响随后产生的认知加工过程（如道德推理）。另一方面，道德的认知加工能校正并在某些情况下驾驭道德直觉。从信息加工的观点来看，认知实质上是信息加工的过程，这一过程必然会带有情绪特征。任何信息都可能诱发相关情绪，而情绪本身也具有信息的功能。道德判断中直觉与推理的对立并不代表情绪与认知的对立。由直觉、推理和情绪主导的判断过程都对应着信息加工的不同形式，道德判断源于这些加工过程的整合。Haidt 同时提出道德是文化进化的产物，在代系的发展中人类的道德发生着显著变化，他认为将认知和情绪以及其他多种社会因素相结合才能更好地理解人类的道德，得到更符合现实的结论。

三、基于神经科学的道德教育

对正常人的脑功能成像研究以及对脑损伤病人的神经心理学研究都表明，道德判断绝非一个单纯的认知过程，情绪参与了道德认知。其实，很多对正常人的行为研究也发现在生活中情绪经常左右着我们的道德判断，只是我们很少意识到而已。

Valdesolo 和 DeSteno（2006）想知道与道德判断本身无关的外界刺激所诱发的外源性情绪是否会对道德判断产生影响。在他们的研究中，先让被试观看一段能激起愉快情绪的喜剧短片，再要求其进行道德两难问题判断。结果发现，较那些观看中性短片的对照组被试而言，实验组被试的道德判断反应时更长，且做出更多功利主义的判断，即认为为了大多数人的利益牺牲少数人的性命也没有关系。这可能与影像材料诱发的外源性正性情绪能抑制和降低个体对功利选项的负性情绪体验有关。

相似地，Wheatley 和 Haidt（2005）在研究中先用催眠暗示的方法让被试在无意识状态下对某个中性词产生厌恶的情绪体验，而后让其对一系列展示不道德行为的图片进行评定。结果发现比较起那些含有其他中性词的同类型图片而言，被试会将那些含有阈下情绪启动词的图片评价为更不道德。这说明阈下情绪启动词唤起的情绪也会影响被试的道德判断。

Schnall 等人（2008）专门就厌恶情绪对道德判断的影响进行了考察。研究者通过 4 种不同的方式（闻臭气，在恶心的环境下工作，回忆以往的厌恶经历，观看恶心的电影片段）来诱发厌恶情绪，结果发现不管由哪种方式所诱发的厌恶情绪都使实验组被试比控制组被试对随后的道德事件做出更苛刻的评判。被试对自身情绪体验的敏感性越高，这一效应越明显，而且几乎所有被试都认为自己的道德判断没有受到外源性厌恶情绪的影响。这些发现提示我们，情绪因素不但影响道德判断，而且这种影响效应还很难被个体意识和觉察。

这些行为研究以及神经科学的研究结果动摇了人们对道德的传统认识，包括作道德判断和体验道德情感，以及根据道德准则来行为的能力。长期以来，我们在道德教育中经常采用教条主义的说教方式，注重从认知层面的强调。如今，我们可能得回过头来重新审视，更加关注受教育者的情绪情感问题。在晓之以理的同时，更要动之以情。另一方面，它也提示我们不要轻易给人贴道德不良的标签，毕竟很多不良道德行为的表现，可能只是受到一时情绪的影响。

第二节　脑、情绪与教育

当你即将面临一场意义重大的考试时，你会感到焦虑；当你独自一人深夜行走时，你会感到紧张和害怕；当你听闻残暴的歹徒杀害了无辜的百姓时，你会感到愤怒；当你打败对手赢得比赛，你会感到欣喜和满足；当你找到真爱的另一半，你会感到激动和幸福……在生活中，我们能够体验到各种各样的情绪；同时，这些情绪也直接影响着我们的心理健康、认知能力，甚至影响到我们在学习和工作中的行为表现。有效地调节和控制情绪不仅能促进个人的健康发展，更能提高工作效率，改善人际关系并最终提高生活质量。探索情绪的脑机制对于临床情绪障碍（或疾病）的诊断和治疗具有重大意义。

一、情绪的神经基础

（一）情绪认知的神经基础

对人类情绪的脑机制探索已有相当长的历史，最初是起源于对脑损伤病人的研究。后来，得益于大量无创性神经科学技术的发展，人们对情绪与脑的关系展开了更加深入的研究。如今已揭示出情绪神经回路的关键脑区（见图 4.2），包括前额叶（the prefrontal cortex，PFC）、杏仁核（amygdala）、前扣带回（anterior cingulate cortex，ACC）、前脑岛（anterior insular cortex）、海马（hippocampus）和下丘脑（hypothalamus）等区域。这些脑区有的只负责对特定类型的情绪加工，而有的则在所有的情绪反应中都起作用。

（1）前额叶

最初把情绪与前额叶的功能联系起来是来自于一场意外事故。早在 1848 年，一位名叫 Gage 的建筑工人在执行爆破作业中意外受伤，一根 1 米长的铁棒径直从他的左眉插入，并从头盖骨上方穿出。后来，经过手术治疗，他竟然奇迹般地康复了，但从此以后他也不再是以前的那个 Gage 了，他由一个和蔼可亲、能干的人，变成了一个冷漠、暴躁、不可靠的人。这表明 PFC 的损伤会导致情绪和人格的极大变化（Harlow, 1868）。

后来进一步的研究表明，前额叶的不同区域在情绪加工中可能还承担着不同的功能。左侧背外侧前额叶的损伤与抑郁症状的出现有更紧密的关系（Gainotti, 1972;

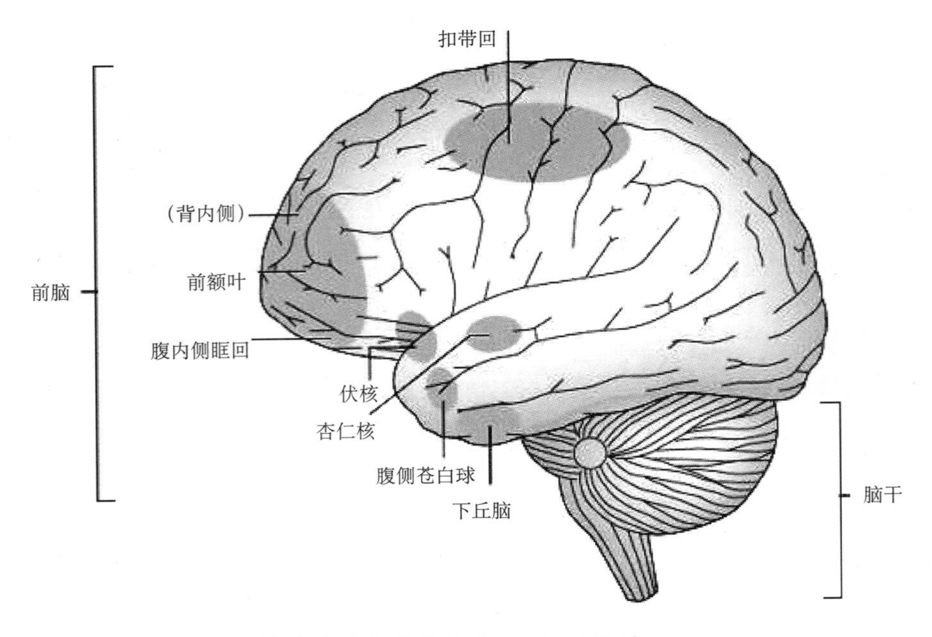

图4.2　情绪脑的主要结构（Martin, 1996）

Sackeim, et al., 1982; Robinson, et al., 1984; Morris, 1996）。原因是这块脑区包含了积极情绪的某些特征，当它被破坏的时候，会增加抑郁症状的可能性（Mineka, et al., 1998; Robinson & Downhill, 1995）。腹内侧前额叶是一个重要的情绪加工中枢，相对于中性刺激而言，情绪刺激（如，图片或文字等）会导致它产生更显著的激活（Lane, et al.,1997a;1997b）。双侧腹内侧前额叶受损会导致病人不能对行为的积极或消极后果做出预测，哪怕这个行为的后果（如，奖励或惩罚）是即时可见的（Bechara, et al., 1994，1998）。而且这些病人在从事冒险性行为的时候，也缺乏正常人因紧张而自发地导致的皮肤电反应（Bechara, et al., 1996; 1997）。Sutton 等人（1997）的 PET 研究发现，当由图片刺激引发消极情绪的时候，被试的右侧前额叶的葡萄糖代谢水平增加；而当图片引发积极情绪时，其左侧葡萄糖代谢水平显著提高。由此表明左右前额叶在加工积极和消极情绪上是相分离的，右侧前额叶与消极情绪相关。其他研究也获得了相似的结果，比如，当让被试回忆令人恶心的事件的时候，可观察到其左侧前额叶的激活减少；当诱发积极情绪的时候，右上前额叶的激活减少（George, et al., 1995; Fischer, et al., 1996）。

（2）杏仁核

Adolphs 等人（1994）报道了一个有意思的病例，一位名叫 SM 的妇女，因患癫痫，她接受了一系列大脑手术，手术中损伤了左右半球的杏仁核。手术有效地控制了癫痫的发作，但是术后这位病人在识别面部表情时出现了困难，表现为对恐惧和厌恶的表情不能再认，而对其他情绪的表情识别却是完好的。类似的结果发生在其他杏仁核受损病人的身上（Calder, et al.,1996; Broks, et al., 1998）。随着脑成像技术的出现，研究者得以在正常人身上研究情绪加工的脑机制，证实了杏仁核是一个重要的情绪中枢，主要负责与恐惧相关的情绪。

Bechara 等人（1995）曾经对杏仁核和海马的功能进行了一个非常有意义的双分离实验。他们有三个神经损伤不同的病人，一个是双侧杏仁核受损的病人，一个是双侧海马受损的病人，一个是双侧杏仁核和海马同时受损的病人。他们让这三个神经损伤不同的病人执行两类任务，一类是对视觉或听觉刺激形成厌恶的条件反射，另一类是对等同的视听刺激与无条件刺激的配对学习。结果发现，双侧杏仁核受损的病人不能建立对视听刺激的厌恶条件反射，但是在配对的陈述性知识的学习上却没有问题。然而，双侧海马受损的病人却出现了完全相反的情况。更有意思的是，那个双侧海马和杏仁核同时受损的病人则在完成以上两种任务上都存在困难。

Angrilli 等人（1996）研究了一位右侧海马受损病人的惊厥反应，让其观看厌恶刺激和中性刺激，结果发现，与控制组不同，这位病人在观看厌恶刺激时并没有产生惊厥反应增强的显著效应。另一个研究要求被试根据头面部照片来判定陌生人的可靠度和可接近度，结果表明，双侧海马受损的病人比控制组被试更加信任陌生人（Adolphs, et al.,1998）。

PET 研究发现，一位创伤后焦虑障碍患者当看到有关与创伤记忆有关的想象情节时，其右侧杏仁核有显著激活，其激活程度等同于控制组被试看见拔牙的镜头（Rauch, et al., 1996; Drevets, et al., 1992）。fMRI 研究也表明当强迫性恐惧症患者看到其害怕的刺激时，会产生双侧杏仁核激活（Breiter, et al., 1996）。社交恐惧症患者的双侧杏仁核甚至在看到中性的面部表情也会产生激活，但是对难闻的气味却没有反应（Birmbaumer, et al.,1998）。

正常人的脑成像研究也获得了与脑损伤病人一致的发现。Morris 等人（1996）的使用 PET 研究证明，害怕脸比高兴脸在杏仁核部位诱发了更显著的血流反应，而且，情绪脸所呈现的害怕程度与左侧杏仁核的血流强度呈系统正相关。进一步分析发现，由害怕表情激起的杏仁核血流强度与外侧纹状体视皮层的血流强度是一致的，但是高兴表情却没有类似的现象发生（Morris, et al., 1998）。使用 fMRI 技术，很多研究都证明害怕脸或害怕情绪能够引起杏仁核的激活，但是厌恶脸却不能。相反，厌恶脸激活了另一个与加工味觉刺激有关的区域——前脑岛（Phillips, et al., 1997; Irwin, 1996,1997; LaBar, et al., 1998）。杏仁核对害怕脸的反应甚至在无意识知觉的状态下也能发生。更有研究表明，如果让被试完成一些难以解决的谜题使其产生习得性无助，也会导致杏仁核血流增加（Schneider, et al., 1996）。

以上研究汇聚一致的证明杏仁核是与恐惧情绪相关的脑区，那么其中的机制是什么呢？让我们再次回到前面提到的名叫 SM 的病人。Adolphs 等人（2005）的新近研究表明，这可能与眼睛的注视有关。SM 之所以不能识别害怕情绪脸，主要是她在判断情绪的时候不能有效利用眼睛周围的信息，在观看面部时，她的注视点不会像正常人那样自动地停留在对方眼睛周围。那么既然他在观察所有的情绪脸时都会忽略眼睛，为什么只对害怕表情选择性识别不能呢？原因很简单：眼睛提供的信息对害怕表情最为重要。特别值得一提的是，当研究者有意识地引导 SM 注意对方的眼睛时，她对害怕脸的再认就完全没有问题了。

（3）其他脑区

前扣带回是一个在脑中兼具多重功能的部位，它在内脏觉、注意加工中起着重要作用，还与情绪的加工有关。很多脑成像研究表明，相对于中性刺激条件而言，情绪条件会引起前扣带回的显著激活（Lane, et al., 1997; Davis, et al., 1997; Phan, et al., 2002; Murphy, et al., 2003）。比如，Lane 等人（1997）出示给被试一些图片，一种条件要求被试报告他们看过每张图片后的主观情绪状态，比如是令人愉快的、不愉快的，还是中性的；另一种条件要求被试指出这些图片反映的情境是室内的、室外的还是两者兼有。结果发现被试在报告情绪状态时前扣带回有显著激活。更加深入的研究还表明前扣带回在情绪中的作用主要与自上而下的情绪调节有关（Bush, et al., 2000; Davidson, 2002），它也是有意识情绪经历和自动化生理唤醒的关键部位（Lane, et al., 1998; Critchley, et al., 2000）。

与情绪相关的其他脑区还包括下丘脑、腹侧纹状体、脑岛等。Walter Hess 早年曾在猫的下丘脑处植入电极，结果电刺激导致猫产生了情绪性的防御反应（affective defence reaction），表现为心率增加、更加警觉并具有攻击倾向（Hess, et al.,

1943/1981）。后来的研究还表明下丘脑也与奖赏刺激的加工有关，是奖赏回路的重要组成部分（Old & Milner, 1954; Heath, 1972）。脑成像研究表明腹侧纹状体主要与积极情绪的加工有关，特别是在成瘾行为和外部奖赏动机形成中起着关键作用（Koch, et al., 1996; Stein, et al., 1998; Koepp, et al., 1998）。电刺激研究和 fMRI 研究一致表明前脑岛在厌恶情绪加工起着重要作用（Phillips, et al., 1997; Penfield & Faulk, 1955; Calder, 2000）。

海马在理解情绪及社会信号中起重要作用，特别是对于来自脸部表情和眼睛的信号。成人研究中，海马激活程度关系到害怕的面部表情的强度（Morris, et al., 1996）。在表达害怕时，儿童脑内海马区也有活动。自闭症儿童的海马的体积甚至扩大（Schumann, et al., 2004）。一个来自 3 岁幼童的 EEG 研究表明，早期自闭症儿童涉及害怕加工的解剖系统存在异常（Dawson, et al., 2004）。他们额下回的镜像神经系统缺乏神经反应，而这个区域正是涉及理解其他人的情绪状态（Carr, et al., 2003）。最近的 fMRI 研究显示当模仿情绪表达时，正常儿童这个区域有激活，但自闭症儿童这块区域没有活动（Dapretto, et al., 2006），如图 4.3 所示。镜像神经元在移情中起重要作用，因此，这类自闭症儿童是缺乏移情能力的。

（二）情绪调节的神经基础

情绪调节（Emotional Regulation）是人类重要的适应能力，也是个体对有什么样的情绪、情绪什么时候发生、如何进行情绪体验与表达等施加影响的过程（Gross, 1998）。良好的情绪调节能力对记忆（Richards & Gross, 2000）、决策（Maga, Philips & Hosie, 2008）、人际交往（Srivastava, McGonigal, Richards, et al., 2006）以及身心健康（Abelson, Liberzon, Young, et al., 2005）等方面具有重要的促进作用；相反，不良的情绪调节将引发冲动性攻击和暴力侵犯行为（Davidson, Putnam & Larson, 2000），导致抑郁、焦虑和强迫症等情绪障碍（Campbell-Sills & Barlow, 2007）以及由此导致的自杀行为（Caspi, Sugden, Moffitt, et al., 2003）。

基于情绪的动物模型以及人类脑损伤和脑功能成像等方面的大量研究结果，我们可以发现情绪调节的神经回路与情绪识别和产生的神经回路是有所区别的。如前所述，情绪的识别和产生主要是由大脑的腹侧系统（Ventral System）负责的，它包括杏仁核、脑岛、腹侧纹状体、前扣带回和前额叶腹侧区，而情绪状态的条件则主要是由大脑的背侧系统（Dorsal System）负责的，它包括海马、前扣带回和前额叶背侧区（Phillips, Drevets, Rauch, et al., 2003a; 2003b）。在这个背侧 - 腹侧系统中，前

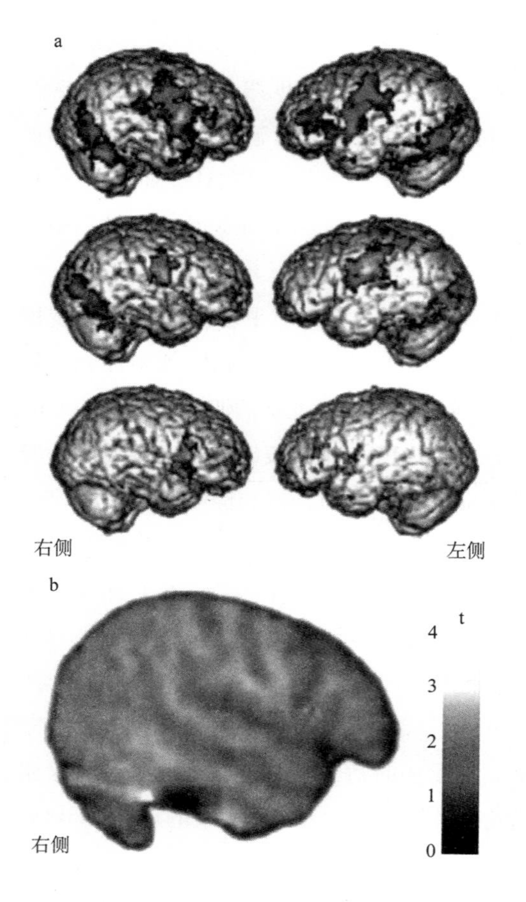

图4.3　模仿和观察情绪表达时的神经活动（正常vs自闭症儿童）（Dapretto, eta l., 2006）。

a：模仿情绪表达时的脑活动，正常儿童在额下回的岛盖部（pars opercularis）有激活，右侧更强（上图），但是自闭症儿童却没有（中图）；组间比较更能表现这种差异（下图）。

b：在观察情绪表达时镜像神经系统的活动，正常儿童的右侧岛盖部比自闭症儿童有更大的激活。

额叶皮层的背侧和腹侧连接是情绪调节关键的神经回路。前额叶背侧主要参与工作记忆和选择性注意等加工，前额叶腹侧主要参与情绪和反应抑制等加工。在情绪识别和产生阶段，前额叶的腹侧区首先会对情绪行为进行无意识的自动调节，以抑制杏仁核等脑区对情绪刺激产生过度的反应，实现机体的自我保护功能；当情绪行为与现实情境不适应的时候，前额叶皮层的背侧区将负责对情绪行为和状态进行有意识的认知调控，通过运用先前情绪反应的学习经验，引导当前情绪状态朝着目标状态发展，最终使得个体的情绪体验和情绪行为符合当前情境的社会性需要（Davidson & Irwin, 1999）。另外，扣带回背侧和腹侧区在情绪控制加工中也存在功能差异。在情绪冲突控制任务中，扣带回背侧负责情绪冲突的监控，而扣带回腹侧主要参与情绪冲突问题的解决（Egner, et al., 2007; MacDonald, et al., 2000）。

新近研究表明，甚至情绪调节的不同策略也有着不同的神经基础。根据 Gross 和 Thompson（2007）提出的情绪调节理论模型，情绪调节的不同策略会影响到情绪产生的时间点以及作用方式。该理论区别了两种主要的情绪调节策略，一种是认知评估策略，它对情绪反应的调制作用发生在早期，通常在情绪反应爆发之前；另一种是行为抑制策略，它对情绪反应的调制作用发生在情绪反应的后期。这两种策略会导致对负性情绪体验、行为以及生理反应带来不同的影响（Gross, 1998）。

认知评估策略是一种认知—语言策略，它通过对情境意义的重新评估来改变情绪反应。涉及两个并行的神经网络：一个与认知控制相关，包括内侧前额叶、背外侧前额叶和腹外侧前额叶，以及背侧前扣带回（Phan, et al., 2005; Ochsner, et al., 2004; Ochsner, et al., 2002; Schaefer, et al., 2002; Urry, et al., 2006）；另一个与情绪反应相关，包括杏仁核腹侧前扣带回、腹内侧前额叶以及脑岛（Ochsner & Gross, 2005）。认知评估能够有效地降低情绪体验、行为反应以及眼球震颤的频率（Jackson, et al., 2000）。长期使用认知评估策略将会改善情绪控制的能力、促进人际关系以及身心健康（Gross & John, 2003）。

行为抑制策略关注对情绪行为产生后的行为抑制（如，面部表情、语言表达、肢体动作等）。该策略会使已经表现出来的冲动性行为减少，对情绪体验的影响较小，但会增加心血管系统的交感神经的激活（Gross, 2002）。长期使用行为抑制策略会导致情绪控制能力下降，人际关系不良，记忆力下降，增加抑郁倾向等（Gross & John, 2003）。

Goldin 等人（2008）通过电影诱发被试产生厌恶的负性情绪，并采用 fMRI 探察被试在两种不同情绪调节策略下的神经反应。结果发现，认知评估策略导致前额叶反应在早期激活（0—4.5s），该策略减少了被试的负性情绪体验，同时可观察到杏仁核和脑岛反应减少，而行为抑制策略导致前额叶在后期（10.5—15s）激活，减少了被试的负性情绪行为和体验，但是杏仁核和脑岛的反应增强。

二、基于神经科学的情绪培养

情绪作为人脑的高级功能，对保证有机体的生存和适应起着重要作用。神经科学的研究结果对人们良好情绪的培养，以及对情绪障碍者的临床干预有重要启示。特定类型的情绪障碍可能只是大脑中某个部位受损而致，通过药物或其他行为干预也许就能使症状得到改善。比如，Adolphs 等人（2005）的研究表明由于杏仁核受损而导致的情绪障碍，主要是与患者的眼睛注视有关，只要我们有意识地引导其把注视点集中在对方的眼睛，就能使患者识别恐惧相关的情绪了。这个行为干预策略也许对其他社会障碍的矫治有一定的启示，比如对自闭症，因为自闭症患者也具有眼睛注视缺陷，对情绪脸加工存在困难的特征。

此外，人的情绪特质也并不是我们以前所想象的那样是固定不变的，它对环境的变化较为敏感，具有可塑性。

动物实验表明，将幼崽长时间的与母亲隔离，会导致其脑内可的松（cortisone）水平的增高，而长期高水平的可的松会导致杏仁核的过度兴奋，这样会导致焦虑和过高的警惕性行为。杏仁核负责评估刺激的情绪意义，它与海马一起负责记忆的处理。过高的可的松破坏了选择性注意，损坏了对记忆的处理，从而削弱了调节压力的能力，导致适应不良和较低的自我认同，进而产生情感障碍。而得到良好照料的幼崽在面临压力时（比如与母亲暂时分离）则不会表现出可的松水平的上升。这意味着，良好的亲子关系可以使幼儿的情绪神经回路面临情绪压力或创伤性事件时以更具弹性（resiliency）的方式应对。

关于人类的研究也为早期经历对情绪神经回路的影响提供了证据。对罗马尼亚孤儿院儿童的著名追踪研究表明，这些幼时经历了明显的社会性剥夺（social deprivation）的儿童，在被新的家庭领养 6 年后的测试中，相对于条件匹配的对照组儿童，表现出了更高的可的松水平。而且在孤儿院生活时间超过 8 个月的儿童比低于 4 个月的儿童的可的松水平也要高。Pollak 等对幼年受虐待的儿童进行的考察也发现，这些儿童无法对生气等情绪表达进行正确的归类。

上述研究表明，早期经历的亲子隔离、压力或社会性剥夺等重要事件，会对人脑的生化成分和情绪调节能力产生影响。这样的研究启发我们去探察在校儿童情绪加工的神经基础。例如，在体罚环境下成长的儿童的情绪加工好像不同于其他儿童。在童年晚期他们也更可能产生行为障碍（Scott, et al., 2001）。这方面的脑成像研究还较少。在以后的研究中，如果我们能发现其大脑发展的非典型特征，如果训练能改善他们对社会信号的理解，这对教育来说就是有益的。如今，我们已经知道可以通过训练来引导自闭症儿童解读情绪（Golan & Baren, 2006）。

相似的逻辑同样可以应用到对情绪焦虑的干预。人们对焦虑症的认识主要来自于对成人焦虑症的脑成像研究，相关结果表明，焦虑症状的表现主要与前轨皮层

(OFC）和颞叶的结构和功能变化有关，包括杏仁核（Adolphs, 2004）。另一方面还来自于对创伤性脑损（TBI）病人的研究，研究者对 4—19 岁具有严重 TBI 的儿童进行了脑成像扫描，结果发现前轨皮层的损害越严重，越不可能发展为焦虑症（Vasa, et al., 2004）。OFC- 杏仁核连接不均衡会影响焦虑的表达，非人类的灵长类动物在怀孕时就开始发展这些连接。跟成人一样，儿童的焦虑影响注意系统，导致儿童选择性切换注意到威胁刺激（Muris, et al., 2000）。当然，焦虑症也是能够被治疗的，治疗的焦点就是杏仁核。

Dawson 等进行了一项研究，测量了 13—15 个月婴儿的脑电活动，发现与母亲是非抑郁症的婴儿相比，母亲患有抑郁症的婴儿表现出左额叶 EEG 活动的下降；同时母亲是重度抑郁症的婴儿也比母亲是轻微抑郁症的婴儿表现出更低水平的左额叶 EEG 活动。这表明，母亲的抑郁对婴儿左侧额叶的活动产生了抑制。由于左侧额叶更多地对积极情绪负责，因此有研究者指出这种额叶的非正常活动将会造成婴儿今后积极情绪的减少和消极情绪的增加或对消极情绪的调节困难。Dawson 等的进一步研究表明，这些母亲患有抑郁症的孩子，在以后的生活中确实出现了情感淡漠和情绪调节困难，表现为在游戏中更少与其母亲接触，在暂时离开母亲时更难以平静。

因此，母亲保持良好的情绪状态，对于儿童的正常情绪发展是十分关键的。而且，儿童早期获得温暖、精心、有效的照顾，对于儿童形成正确的自我意识、健康的情感和良好的社会交往能力也是至关重要的。

第三节　脑、压力与教育

一、压力的神经基础

（一）下丘脑－垂体－肾上腺素轴

当人遭遇压力情境的时候，脑会激活很多神经回路去应对它，从而产生适应性的行为和代谢反应。压力反应的关键系统是下丘脑—垂体—肾上腺素（HPA）轴，如图 4.4 所示。压力反应中有两种神经肽在此过程中发挥重要作用，它们是：肾上腺皮质激素（corticotropin-releasing hormone, CRH）和抗利尿激素（vasopressin, AVP）。压力情境会促使下丘脑释放这两种激素，这些激素通过身体循环到达每一个器官，协调脑和身体功能去处理压力、防御和适应。激素对压力的作用就像消防队员灭火一样。其中的机制涉及一个完整的反应，这个反应起始于受体系统中由激素引起的快速变化。

这个受体系统有几个显著的特征：(1) 它由两种相互关联的受体分子组成：盐皮质激素（MR）和糖皮质激素（GR），尽管它们在亲和力上差异巨大，但它们在脑内与共同的配体（可的松——人，皮质酮——鼠）相结合，并在脑内一些区域大量共存；(2) 糖皮质激素在神经细胞和神经胶质细胞中虽然分布不均匀，但却普遍存在；(3) 皮质激素以一种二元的方式运行到目标基因网络，是适应性压力反应的快速反应阶段和后期恢复阶段的物质基础（如图 4.5 所示）。

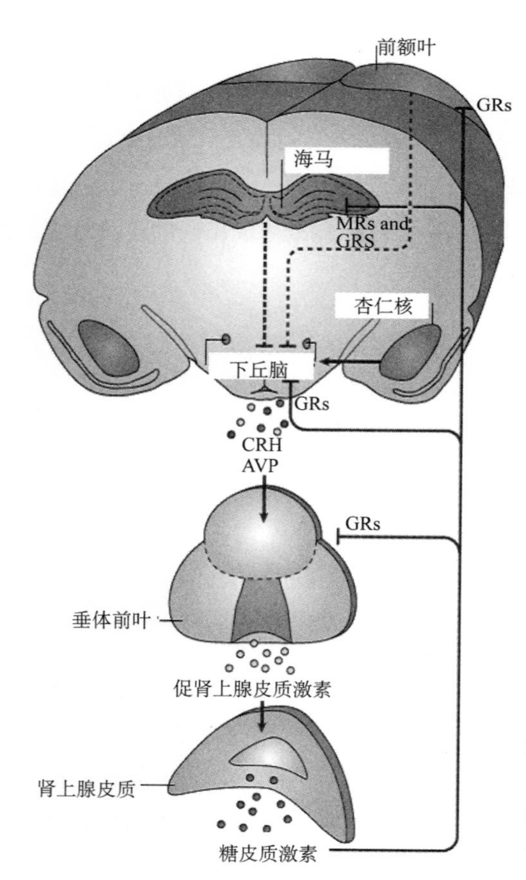

图4.4 压力系统（Lupien, et al., 2009）。当人脑觉察到威胁的时候，相应的生理反应也被激活了，其中包括来自于自主神经系统的、神经内分泌的、新陈代谢的和免疫系统的反应。注：GRs：糖皮质激素感受器（glucocorticoid receptors），MRs：盐皮质激素感受器（mineralocorticoid receptors)，CRH：促肾上腺皮质激素释放激素，AVP：抗利尿激素。

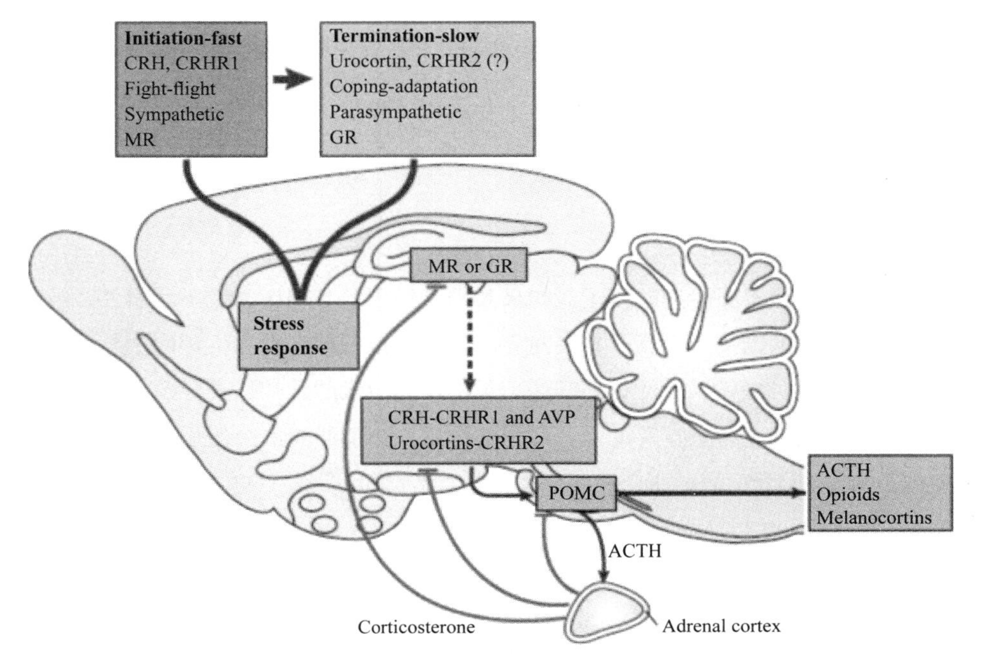

图4.5 压力反应的两个运行模式（de Kloet, et al., 2005）。

快速模式涉及由促肾上腺皮质激素释放激素（corticotropin-releasing hormone, CRH）驱动的交感神经系统的和行为的反应，这个过程受到CRH1感受器（CRHR1）的调制。CRHR1也激活下丘脑–垂体–肾上腺（HPA）轴。HPA轴包括促肾上腺皮质激素释放激素（CRH）和抗利尿激素（AVP），它们由下丘脑室旁核（paraventricular nucleus, PVN）的小细胞神经元产生。这些神经元分泌多肽进入门脉系统，促使垂体前叶中类吗啡样神经肽（POMC）的合成，从而加工处理促肾上腺皮质激素（ACTH），阿片样物质（poioid）和黑皮质素多肽。ACTH刺激肾上腺皮质分泌可的松（人类）和皮质酮（鼠类）。几个不同的神经通路激活了PVN的CRH神经元，这些神经通路包括心理压力导致的边缘系统的激活，以及传递内脏和感觉刺激的上行脑干系统的激活。

另一个较慢的压力反应模式主要与适应和恢复有关，这个过程受到CRH2感受器（CRHR2）的调制。CRHR1和CRHR2系统在脑中存在部分交叠，并分别对应于各自的CRH和尿肾上腺皮质激素（urocortin）。总之，CRH激起了最初的行为的和神经内分泌的压力反应，是焦虑性因素的来源；然而，尿肾上腺皮质激素却具有抗焦虑性的特质。

两个压力系统模式中的皮质激素通过盐皮质激素感受器（MRs）和糖皮质激素感受器（GRs）来运作。MR产生于压力情境的评估过程中，并发起压力反应。大量的皮质激素产生后会激活GR，以终止压力反应，并调动各方面的能量来促进身体恢复。此外，GR还促进了对压力事件及反应的记忆储存，为应对将来的事件作准备。

二、压力与认知

在人的一生中，从胚胎期到老年，不管哪个时间段，如果长时间处于压力情境之中，都会影响到人的认知和心理健康，但其影响的程度与压力产生的时期和压力的持续时间有关。

（一）出生前的压力

研究表明，处于胚胎期的孩子，如果其母亲经历了心理压力或不利事件，或者是接受过外因性的糖皮质激素，将会对孩子带来长期的神经发展性影响。首先，母亲的压力和焦虑、抑郁以及怀孕期间经历过糖皮质激素的治疗，会导致孩子出生时体重较轻和个头偏小。更重要的是，母亲的压力、抑郁和焦虑会使后代在不同年龄时增加基础性的 HPA 活动水平，包括 6 月龄、5 岁和 10 岁（O’Connor, et al., 2005; Glover, 1997; Trautman, 1995）。

胚胎期母亲经历的压力反应或糖皮质激素的治疗还会对儿童后期的行为和发展带来不利的影响。比如，儿童会出现一些社交障碍、注意缺陷多动症、睡眠失调，甚至出现一些精神疾病，包括抑郁症、吸毒、情绪失调、焦虑症等（Kapoor, et al., 2008; Lyons-Ruth, et al., 2000; Gutteling, et al., 2005）。尽管这个领域相关的脑功能研究还较少，但最近的研究表明，出生时低体重儿与母亲关爱的低水平有关，还会导致成年期海马体积较小，延迟大脑的发育（Buss, et al., 2007）。

（二）出生后的压力

研究者专门对全天候放置于日托中心的儿童进行了研究，结果发现这些处于分离焦虑中的孩子的糖皮质激素水平显著升高了，相对于大一点的学前儿童来说，2 岁左右幼儿的糖皮质激素升高得更为显著 (Gunnar & Donzella, 2002)。此外，研究还发现，较差的托幼机构的照料质量也是产生糖皮质激素增加的一个重要原因。如果儿童长时间暴露于较差的托幼机构中，他们在将来的发展中会增大问题行为发生的风险（Geoffroy, et al., 2006）。

父母与儿童的交互作用以及母亲的心理状态也会影响到儿童的 HPA 轴的活动。在生命的第一年，婴儿的 HPA 系统是相当容易发生变化的，它们对养育状况是非常敏感的。父母亲的抑郁状态通常会影响到对孩子需求的敏感度感知并提供相应的支持性照料。研究表明抑郁母亲的后代，或者在生命早期自己亲身经历过抑郁的儿童在青少年期更容易发生抑郁（Albers, et al., 2008）。此外，还有 EEG 研究表明，如果学前儿童的母亲罹患抑郁，他们的前额叶活动会发生改变，在行为上表现为缺乏同情心或出现其他问题行为（Jones, et al., 2000）。

相对于那些长时间处于日托中心的儿童来说，在另一些情境中的儿童的情况更糟，比如那些处于孤儿院的完全缺乏母爱的孤儿，或是那些长期遭受虐待或忽视的儿童，他们糖皮质激素基础水平更低。生命早期如果经历过不幸的事件，还会导致GR感受器发生外因性改变（McGowan, et al., 2009）。

（三）青春期的压力

青春期的压力会导致HPA轴的基础活动水平和由压力诱导的活动水平提高。这可能与此时期性激素水平的变化有关，这些性激素水平会影响到HPA轴的活动。青春期，人脑对糖皮质激素水平的提高和压力都非常敏感。最近，有关MR和GR的个体发生学研究表明，在青春期和成年晚期，GR的信使核糖核酸（mRNA）水平比在婴儿期和成年早期以及老年期都要高。这表明这些脑区调制的认知和情感加工以一种年龄依赖的方式敏感于糖皮质激素的调节。在这个时期，人们增加了患精神疾病的可能，比如抑郁和焦虑症在青春期都是很普遍的。青春期处于较差的经济环境中，会导致较高的糖皮质激素的基线水平，其表现正如那些在胚胎期其母亲经历了抑郁状况的青少年一样。尽管此时的糖皮质激素水平并不一定表现为抑郁症状，但其将来抑郁的风险却随年龄增长而增加（Perlman, et al., 2007；Evans & English, 2002）。

脑功能研究发现，如果青春期经历过灾难或持续经历不幸事件，会导致灰质体积和前额叶神经完整性发生改变，前扣带回面积减小（Cohen, et al., 2006）。由此看来，前额叶在人的一生中都一直在发展，在青春期特别敏感于压力的影响；然而，海马主要在生命早期发展，青春期的压力对其影响较小。

（四）成年期的压力

如今，老年痴呆正以每5—7年翻一倍的速度迅速发展，它的发展威胁着占人口相当比重的老年人的健康，也是未来几十年内全社会面临的公共健康问题。为了尽快地发展出有效的干预措施，研究者已经从分子水平、病理学以及运用神经成像等方法对老年痴呆的病因展开了研究。尽管现在其致病机制仍然不清楚，但是研究者发现有两个非特异性的冒险因素与老年痴呆的患病有关，它们是中年时期的压力和受教育程度（White, 2010）。

Johansson等人（2010）的一项纵向研究指出，中年时期承受过巨大压力的人会增大几十年后患老年痴呆的风险，两者存在显著的相关。研究者认为这可能与压力会增加脑血管的动力性加工有关，并加剧随年龄增长而出现的脑萎缩，而这种由于长期累积而导致的神经毒素是可以通过饮食调节或者使用药物来控制的。如果确实是这样的话，那么这或许将会对老年痴呆的干预产生实质性的影响 (Komulainen, et al., 2008; Schmidt, et al., 2008; Sterlemann, et al., 2008; Rothman & Mattson, 2010; Solas, et al., 2010; Sterlemann, et al., 2010)，但是由于老年痴呆的病理学机制还不甚清楚，对此还需谨慎。

Brayne 等人 (2010) 的研究表明人们的受教育水平也是影响老年痴呆的一个重要因素。他们指出老年时期在各项认知能力测试中表现出的成绩下降与童年时期的受教育水平低有关。由于这些测验同时也可用来评估老年痴呆疾病，因此老年痴呆与教育有关也就并不令人惊奇，但是，较低的受教育水平真的就能导致老年痴呆吗？如果是这样，那么它是怎样发生作用的呢？是由于其直接影响导致发展性的结构性脑损伤，还是由于与临床表现相关的神经认知机制所致？这些问题都还有待进一步研究。

三、基于神经科学的教育启示

总的说来，压力对人的影响按其程度可表现为由适应到疾病的过程。有研究者把压力的类型分为积极的压力、可容忍的压力和毒素性的压力三类，它们各自对人带来不同的影响。

积极的压力的特点是会引起心率，血压和应激激素缓慢的短暂升高，面临着包括处理挫折和分离焦虑之类的挑战。积极压力对人来说是必不可少的，这关系到健康发展的重要方面。

可以忍受的压力指的是有可能破坏大脑结构的生理状态（比如，通过皮质醇诱导损伤神经回路或引起神经细胞死亡），但能被促进适应的有支持性的因素所缓冲。比如，当我们经历爱人死亡或重病或自然灾害时产生的压力就属于此类。这类压力有一个很明显的特征，就是它只发生在有限的时间内，在这期间身体系统会调动更方便力量自动调节压力反应系统回到稳态，从而使大脑有时间从潜在的破坏性影响中恢复过来。

毒素性的压力是指在没有任何支持缓冲保护下所经历的激烈的、频繁的或长时间激活人体的应激反应和植物神经系统的压力。主要的危险因素包括长期遭受忽视，经常被虐待，或母亲患有严重的抑郁症，父母吸毒，家庭暴力，经济压力。毒素性的压力本质特点在于，它扰乱了大脑的结构和神经化学，对其他器官产生不良影响，并导致压力管理系统失调（McEwen, 2007；Shonkoff, 2010）。

鉴于这些影响，我们的教育决策者和实践者对此应有充分的认识，从而为受教育者提供较好的学习生活环境，降低压力对人的危害。

第四节　社会脑的发展及其教育启示

人类是高度社会化的物种。在生活中我们不仅能对外界刺激做出社会反应，还能再认和理解他人的社会行为。比如，当你在偏僻的小路上遇到一条蛇的时候，你会惊愕、害怕，立即折返并发出刺耳的尖叫。这种反应非常快速而且出自本能，几乎就在你识别出它是一条蛇的那一刹那就会发生。假设你的尖叫声吸引了不远处其他人的目光，他只需环顾此情此景，而不需你做任何解释和说明，他就能完全理解你刚才所发生的一切行为了。理解他人的行为和心理状态在社会交往中是非常重要的，因为它使我们知道别人想要什么，他们接下来要做什么，并据此调整自己的行为（唐孝威，2012）。

一、社会脑的结构及功能

人生而具有社会性。在社会交互作用中我们能够再认他人并理解对方心理状态，人脑中使这种社会认知能力得以实现的脑区就共同组成了社会脑（social brain）。它包括内侧前额叶（mPFC）、前扣带回（ACC）、额下回（IFG）、颞上回（STS）、杏仁核和前脑岛（如图 4.6 所示）。社会脑的功能复杂多样，从简单的再认他人面部和身体姿势到理解他人的内心感受和想法并预期他人的行为。同时，研究还表明社会脑在人的发展过程中经历着结构和功能的变化（Blakemore, 2008）。

（一）识别同类

识别同类的能力是社会交互作用中人们必备的一项基础性的能力，这种能力似乎生而有之。

识别同类的能力首先表现为我们能识别人脸。有关视觉偏好研究表明，刚出

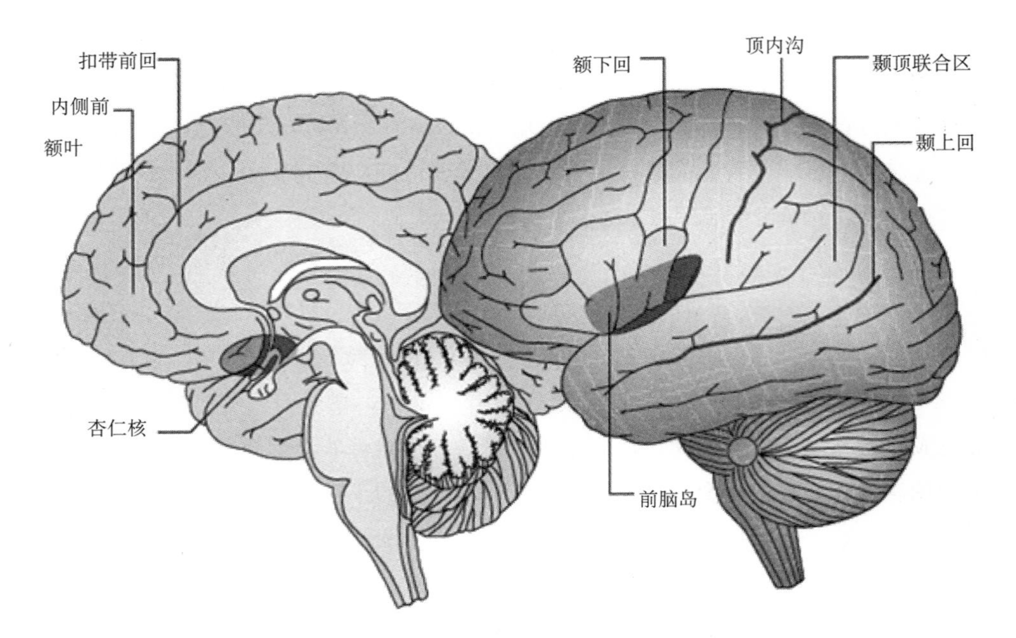

图4.6 社会脑的结构（Martin，1996）。包括与理解心理状态有关的内侧前额叶（mPFC）和颞顶联合区（TPJ），与识别人脸和生物运动相关的颞上回（pSTS），外侧表面的额下回（IFG）和顶内沟（IPS），内侧表面的杏仁核、扣带前回（ACC）以及前脑岛（AI）。

生的婴儿就表现出偏好看人脸的照片和卡通图片，而不是其他物体或颠倒的人脸(Farroni, et al., 2005)。这种早期的人脸再认能力主要依赖的是皮层下结构（Johnson, 2005)，但是到了成年期，人脸识别主要依赖其他的皮层区域。对猴子的单细胞记录表明，其颞上沟存在专门对人脸起反应的神经元（Perrett, et al., 1992)。来自人类的脑损伤和脑成像研究都表明，颞上沟后部（pSTS）是识别人脸和眼睛注视的区域之一（Allison, et al., 2000; Puce, et al., 1998)。

其次，我们还能识别人类的肢体运动。有关生物运动的研究通常采用亮点呈现的方式来进行，即在暗室内通过在人体主要关节上附加光源来记录人的运动，光点的运动模式反映的就是人体生物运动（Johansson, 1973)。Bertenthal 等人（1984）的研究表明，这种觉察人体生物运动模式的能力早在 3 个月左右的婴儿就已具备，相对于上下颠倒的运动模式和光点的空间关系错乱的运动模式而言，他们更偏好于人体直立的运动模式。来自猴子和人类的研究都表明，pSTS 与生物运动知觉有关

（Oram & Perrett, 1994; Grossman, et al., 2000; Puce & Perrett, 2003; Saygin, 2007）。

再次，我们还能透过面部识别人的情绪状态。如前所述，参与情绪识别的神经网络范围包括杏仁核、颞上沟、前脑岛和前额叶等。其中，内侧前额叶（mPFC）与社会情绪（如，内疚感，困窘感等）的理解有关（Moll & de Oliveira-Souza , 2007）。

（二）理解他人心理状态

我们经常根据自身的体验和心理状态去阅读他人的动作、手势和表情，并试图了解他人的想法和感受，以及他们接下来将要做什么。这种能力就是我们经常所谓的心理理论（theory of mind）或心理化（mentalizing）。发展心理学关于心理理论的研究已经证明理解他人心理状态的能力始于4—5岁，尽管心理理论的某些方面在婴儿期就已经出现了(Baillargeon, et al., 2010)，但是，直到4岁的时候儿童才开始清楚明确地理解别人可能会持有跟自己不一样的信念，而且这个信念可能还是错误的(Barresi & Moore, 1996)。与这种心理理论能力相关的脑区包括位于颞顶联合区的pSTS，颞极和mPFC（Blakemore, 2008）。脑损伤研究表明，颞叶上部和前额叶是心理化的关键脑区。如果这些部位出现损伤，将导致其缺乏推测他人心理状态的能力（Samson, et al., 2004; Happe, et al., 2001; Rowe, et al., 2001; Stuss, et al., 2001）。fMRI研究进一步表明，在完成各种心理化任务中，不管这种心理状态指向自己或他人，甚至动物，均可观察到背侧mPFC存在强烈激活（Amodio & Frith, 2006; Gilbert, et al., 2006）。被试在玩类似于猜拳这样涉及猜测对方的心理状态的竞争性游戏中，也能观察到mPFC的激活（McCabe, et al., 2001; Gallagher, et al., 2002）。由此看出，mPFC可能是把物理现实和心理状态连接起来的关键部位。如前所述，pSTS与人脸识别和生物运动识别有关，进一步的研究表明，它还具有推断他人行为意图的功能（Frith, 2007; Saxe, et al., 2006）。自闭症患者缺乏推测他人心理状态的能力，因此不能完成错误信念任务。Castelli等人（2000）让自闭症患者观看无声的动画故事，内容涉及理解他人的意图和情感。fMRI的结果表明，自闭症患者在整个观看过程中没有出现mPFC、颞极和STS的激活。相反，正常人完成在此项任务中，这些区域却一致出现了强烈的激活。

二、社会脑的发展

尽管脑成像和脑损伤研究都一致证明颞叶上部和PFC区域与心理理论有关，但也有研究发现了不同的情况。一项研究报告指出，一个有大面积前额叶（PFC）损伤的病人，他的心理理论能力却是完好无损的 (Bird, et al., 2004)，这似乎表明这一区域对心理理论也许不是必要的。然而，对这个惊人的发现还存在其他的解释。一种可能是，由于可塑性的影响，这名病人在心理理论任务中使用了不同的神经策略。还有一种可能是，这一区域的损伤发生在不同的年龄对心理理论能力或许会有不同的影响。Bird 等人所描述的病人的 PFC 损伤发生在生命的晚年，即在他 62 岁时才发生，比大多数先前报告的病人都要年老。也许出现在晚年的 mPFC 损伤并不会削弱心理理论能力，而出现在早年的伤害则是真正有害的。这种变化模式与前面提到过的 VMPFC 的损伤对道德推理的影响是一致的，即成年期后 VMPFC 的损伤不会影响道德推理，但 VMPFC 的早期损伤则会对道德推理产生影响（Anderson, et al.,1999）。因此，这个结果也许同样表明 mPFC 对于心理理论的习得是必要的，但对之后的心理理论的执行却并不是根本的。有意思的是，这与最近关于发展性 fMRI 心理理论研究的数据是一致的，数据表明了 mPFC 在不同年龄对心理理论的发展有不同的作用。

在关于青春期心理理论的发展方面，大量有关心理状态归因的发展性 fMRI 研究一致地表明，mPFC 皮质在心理理论任务中的激活程度在青春期之后减少了（Blakemore, 2008; Pfeifer,et al., 2009; Burnett et al., 2009）。这些研究通常都比较了青少年和成年人在执行有关心理理论任务时的脑激活情况，这些任务包括理解反话、观看卡通画、理解内疚和尴尬情绪等。结果发现，与完成其他任务相比，青少年组在心理理论任务中的 mPFC 激活程度比成年组大很多。另外，有证据显示，各年龄组被试的 mPFC 和心理化网络的其他部分之间有细微的功能性连接差异 (Burnett & Blakemore, 2009)。

总的来说，大量关于社会认知的发展神经研究已经在世界各地的不同实验室中展开，而且对 mPFC 激活的变化趋势都呈现出惊人的一致性，但是，至今还不清楚为什么在完成心理理论任务中 mPFC 的激活会在青春期之后减弱。对此，研究者提出了两种可能的解释（Blakemore, 2008）。一种可能的解释是，心理化的认知策略在从青春期过渡到成年期时发生了改变。第二种解释认为，这种随年龄而发生的功能性改变是由于发生在这个时期的神经解剖学变化而导致的，即认为激活减弱是由于发展性的灰质体积减小所致，可能与突触修剪有关。因为有研究表明，人类 PFC 的突触修剪会一直持续到青少年中期（Huttenlocher & Dabholkar, 1997）。

在青少年期和成年早期，与心理理论有关的脑区在结构和功能发展上的延迟，也许影响了他们对心理状态的理解。Dumontheil 等人（2010）采用了一个需要即时利用心理理论信息的任务。这个任务要求被试在交流游戏中做出决定，而在这个游戏中即使是成年人也会出现大量错误 (Keysar, et al., 2003)。在这个任务的电脑版本中，被试会看到一个装有多种物品的货架，并被要求按照“指导者”的指示来移动这些物体，但是，由于遮挡的原因，指导者只能看到其中一部分而不是全部客体。也就是说，被试和指导者的视角是不一样的。因此，对关键指导语的正确理解需要被试站在指导者的角度且只移动指导者可以看见的物体。参与这个实验的被试年龄从 7—27 岁，结果发现，在青少年中期以前，指导组和控制组的成绩都遵循一样的轨迹，青少年中期组仅在指导者条件下比成年组犯更多的错误。由此看来，站在别人的角度指导行为的能力在这个相对晚的年龄阶段仍然在发展。

三、教育启示

理解社会性机能和社会性发展的脑基础对于培养教室内外的社会能力是很关键的。社会性机能对学习和学业成绩具有重要影响，反之亦然。理解社会行为的神经基础有助于理解学业成功和失败的原因及过程。关于神经结构的变化一直持续到青春期甚至更晚的发现已经挑战了一些以前被普遍接受的观点，比如，人们经常认为社会认知难以改变。研究表明，青少年期是发展与社会认知和自我意识相关脑区的一个关键期。这主要是由于在此期间许多因素的相互作用所致，包括：社会环境的改变、青春期激素的分泌、大脑的结构性和功能性的发展，以及社会认知的发展。

如果孩童早期被视为教育的敏感期，那么青少年早期也应该是敏感期。在这两个阶段，大脑戏剧性地发生了重组。大脑发展的研究表明，青少年期的教育是非常关键的。因为在青少年期，大脑仍然在发展，大脑的适应性很强且需要被塑造。也许青年期的教育能够改变某些能力，而这些能力正是由在青少年期经历着极大变化的脑区所控制。这些能力包括内部控制力，多重任务处理和制定计划等，同时也包括自我意识和诸如观点采择和理解社会情绪这样的社会认知技能等（Blakemore, 2010）。

参考文献

唐孝威 . (2012). 心智解读 . 杭州：浙江大学出版社 .

Abelson, J. L., Liberzon, I., Young, E. A., & Khan, S. (2005). Cognitive modulation of the endocrine stress response to a pharmacological challenge in normal and panic disorder subjects. *Archives of General Psychiatry, 62,* 668–675.

Adolphs, R. (2002). Neural systems for recognising emotion. *Current Opinion in Neurobiology, 12,* 169–177.

Adolphs, R., Gosselin, F., Buchanan, T. W., Tranel, D., Schyns, P., Damasio, A. R., et al. (2005). A mechanism for impaired fear recognition after amygdala damage. *Nature, 433,* 68–72.

Adolphs, R., Tranel, D., & Damasio, A. R. (1998). The human amygdala in social judgment. *Nature, 393,* 470–474.

Adolphs, R., Tranel, D., Damasio, H., & Damasio, A. (1994). Impaired recognition of emotion in facial expressions following bilateral damage to the human amygdala. *Nature, 372,* 669–672 .

Albers, E. M., Riksen-Walraven, J. M., Sweep, F. C. G. J., & de Weerth, C. (2008). Maternal behavior predicts infant cortisol recovery from a mild everyday stressor. *Journal of Child Psychology and Psychiatry, 49,* 97–103.

Allison, T., Puce, A., & McCarthy, G. (2000). Social perception from visual cues: role of the STS region. *Trends in Cognitive Sciences, 4,* 267–278.

Amodio, D. M., & Frith, C. D. (2006). Meeting of minds: the medial frontal cortex and social cognition. *Nature Reviews Neuroscience, 7,* 268–277.

Anderson, S. W., Bechara, A., Damasio, H., Tranel, D., & Damasio, A. R. (1999). Impairment of social and moral behavior related to early damage in human prefrontal cortex. *Nature Neuroscience, 2,* 1032–1037.

Angrilli, A., Mauri, A., Palomba, D., Flor, H., Birbaumer, N., Sartori, G., et al. (1996). Startle reflex and emotion modulation impairment after a right amygdala lesion. *Brain, 119,* 1991–2000.

Baillargeon, R., Scott, R. M., & He, Z. (2010). False-belief understanding in infants. *Trends in Cognitive Sciences, 14,* 110–118.

Barrash, J., Tranel, D., & Anderson, S. W. (2000). Acquired personality disturbances associated with bilateral damage to the VMPFC region. *Developmental Neuropsychology, 18*(3), 355–381.

Barresi, J., & Moore, C. (1996). Intentional relations and social understanding. *Behavioral and Brain Sciences, 19,* 107–154.

Bechara, A., Damasio, A. R., Damasio, H., & Anderson, S. W. (1994). Insensitivity to future

Bechara, A., Damasio, H., Tranel, D., & Anderson, S. W. (1998). Dissociation of working memory from decision making within the human prefrontal cortex. *The Journal of Neuroscience, 18,* 428–437.

Bechara, A., Damasio, H., Tranel, D., & Damasio, A. R. (1997). Deciding advantageously before knowing the advantageous strategy. *Science, 275,* 1293–1295.

Bechara, A., Trane, D., Damasio, H., Adolphs, R., Rockland, C., Damasio, A. R. et al. (1995). Double dissociation of conditioning and declarative knowledge relative to the amygdala and hippocampus in humans. *Science, 269,* 1115–1118.

Bechara, A., Tranel, D., Damasio, H., & Damasio, A. R. (1996). Failure to respond autonomically to anticipated future outcomes following damage to prefrontal cortex. *Cerebral Cortex, 6,* 215–225.

Bertenthal, B. I., Proffit, D. R., & Cutting, J. E. (1984). Infant sensitivity to figural coherence in biomechanical motions. *Journal of Experimental Child Psychology, 37,* 213–230 .

Bird, C. M., Castelli, F., Malik, O., Frith, U., & Husain, M. (1984). The impact of extensive medial frontal lobe damage on 'Theory of Mind' and cognition. *Brain, 127,* 914–928 .

Birmbaumer, N., Grodd, W., Diedrich, O., Klose, U., Erb, M., Lotze, M., et al. (1998). fMRI reveals amygdala activation to human faces in social phobics. *NeuroReport, 9,* 1223–1226.

Blakemore, S. J. (2008). The social brain in adolescence. *Nature Reviews Neuroscience, 9,* 267–277.

Blakemore, S. J. (2010). The developing social brain: implications for education. *Neuron, 65*(6), 744–747.

Blakemore, S. J., Winston, J., & Frith, U. (2004). Social cognitive neuroscience: where are we heading? *Trends in Cognitive Sciences, 8,* 216–222.

Brayne, C., Ince, P. G., Keage, H. A. D., McKeith, I. G., Matthews, F. E., Polvikoski, T., et al. (2010). Education, the brain and dementia: neuroprotection or compensation?: EClipSE Collaborative Members. *Brain, 133,* 2210–2216.

Breiter, H. C., Rauch, S. L., Kwong, K. K., Baker, J. R., Weisskoff, R. M., Kennedy, D. N., et al. (1996). Functional magnetic resonance imaging of symptom provocation in obsessive-compulsive disorder. *Formerly Archives of General Psychiatry, 53,* 595–606.

Broks, P., Young, A. W., Maratos, E. J., Coffey, P. J., Calder, A. J., Isaac, C, L., et al. (1998). Face processing impairments after encephalitis: amygdala damage and recognition of fear. *Neuropsychologia, 36,* 59–70.

Burnett, S., & Blakemore, S. J. (2009). Functional connectivity during a social emotion task in adolescents and in adults. *European Journal of Neuroscience, 29,* 1294–1301.

Burns, J. M., & Swerdlow, R. H. (2003). Right orbitofrontal tumor with pedophilia symptom and constructional apraxia sign. *Formerly Archives of Neurology, 60,* 437–440 .

Bush, G., Luu, P., & Posner, M. I. (2000). Cognitive and emotional influences in anterior cingulate cortex. *Trends in Cognitive Sciences, 4,* 215–222.

Buss, C., Lord, C., Wadiwalla, M., Hellhammer, D. H., Lupien, S. J., Meaney, M. J., et al. (2007). Maternal care modulates the relationship between prenatal risk and hippocampal volume in women but not in men. *The Journal of Neuroscience, 27,* 2592–2595.

Calder, A. J. (1996). Facial emotion recognition after bilateral amygdala damage: differentially severe impairment of fear. *Cognitive Neuropsychology, 13,* 699–745.

Calder, A. J., Keane, J., Manes, F., Antoun, N., & Young, A. W. (2000). Impaired recognition and experience of disgust following brain injury. *Nature Neuroscience, 3,* 1077–1078 .

Campbell-Sills, L., & Barlow, D. H. (2007). Incorporating emotion regulation into conceptualizations and treatments of anxiety and mood disorders. In Gross, J. J. (Ed.), *Handbook of Emotion Regulation* (pp. 542–559). New York: Guilford.

Carr, L., Iacoboni, M., Dubeau, M. C., Mazziotta, J. C., & Lenzi, G. L. (2003). Neural mechanisms of empathy in humans: a relay from neural systems for imitation to limbic areas. *Proceedings of the National Academy of Sciences of the United States of America, 100,* 5497–5502.

Caspi, A., Sugden, K., Moffitt, T. E., Taylor, A., Craig, I. W., Harrington, H. L., et al. (2003). Influence of Life Stress on Depression: Moderation by a Polymorphism in the 5-HTT Gene. *Science, 301*(5631), 386–389.

Castelli, F., Happé, F., Frith, U., & Frith, C. (2000). Movement and mind: a functional imaging study of perception and interpretation of complex intentional movement patterns. *NeuroImage, 12,* 314–325.

Ciaramelli, E., Muccioli, M., Ladavas, E., & di Pellegrino, G. (2007). Selective deficit in personal moral judgment following damage to ventromedial prefrontal cortex. *Social Cognitive and Affective Neuroscience, 2,* 84–92.

Cohen, R. A., Grieve, S., Hoth, K. F., Paul, R. H., Sweet, L., Tate, D., et al. (2006). Early life stress and morphometry of the adult anterior cingulate cortex and caudate nuclei. *Bioligical Psychiatry, 59,* 975–982.

Critchley, H. D., Elliot, R., Mathias, C. J., & Dolan, R. J. (2000). Neural activity relating to generation and representation of galvanic skin responses: a functional magnetic resonance imaging study. *The Journal of Neuroscience, 20,* 3033–3040.

Dapretto, M., Davies, M., Pfeifer, J. H., Scott, A. A., Sigman, M., Bookheimer, S. Y., et al. (2006). Understanding emotions in others: mirror neuron dysfunction in children with autism spectrum disorders. *Nature Neurosci, 9,* 28–30.

Davidson, R. J., & Irwin, W. (1999). The functional neuroanatomy emotion and affective style. *Trends in Cognitive Sciences, 3,* 11–21.

Davidson, R. J., Lewis, D. A., Alloy, L. B., Amaral, D. G., Bush, G., Dcohen, J., et al. (2002). Neural and behavioral substrates of mood and mood regulation. *Biological Psychiatry, 52,* 478–502.

Davidson, R. J., Putnam, K. M., & Larson, C. L. (2000). Dysfunction in the neural circuitry of emotion regulation-a possible prelude to violence. *Science, 289*(5479), 591–594.

Davis, K. D., Taylor, S. J., Crawley, A. P., Wood, M. L., & Mikulis, D. J. (1997). Functional MRI of pain– and attention-related activations in the human cingulate cortex. *Journal of Neurophysiology, 77,* 3370–3380.

Dawson, G., Webb, S. J., Carver, L., Panagiotides, H., & McPartland, J. (2004). Young children with autism show atypical brain responses to fearful versus neutral facial expressions of emotion. *Developmental Science, 7,* 340–359.

De Kloet, E. R., Joëls, M., & Holsboer, F. (2005). Stress and the brain: from adaptation to disease. *Nature Neuroscience, 6,* 463–475.

De Quervain, D. J. -F., Fischbacher, U., Treyer, V., Schellhammer, M., Schnyder, U., Buck, A., et al. (2004). The Neural Basis of Altruistic Punishment. *Science, 305,* 1254–1258.

Drevets, W. C., Videen, T. O., MacLeod, A. K., Haller, J. W., & Raichle, M. E. (1992). PET images of blood changes during anxiety: correction. *Science, 256,* 1696.

Dumontheil, I., Apperly, I. A., & Blakemore, S. J. (2010). Online usage of theory of mind continues to develop in late adolescence. *Development Science, 13,* 331–338.

Egner, T., Etkin, A., Gale, S., & Hirsch, J. (2007). Dissociable Neural Systems Resolve Conflict from Emotional versus Nonemotional Distracters. *Cerebral Cortex, 18*(6), 1475–1484.

Eslinger, P. J. (2001). Adolescent neuropsychological development after early right prefrontal cortex damage. *Developmental Neuropsychol,* 18, 297–329.

Eslinger, P. J., & Damasio, A. R. (1985). Severe disturbance of higher cognition after bilateral frontal lobe ablation: patient EVR. *Neurology, 35,* 1731–1741.

Eslinger, P. J., Grattan, L. M., Damasio, H., & Damasio, A. R. (1992). Developmental consequences of childhood frontal lobe damage. *Formerly Archives Neurology, 49,* 764–769.

Evans, G. W., & English, K. (2002). The environment of poverty: multiple stressor exposure, psychophysiological stress, and socioemotional adjustment. *Child Development, 73,* 1238–1248.

Fischer, H., Wik, G., & Fredrikson, M. (1996). Functional neuroanatomy of robbery re-experience: affective memories studied with PET. *NeuroReport, 7,* 2081–2086.

Frith, C. D. (2007). The social brain? *Philosophical Transactions B, 362,* 671–678.

Frith, C. D., & Frith, U. (1999). Interacting minds — a biological basis. *Science, 286,* 1692–1695.

Gainotti, G. (1972). Emotional behavior and hemispheric side of lesion. *Cortex, 8,* 41–55.

Gallagher, H. L., Jack, A. I., Roepstorff, A., & Frith, C. D. (2002). Imaging the intentional stance in a competitive game. *Neuroimage, 16,* 814–821.

Geoffroy, M. C., Cote, S. M., Parent, S., & Seguin, J. R. (2006). Daycare attendance, stress, and mental health. *Canadian Psychiatric Association, 51,* 607–615.

George, M. S., Ketter, T.A., Parekh, P. I., Herscovitch, P., & Post, R. M. (1995). Brain activity during transient sadness and happiness in healthy women. *The American Journal of Psychiatry, 152,* 341–351.

Gilbert, S. J., Spengler, S., Simons, J., Steele, J., et al. (2006). Functional specialization within rostral prefrontal cortex (area 10): a meta-analysis. *Cognitive Neuroscience,Journ, 18,* 932–948.

Glover, V. (1997). Maternal stress or anxiety in pregnancy and emotional development of the child. *The British Journal of Psychiatry, 171,* 105–106.

Golan, O., & Baren-Cohen, S. (2006). Systemizing empathy: teaching adults with Asperger syndrome and high functioning autism to recognise complex emotions using interactive media. *Development Psychopathol, 18,* 589–615.

Goldin, P. G., McRae, K., Ramel, W., Gross, J. J., et al. (2008). The neural bases of emotion regulation: reappraisal and suppression of negative emotion. *Biol Psychiatry, 63(6),* 577–586.

Greene, J. (2007). Why are VMPFC patients more utilitarian? A dual-process theory of moral judgment explains. *Trends in Cognitive Sciences, 11,* 322–323.

Greene, J. D., Morelli, S. A., Lowenberg, K., Nystrom, L. E., & Cohen, J. D. (2008). Cognitive load selectively interferes with utilitarian moral judgment. *Cognition, 107,* 1144–1154.

Greene, J. D., Nystrom, L. E., Engell, A. D., Darley, J. M., & Cohen1, J. D. (2004). The neural bases of cognitive conflict and control in moral judgment. *Neuron, 44,* 389–400.

Greene, J., & Haidt, J. (2002). How (and where) does moral judgment work? *Trends in Cognitive Sciences, 6,* 517–523.

Gross, J. J. (1998) Antecedent– and response-focused emotion regulation: divergent consequences for experience, expression, and physiology. *Journal of Personality and Social Psychology, 74*(1), 224–237.

Gross, J. J. (1998). Antecedent-and response-focused emotion regulation: divergent consequences for experience, expression, and physiology. *Journal of Personality and Social Psychology, 74*(1), 224–237.

Gross, J. J. (1998). The emerging field of emotion regulation: An integrative review. *Review of General Psychology, 2,* 271–299.

Gross, J. J. (2002). Emotion regulation: affective, cognitive, and social consequences. *Psychophysiology, 39,* 281–91.

Gross, J. J., & John, O. P. (2003). Individual differences in two emotion regulation processes: Implications for affect, relationships, and well-being. *Journal of Personality and Social Psychology, 85,* 348–362.

Gross, J. J., & Thompson, R. A. Emotion regulation: Conceptual foundations. *Handbook of emotion regulation, 2007,* 3–24.

Grossman, E., Donnelly, M., Price, R., Pickens, D., Morgan, V., Neighbor. G., et al. (2000). Brain areas involved in perception of biological motion. *Journal of Cognitive Neuroscience, 12,* 711–720.

Gunnar, M. R., & Donzella, B. (2002). Social regulation of the cortisol levels in early human development. *Psycho neuroendocrinology, 27,* 199–220.

Gutteling, B. M., deWeerth, C., & Buitelaar, J. K. (2005). Prenatal stress and children's cortisol reaction to the first day of school. *Psychoneuroendocrinology, 30,* 541–549.

Haidt, J. (2007). The new synthesis in moral psychology. *Science, 316,* 998–1001.

Haidt, J. (2008). Morality. *Perspectives on Psychological Science, 3*(1), 65–72.

Happe, F., Malhi, G. S., & Checkley, S. (2001). Acquired mindblindness following frontal lobe surgery? A single case study of impaired 'theory of mind' in a patient treated with stereotactic anterior capsulotomy. *Neuropsychologia, 39,* 83–90.

Hare, R. D. (1970). *Psychopathy: Theory and Research* . John Wiley, New York, USA.

Harenski, C. L., & Hamann, S. (2006). Neural correlates of regulating negative emotions related to moral violations. *NeuroImage, 30,* 313–324.

Harlow, J. M. (1868). Recovery of the passage of an iron bar through the head. *Public Mass Medical Society, 2,* 327–334.

Heath, R. G. (1972). Pleasure and brain activity in man. *The Journal of Nervous Mental Disease, 154,* 3–18.

Heekeren, H. R., Wartenburger, I., Schmidt, H., Schwintowski, H. P., & Villringer, A. (2003). An fMRI study of simple ethical decision-making. *NeuroReport, 14,* 1215–1219.

Hess, W. R., & Brugger, M. (1943/1981). Biological Order and Brain Organization: Selected Works of W. R. Hess (ed. Akert, K.) 183–202 (Springer, Berlin).

Huttenlocher, P. R., & Dabholkar, A. S. (1997) . Regional differences in synaptogenesis in human cerebral cortex. *J Comp Neurol, 387,* 167–178.

Irwin, W., Davidson, R. J., Lowe, M. J., Mock, B. J., Sorenson, J. A., Turski, P. A., et al. (1996). Human amygdala activation detected with echo-planar functional magnetic resonance imaging. *NeuroReport, 7,* 1765–1769.

Irwin, W., et al. (1997). Positive and negative affective responses: neural ciruitry revealed using frontal magnetic resonance imaging Soc. Neurosci. Abstr. 23, 1318

Jackson, D. C., Malmstadt, J. R., Larson, C. L., & Davidson, R. J. (2000). Suppression and enhancement of emotional responses to unpleasant pictures. *Psychophysiology, 37,* 515–522.

Johansson, G. (1973). Visual perception of biological motion and a model for its analysis. *Perception Psychophysics, 14,* 201–211.

Johansson, L., Guo, X., Waern, M., O¨stling, S., Gustafson, D., Bengtsson, C., et al. (2010). Midlife psychological stress and risk of dementia: a 35-year longitudinal population study. *Brain, 133,* 2217–2224.

Johnson, M. H. (2005). Subcortical face processing. *Nature Reviews Neuroscience, 6,* 766–774.

Jones, N. A., Field, T., & Davalos, M. (2000). Right frontal EEG asymmetry and lack of empathy in preschool children of depressed mothers. *Child Psychiatry Human Development, 30,* 189–204.

Kahneman, D. (2003). A perspective on judgment and choice: Mapping bounded rationality. *American Psychologist, 58,* 697–720.

Kapoor, A., Petropoulos, S., & Matthews, S. G. (2008). Fetal programming of hypothalamic-pituitary-adrenal (HPA) axis function and behavior by synthetic glucocorticoids. *Brain Research Reviews, 57,* 586–595.

Kiehl, K. A., Andra, M. S., Robert, D. H., et al. (2001). Limbic abnormalities in affective processing by criminal psychopaths as revealed by functional magnetic resonance imaging. *Biological Psychiatry, 50,* 677–684.

Koch, M., Schmid, A., & Schnitzler, H-U. (1996). Pleasure-attentuation of startle is disrupted by lesions of the nucleus accumbens. *NeuroReport, 7,* 1442–1446.

Koenigs, M., et al. (2007). Damage to the prefrontal cortex increases utilitarian moral judgements. *Nature, 446,* 908–911.

Koenigs, M., et al. (2007). Damage to the prefrontal cortex increases utilitarian moral judgements. *Nature, 446,* 908–911.

Koepp, M. J., et al. (1998). Evidence for striatal dopamine release during a video game. *Nature, 393,* 266–268.

Kruesi, M. J., Casanova, M. F., Mannheim, G., & Johnson-Bilder, A. (2004). Reduced temporal lobe volume in early onset conduct disorder. *Psychiatry Research, 132,* 1–11.

LaBar, K. S., et al. (1998). Role of the amygdala in emotional picture evaluation as revealed by fMRI. *Journal of Cognitive Neuroscience,(Suppl. s), 108.*

Lane, R. D., et al. (1997a). Neuroanatomical correlates of happiness, sadness and disgust. *American Journal of Psychiatry, 154,* 926–933.

Lane, R. D., et al. (1997b). Neuroanatomical correlates of pleasant and unpleasant emotion. *Neuropsychologia, 35,* 1437–1444.

Lane, R. D., Fink, G. R., Chau, P. M.-L., Dolan, R. J., et al. (1997). Neural activation during selective attention to subjective emotional responses. *NeuroReport, 8,* 3969–3972.

Lane, R. D., Reiman, E. M., Axelrod, B., et al. (1998). Neural correlates of levels of emotional awareness: evidence of an interaction between emotion and attention in the anterior cingulate cortex. *Journal Cognitive Neuroscience, 10,* 525–535.

Lyons-Ruth, K., Wolfe, R., & Lyubchik, A. (2000). Depression and the parenting of young children: making the case for early preventive mental health services. *Harvard Review Psychiatry, 8,* 148–153.

MacDonald, A. W., Cohen, J. D., Stenger, V. A., & Carter, C. S. (2000). Dissociating the role of the dorsolateral prefrontal and anterior cingulate cortex in cognitive control. *Science, 288,* 1835–1838.

Magar, C. E., Phillips, L. H., & Hosie, J. A. (2008). Self-regulation and risk-taking. *Personality and Individual Differences, 45*(2), 153–159.

Martin, J. H.(1996). Neuroanatomy: Text & Atlas 2nd edn (Appleton and Lange, Stamford, Connecticut).

McCabe, K., Houser, D., Ryan, L., Smith, V., & Trouard, T. A. (2001). A functional imaging study of cooperation in two-person reciprocal exchange. *Procceedings National Academy Sciences, USA, 98,* 11832–11835.

McEwen, B. S. (2007). Physiology and neurobiology of stress and adaptation: central role of the brain. *Physiological Reviews*. 87, 873–904.

McGowan, P. O., et al. Epigenetic regulation of the glucocorticoid receptor in human brain associates with childhood abuse. *Nature Neuroscience, 12,* 342–348 (2009).

Mendez, M., Anderson, E., & Shapira, J. (2005). An investigation of moral judgment in frontotemporal dementia. *Cognitive and Behavioral Neurology, 18,* 193–197.

Mineka, S., Watson, D., & Clark, L. A. (1998). Comorbidity of anxiety and unipolar mood disorders. *Annual Review of Psychology, 49,* 377–412.

Moll, J., & de Oliveira-Souza, R. (2007). Moral judgments, emotions and the utilitarian brain. *Trends in Cognitive Sciences, 11,* 319–321.

Moll, J., de Oliveira-Souza, R., Bramati, I. E., & Grafman, J. (2002). Functional networks in emotional moral and nonmoral social judgments. *NeuroImage, 16,* 696–703.

Moll, J., de Oliveira-Souza, R., Eslinger, P. J., Bramati, I. E., Mourao-Miranda, J., Andreiuolo, P. A., et al. (2002). The neural correlates of moral sensitivity: A functional magnetic resonance imaging investigation of basic and moral emotions. *Neuroscience, 22,* 2730–2736.

Moll, J., de Oliveira-Souza, R., Garrido, G. J., Bramati, I. E., Caparelli-Daquer, E. M. A., Paiva, M. L. M. F., et al. (2007). The self as a moral agent: Linking the neural bases of social agency and moral sensitivity. *Social Neuroscience, 2*(3–4), 336–352.

Moll, J., Eslinger, P. J., & de Oliveira-Souza, R. (2001). Frontopolar and anterior temporal cortex activation in a moral judgment task: preliminary functional MRI results in normal subjects. *Arquivos Neuropsiquiatr, 59,* 657–664.

Moll, J., Krueger, F., Zahn, R., Pardini, M., de Oliveira-Souza, R., & Grafman, J. (2006). Human fronto-mesolimbic networks guide decisions about charitable donation. *PNAS, 103,* 15623–15628.

Moll, J., Zahn, R., de Oliveira-Souza, R., Krueger, F., & Grafman, J., et al. (2005). The neural basis of human moral cognition. *Nature Reviews Neuroscience, 6,* 799–809.

Morris, J. S., et al. (1998). A neuromodulatory role for the human amygdala in processing emotional facial expressions. *Brain, 121,* 42–57.

Morris, J. S., Frith, C. D., Perrett, D. I., Rowland, D., Young, A. W., Calder, A. J., Dolan, R. J., et al. (1996). A differential neural response in the human amygdala to fearful and happy facial expressions. *Nature, 383,* 812–815.

Morris, P. L. P., et al. (1996). Lesion characteristics and depressed mood in the stroke data bank study. *The Journal of Neuropsychiatry & Clinical Neurosciences, 8,* 153–159.

Muller, J. L., et al. (2003). Abnormalities in emotion processing within cortical and subcortical regions in criminal psychopaths: evidence from a functional magnetic resonance imaging study using pictures with emotional content. *Biological Psychiatry, 54,* 152–162.

Muris, P., Merckelbach, H., & Damsma, E. (2000). Threat perception bias in nonreferred, socially anxious children. *Journal of Clinical Child Psychology, 29,* 348–359.

Murphy, F. C., Nimmo-Smith, I., & Lawrence, A. D. (2003). Functional neuroanatomy of emotions: A meta-analysis. *Cognitive Affective & Behavioral Neuroscience, 3,* 207–233.

Newborns' preference for facerelevant stimuli: effects of contrast polarity. *Proceedings of the National Academy of Sciences of the United States of America, 102,* 17245–17250.

O'Connor, T. G., et al. (2005). Prenatal anxiety predicts individual differences in cortisol in pre-adolescent children. *Biological Psychiatry, 58,* 211–217.

Ochsner, K. N., & Gross, J. J. (2005) The cognitive control of emotion. *Trends in Cognitive Sciences, 9,* 242–249.

Ochsner, K. N., Bunge, S. A., Gross, J. J., & Gabrieli, J. D. (2002). Rethinking feelings: An FMRI study of the *cognitive regulation of emotion. Journal of Cognitive Neuroscience, 14,* 1215–1229.

Ochsner, K. N., Ray, R. D., Cooper, J. C., et al. (2004). For better or for worse: Neural systems supporting the cognitive down-and up-regulation of negative emotion. *NeuroImage, 23,* 483–499.

Olds, J., & Milner, P. (1954). Positive reinforcement produced by electrical stimulation of septal area and other regions of rat brain. *Journal of Comparative and Physiological Psychology, 47,* 419–427.

Ongur, D., & Price, J. (2000). The organization of networks within the orbital and medial prefrontal cortex of rats, monkeys, and humans. *Cerebral Cortex, 10,* 206–219.

Oram, M. W., & Perrett, D. I. (1994). Responses of anterior superior temporal polysensory (STPa) neurons to "biological motion" stimuli. *Journal of Cognitive Neuroscience, 6*(2), 99–116.

Penfield, W., & Faulk, M. E. (1955). The insula: further observations of its function. *Brain, 78,* 445–470.

Perlman, W. R., Webster, M. J., Herman, M. M., Kleinman, J. E., & Weickert, C. S. (2007). Age-related differences in glucocorticoid receptor mRNA levels in the human brain. *Neurobiology of Aging, 28,* 447–458.

Perrett, D. I., Hietanen, J. K., Oram, M. W., & Benson, P. J. (1992). Organization and functions of cells responsive to faces in the temporal cortex. *Philosophical Transactions of the Royal Society B, 335,* 23–30.

Pfeifer, J. H., Masten, C. L., Borofsky, L. A., Dapretto, M., Fuligni, A. J., & Lieberman, M. D. (2009). Neural Correlates of Direct and Reflected Self-Appraisals in Adolescents and Adults: When Social Perspective-Taking Informs Self-Perception. *Child Development, 80,* 1016–1038.

Phan, K. L., Fitzgerald, D. A., Nathan, P. J., Moore, G. J., Uhde, T. W., & Tancer, M. E. (2005). Neural substrates for voluntary suppression of negative affect: a functional magnetic resonance imaging study. *Biological Psychiatry, 57,* 210–219.

Phan, K. L., Wager, T., Taylor, S. F., & Liberzon, I. (2002). Functional neuroanatomy of emotion: a metaanalysis of emotion activation studies in PET and fMRI. *Neuroimage, 16,* 331–348.

Phillips, M. L., Drevets, W. C., Rauch, S. L., & Lane, R. (2003a). Neurobiology of emotion perception I: the neural basis of normal emotion perception. *Biological Psychiatry, 54,* 504–514.

Phillips, M. L., Drevets, W. C., Rauch, S. L., & Lane, R. (2003b). Neurobiology of emotion perception II: implications for major psychiatric disorders. *Biological Psychiatry, 54,* 515–528.

Phillips, M. L., et al. (1997). A specific neural substrate for perceiving facial expressions of disgust. *Nature, 389,* 495–498.

Phillips, M. L., et al. (1997). A specific neural substrate for perceiving facial expressions of disgust. *Nature, 389,* 495–498.

Puce, A., & Perrett, D. (2003). Electrophysiology and brain imaging of biological motion. *Philosophical Transactions of the Royal Society B, 358,* 435–445.

Puce, A., Allison, T., Bentin, S., Gore, J. C., & McCarthy, G. (1998). Temporal cortex activation in humans viewing eye and mouth movements. *The Journal of Neuroscience, 18,* 2188–2199.

Pujol, J., Reixach, J., Harrison, B. J., Timoneda-Gallart, C., Vilanova, J. C., & Pérez-Alvarez, F. (2008). Posterior cingulate activation during moral dilemma in adolescents. *Human Brain Mapping, 29*(8), 910–921.

Rauch, S. L., et al. (1996). A symptom provocation study of posttraumatic stress disorder using positron emission tomography and script-driven imagery. *Formerly Archives of General Psychiatry, 53,* 380–387.

Rauch, S. L., Shin, L. M., & Wright, C. I. (2003). Neuroimaging studies of amygdala function in anxiety disorders. *Annals of the New York Academy of Sciences, 985,* 389–410.

Richards, J. M., & Gross, J. J. (2000). Emotion Regulation and Memory: The Cognitive Costs of Keeping One's Cool. *Journal of Personality and Social Psychology, 79*(3), 410–424.

Robinson, R. G., & Downhill, J. E. (1995). Lateralization of psychopathology in response to focal brain injury, in Brain Asymmetry (Davidson, R.J. and Hugdahl K., eds), pp. 693–711, MIT Press.

Robinson, R. G., et al. (1984). Mood disorders in stroke patients: importance of location of lesion. *Brain, 107,* 81–93.

Rolls, E. T. (1996). The orbitofrontal cortex. *philosophical transactions of the royal society of london series b-biological sciences,* 351, 1433–1443.

Rowe, A. D., Bullock, P. R., Polkey, C. E., & Morris, R. G. (2001). "Theory of mind" impairments and their relationship to executive functioning following frontal lobe excisions. *Brain, 124,* 600–616.

Sackeim, H. A., et al. (1982). Pathological laughter and crying: functional brain asymmetry in the expression of positive and negative emotions Arch. *Neurol, 39,* 210–218.

Samson, D., Apperly, I. A., Chiavarino, C., & Humphreys, G. W. (2004). Left temporoparietal junction is necessary for representing someone else's belief. *Nature Neuroscience, 7,* 499–500.

Saxe, R. (2006). Uniquely human social cognition. *Current Opinion in Neurobiology, 16,* 235–239.

Saygin, A. P. (2007). Superior temporal and premotor brain areas necessary for biological motion perception. *Brain, 130,* 2452–2461.

Schaefer, S. M., Jackson, D. C., Davidson, R. J., Aguirre, G. K., Kimberg, D. Y., & Thompson-Schill, S. L. (2002). Modulation of amygdalar activity by the conscious regulation of negative emotion. *Journal Cognitive Neuroscience, 14,* 913–921.

Schnall, S., Haidt, J., Clore, G. L., & Jordan, H. A. (2008). Disgust as embodied moral judgment. *Personality and Social Psychology Bulletin, 34*(8), 1096–1109.

Schneider, F., et al. (1996). Cerebral blood flow changes in limbic regions induced by unsolvable anagram tasks. *The American Journal of Psychiatry, 153,* 206–212.

Schumann, C. M., et al. (2004). The amygdala is enlarged in children but not adolescents with autism; the hippocampus is enlarged at all ages. The *Journal Neuroscience, 24,* 6392–6401.

Scott, S., Knapp, M., Henderson, J., & Maughan, B. (2001). Financial cost of social exclusion: follow up study of antisocial children into adulthood. *British Medical Journal, 323,* 1–5.

Shonkoff, J. P. (2010). Building a new biodevelopmental framework to guide the future of early childhood policy. *Child Development, 81,* 357–367.

Soderstrom, H., et al. (2002). Reduced frontotemporal perfusion in psychopathic personality. *Psychiatry Research: Neuroimaging, 114,* 81–94.

Sonia, J. L., Bruce, S. M., Megan, R. G., & Christine, H. (2009). Effects of stress throughout the lifespan on the brain, behaviour and cognition. *Nature Reviews Neuroscience, 10,* 434–445.

Srivastava, S., McGonigal, K. M., Richards, J. M., & Butler, E. A. (2006). Optimism in Close Relationships: How Seeing Things in a Positive Light Makes Them So. *Journal of Personality and Social Psychology, 91*(1), 143–153.

Stein, E. A., et al. (1998). Nicotine-induced limbic cortical activation in the human brain: a functional MRI study. *The American Journal of Psychiatry, 155,* 1009–1015.

Stuss, D. T., Gallup, G. G., & Alexander, M. P. (2001). The frontal lobes are necessary for ‘theory of mind’. *Brain, 124,* 279–286.

Sutton, S. K., et al. (1997). Asymmetry in prefrontal glucose metabolism during appetitive and aversive emotional states: an FDG-PET study. *Psychophysiology, 34,* S89.

Tankersley, D., Stowe, C. J., & Huettel1, S. A. (2007). Altruism is associated with an increased neural response to agency. *Nature Neuroscience, 10,* 150–151.

Tranel, D., Bechara, A., & Denburg, N. L. (2002). Asymmetricfunctional roles of right and left ventromedial prefrontal cortices in social conduct, decision-making, and emotional processing. *Cortex, 38,* 589–612.

Trautman, P. D., Meyer-Bahlburg, H. F., Postelnek, J., & New, M. I. (1995). Effects of early prenatal dexamethasone on the cognitive and behavioral development of young children: results of a pilot study. *Psychoneuroendocrinology, 20*(4), 439–449.

Urry, H. L., van Reekum, C. M., Johnstone, T., et al. (2006). Amygdala and ventromedial prefrontal cortex are inversely coupled during regulation of negative affect and predict the diurnal pattern of cortisol secretion among older adults. *The Journal of Neuroscience, 26,* 4415–4425.

Valdesolo, P., & DeSteno, D. (2006). Manipulations of emotional context shape moral judgment. *Psychology Science, 17*(6), 476–477.

Vasa, R. A., et al. (2004). Neuroimaging correlates of anxiety after pediatric traumatic brain injury. *Biological Psychiatry, 55,* 208–216.

Weissenberger, A. A., et al. (2001). Aggression and psychiatric comorbidity in children with hypothalamic hamartomas and their unaffected siblings. *Journal of the American Academy of Child & Adolescent Psychiatry, 40,* 696–703.

Wheatley, T., & Haidt, J. (2005). Hypnotic disgust makes moral judgments more severe. *Psychological Science, 16,* 780–784.

White, L. (2010). Educational attainment and mid-life stress as risk factors for dementia in late life. *Brain, 133,* 2180–2184.

Wilson, E. O.(1975). *Sociobiology*. Cambridge, MA: Harvard University Press.

（夏琼）

第五章　脑与智育

读写算能力是人们赖以生存的重要技能，也是学校教育的重要内容。那么，在儿童发展早期，这些能力是如何获得的，这些能力获得之后对脑的结构和功能会带来什么样的影响呢？如今，认知神经科学已经围绕这些问题展开了大量的研究，获得了很多有价值的研究成果。教师和父母应当从这些广泛的研究成果中汲取教育智慧，从而变得更加博学多识，理性地抵制“神经神话”[1]，成为批评型的科学消费者。在这一章中，着重讨论人类婴幼儿的脑、语言与教育以及儿童的脑、数学与教育。

第一节　脑、语言与教育

人类婴儿是如何习得语言的？他们从生下来并不会说话，但到一周岁左右会说出第一个有意义的词开始，标志着其语言的产生。等到四五岁的时候便能基本掌握本民族语言，其语言习得的速度令人惊叹。为什么计算机不能模拟婴儿的语言学习过程？为什么成人的语言学习变得困难？婴儿的语言学习到底有什么独特之处？在有关儿童语言获得理论中，长期以来存在着先天与后天的争论。如今，借助于认知神经科学的脑成像技术，研究者更加关注的是婴儿语言学习的神经机制，比如，婴

---

1 “神经神话”（neuromythologies）是指来源于神经科学但是在演化过程中偏离了神经科学的原始研究，在神经科学以外的领域中传播与稳定下来的广泛流传的观念。目前教育界存在的许多神经神话不仅阻碍了人们对科学规律的正确认识，还使教育者形成错误的判断，做出错误的决策，进而影响到对学生的教育。（周加仙，2008）

儿所具有的这种惊人语言能力的神经基础是什么？语言环境的早期暴露以及经验在其中到底起了什么作用？

一、研究婴儿语言习得的神经科学方法

随着近一二十年来认知神经影像技术的快速发展，很多无创性电生理技术和脑成像技术被应用到婴儿语言加工研究中（见图 5.1）。包括脑电图（EEG）、事件相关电位（ERPs）、脑磁图（MEG）、功能磁共振成像（fMRI）和近红外光谱（NIRS）等技术。

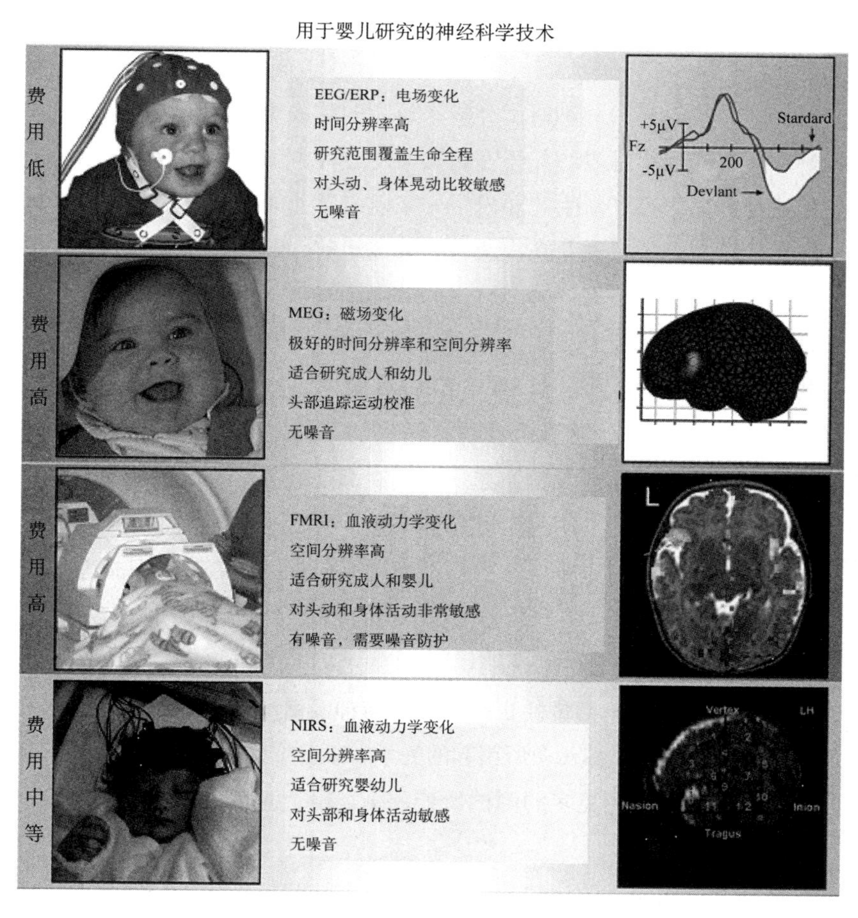

图5.1　几种在婴幼儿早期语言学习研究中广泛使用的神经科学技术（Kuhl & Rivera-Gaxiola, 2008）

EEG 和 ERPs

脑电图（EEG）是一种无创伤性的电生理记录技术，它记录的是头皮的电生理活动，这种方法在婴儿语言学习的研究中已得到广泛使用。当一个刺激多次呈现时，电活动可以通过叠加的方式抵消背景噪音的影响而保留刺激出现时间的波形，从而形成事件相关电位（ERPs）。ERPs 是 EEG 的一部分，它反映了刺激对脑的影响，是一种时间分辨率非常高的技术，在刺激呈现后以毫秒为单位产生反应。因此，ERPs 非常适合于研究人类语言的高速加工和时间顺序特性。它不仅对特定感觉刺激（比如，一个音节或单词）的出现很敏感，还能够记录特定的认知过程（比如，对句子或短语中语法错误的觉察或再认）。总之，它展现的是信号诱发的脑激活图谱，但是它的缺点在于其空间分辨率差。

MEG

脑磁图（MEG）是另一种时间分辨率较高的脑成像技术，它同时还具有较好的空间分辨率。它记录的是婴幼儿语言认知加工过程中脑的电磁信号的变化。研究者已经使用这个方法探究了新生儿和出生一年以内婴儿的语音辨别能力。新的头部追踪方法能够使研究者矫正婴儿在成像时的头部运动，并同时检验婴儿在加工语音时的多个脑区的活动。与 EEG 一样，MEG 方法也是非常安全且无噪音的。

MRI 和 fMRI

磁共振成像（MRI）结合了 MEG 和 EEG 技术，能提供静态的大脑结构（即解剖）图片。结构性 MRI 能够显示婴幼儿语言学习过程中所产生的不同脑区的解剖学差异。功能磁共振成像（fMRI）是一种具有高空间分辨率的脑功能成像技术。与 EEG 和 MEG 不同的是，它不是直接探测皮层的神经活动，而是测量与神经活动相关的局部血氧量的变化，但是由于它的测试环境有较强的噪音，而且通常要求被试处于静止不动的状态，所以这个方法运用在年幼的婴儿身上受到限制。

NIRS

近红外光谱（NIRS）测量的也是皮层的与神经活动相关的血液动力学反应。它利用近红外技术检测脑局部代谢所引起的光学特征改变。与 fMRI 一样，它具有较高的空间分辨率，但它适应更多的测试情景，而且整个测试过程是无噪音困扰的，所以更适合婴幼儿研究。

正是借助于这些先进的认知神经科学研究方法和仪器设备，研究者才得以深入探索婴儿语言学习的奥秘。总的说来，婴儿的语言学习机制是认知和社会技能相互作用的结果，这些机制完全不同于斯金纳的操作条件反射学习理论和强化原理，也不是乔姆斯基的“先天语法装置”所能够解释的。

二、语言加工的神经基础

（一）语言加工的左半球优势

长期以来，语言和言语加工一直被认为是脑偏侧化的功能。即人脑的左半球是语言的主导或优势半球。这个结论最早可以追溯到1865年布洛卡（Paul Broaca）医生对脑损病人的研究（Josse & Tzourio-Mazoyer, 2004）。大多数人的左半球是语言优势半球。成人左半球的损伤会带来语言能力的严重受损，而且是永久性的。因此，有语言特长的人被称为“左脑人”，而具有艺术天赋的人则被称为“右脑人”。这个关于语言加工左半球优势的假设已经得到现代脑成像研究的支持。神经影像学研究结果表明，不仅大多数右利手者的语言加工是由左半球主导的，而且四分之三的左利手者也是如此（Pujol, et al., 1999）。另外的研究还表明，即使对于语言经验有限的婴儿来说，口语加工也主要发生在左半球（Dahaene-Lmbertz, et al., 2002）。在这项研究中，采用功能磁共振技术记录了刚出生到3个月大的婴儿在接触人类语言时的脑成像数据，结果发现脑激活主要出现在左半球的语言区。这项发现说明人脑语言加工的功能可能是与生俱来的。因此，语言的左半球偏侧化是人脑的基本功能。

语言的左半球偏侧化优势还存在性别差异，总的来说，男性比女性更偏向左脑优势。

当然，尽管左半球在语言加工中占主导地位，但这并不意味着右半球就与语言加工毫不相干。大约10%的正常右利手个体存在不同的偏侧化模式，即是右半球或左右两半球都在语言加工中起重要作用（Banich, 1997），但是，右半球所起作用的具体属性还尚存争议。有研究者认为，右半球在理解和产生韵律方面有重要作用，特别是对于口语的语气语调和情绪部分（Ross，Thompson, & Yenkosky, 1977）。因为，在生活中，即使我们在说话时使用了相同的词汇，韵律也可以改变话语的意义。也有人认为，在需要加工较大语言单位的任务中，比如理解对话和确定故事的中心思想等，也需要右半球的参与。还有研究者提出，人们在解决一些更高要求的语义任务时也需要右半球的参与，比如加工遥相呼应的词语、对幽默和隐喻的理解、推理以及对挖苦或讽刺的理解、解决词语歧义等。目前这些假设很多都得到了现代脑功能成像研究结果的支持，即被试在从事这些语言任务时，能观察到明显的右半球激活（Mason & Just, 2004; Schmithorst, et al., 2006）。

也有证据表明，右半球在早期语言学习中起重要作用，但对晚期语言学习的作用却不大。右半球受损的幼儿会延迟他们对单词的理解，以及象征性或交流性手势的使用，但这个现象在右半球受损的成人中却没有。还有研究者提出儿童对单词的理解也许直接联系到右半球（Elman, et al., 1997）。因为理解一个新单词的意义，需要整合很多信息，包括语音信息、视觉信息、触觉信息、头脑中已有相关知识的信息等，而这种跨通道的整合正是右半球的功能。

目前，关于右半球对语言功能的贡献主要有两种观点。第一种观点认为，对语言的所有元素（如句法和语义）的加工，左右半球都相互补充，进行并行加工。这种互补的加工过程交互作用形成对语言的完全理解（Beeman & Chiarello, 1998）。第二种观点认为，右半球是满足高要求加工任务的一般认知资源的一部分。即当面临较难的语言加工任务时，左半球不能独立完成而需要更多的加工资源，这时，右半球就会参与其中（Monetta & Joanette, 2003; Murray, 2000）。

尽管对语言加工的具体作用还有待进一步研究，但根据现有的行为学和神经科学研究结果，可以确定的是对于完整而灵活的语言系统来说，左右两个半球都是不可或缺的。

（二）语言加工的模块化及神经网络

人们一般认为，语言是模块化的，由特定的脑区主管特定的语言功能。根据19世纪以来对脑损病人的研究，研究者已经确定了左半球加工语言的两个主要的初级语言区：布洛卡区（左侧额下回，布罗德曼分区第44、45区）和威尔尼克区（左侧颞上回的后部，布罗德曼分区第22区）。布洛卡区和威尔尼克区具有独立且特殊的语言功能。其中布洛卡区主要负责口语的产生和句子的组织，为清晰的发音提供运动计划等，与语法加工有关，主要反映的是运动系统的功能。威尔尼克区主要负责口语理解或听觉理解，与语义加工和词汇学习有关，主要代表的是知觉系统的功能。这两个脑区通过弓形束连接，从而实现口语的理解和产生高度同步化，使得言语对话的快速交互成为可能。

相对于与语义加工有关的大脑系统而言，与语法加工有关的大脑系统对语言输入的变化更加敏感。ERP研究显示由于听力剥夺而较晚获得英语的学习者或是后来移民到英语国家的人，语法能力并不以同样的速度发展或者达到同样的程度

(Neville, et al., 1997)。晚期学习者不依赖于左半球进行语法加工，相反，是利用两半球的共同工作（Weber-Fox & Neville, 1996）。ERP 研究也表明，先天盲人显示出语言功能的双侧化表征（Ro¨der, et al., 2000），盲人对语言的加工也更有效（Hollins, 1989），例如，让录音带快进，尽管语音质量受损，但他们仍然能理解其中的语言。

现代神经影像和神经生理学研究已经确认了布洛卡区和威尔尼克区的基本功能，同时也拓展了人们对这两个脑区功能的理解。事实上，这些较大的脑区通常都由功能较少、体积较小而又相互关联的脑区组成。此外，每个专门化的功能区域并不能独自完成语言加工；相反，这些功能区域不仅在同一皮层区域内部，而且在不同皮层区域间都会产生高度的交互作用。因此，语言加工实际上涉及一个分布式的神经网络，其中包含了各种功能不同和相距甚远的脑区，而不只是由具有局部语言功能的特异加工模块组成的。因此，额下回和颞叶上部区域只是这个加大皮层神经网络的一部分，靠这个网络的协同作用才可以完成各种类型的语言加工。如前所述，对于较为简单的语言任务，可能只需要语言优势半球——左半球的参与，但对于更多更为复杂的语言任务，则需要左右两半球的共同作用（Bookheimer, 2002; Vannest, et al., 2009）。

（三）语言的知觉系统与运动系统的结合

大量的神经影像学研究表明，语言加工的布洛卡区和威尔尼克区存在明显的交互作用（Liberman & Mattingly, 1985；Kuhl, 2010）。比如，语言理解会导致威尔尼克区的激活，但是语义加工并不局限于威尔尼克区，颞回附近的脑区似乎都与语义加工有关。同时，在很多时候还会导致布洛卡区的显著激活，比如幼儿在开始学习阅读和听他人说话时，他们可能会出于理解的需要而表现出明显的口语产出。同样，在阅读和产生语言的过程中，在布洛卡区激活的同时，往往也伴随威尔尼克区的激活。

新近的发展研究表明，语言加工的知觉系统和运动系统的交互作用是在生命早期的发展过程中逐步建立的。其中 3 个月是一个重要的时间点。3 个月之前的婴儿接触人类语音时只会导致颞上回威尔尼克区的激活；但 3 个月之后的婴儿则开始显示出威尔尼克区和布洛卡区的同时激活，而且其激活强度随年龄的增长而增强，如图 5.2 所示（Imada, et al., 2006）。

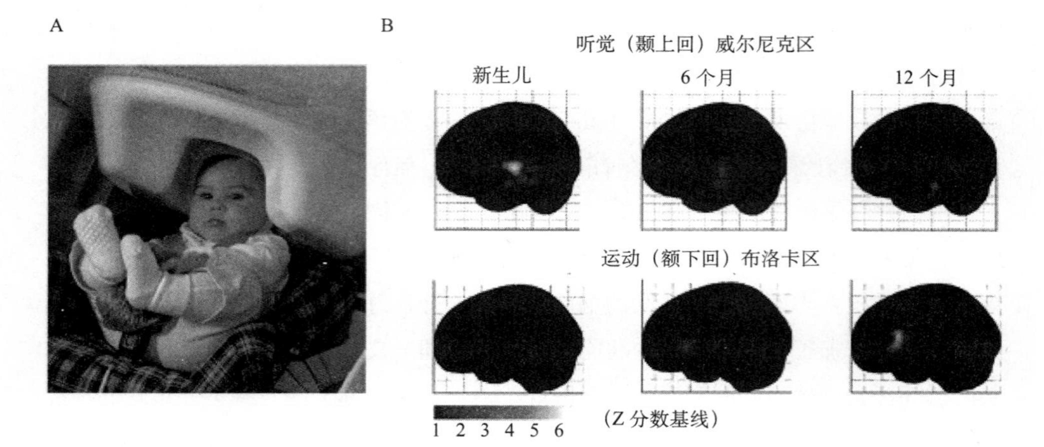

图5.2　婴儿语言学习中的知觉–运动脑系统。A显示的是婴儿在听语音和非语音时，接受MEG测试时的情景。B显示的是新生儿、6个月和12个月婴儿在听人类语音时的脑激活模式。其中新生儿在听语音时只激活了听觉威尔尼克区（颞上回），而6个月和12个月婴儿则同时显示了听觉区和运动区即布洛卡区（额下回）的激活，而且其激活强度随年龄而增长（Imada, et al., 2006）。

三、语音学习

在婴幼儿早期语言学习的研究中，语音的学习得到了最为广泛的研究。世界上的语言包括大约 600 个辅音和 200 个元音 (Ladefoged, 2001)。语言都是通过其最小语音单位——音素来区分单词的意义的（比如，英语里面的“bat”和“pat”）。因此，每种语言都有一套独特的音素集，约包括 40 个音素。尽管音素是按照发音的不同来进行区分的，但实际上它们在语言中的功能却是等同的。比如，学习日语的婴儿会把“r”和“l”归为同一音素类别，即日语中的“r”；但学习英语的婴儿却总会区别“rake”和“lake”的不同。婴儿在早期语言学习中，必须持续地辨别哪些音素是自己语言里所特有的。

在语言学习中存在的一个普遍事实是，在生命早期，世界上的所有儿童都具有超强的辨音能力，但是随着年龄的增长，这种辨音能力也在逐步下降。这是为什么呢？ 20 世纪 80 年代的一个重要发现揭示了婴儿语音知觉发展的时间表。6 个月的婴儿对非母语的语音辨别能力与其母语语音的辨别能力一样好，但是 10 个月的婴儿对此却表现出差异。即语音辨别能力发展的关键期在 6—12 个月之间，也就是说，在出生第一年的后半期，婴儿对非母语的辨音能力逐渐变弱（Werker & Tees, 1984）。该结果也得到后来其他相关研究的证实（Best & McRoberts, 2003; Rivera-Gaxiola, et al., 2005; Tsao, et al., 2006）。Kuhl 等人（2006）对照了美国婴儿和日本婴儿对英语中“r”和“l”语音的辨别情况，进一步澄清了这一语言学习现象。即在辨别非本民族语音能力下降的同时，婴儿辨别本民族语音的能力却有显著提升。日本婴儿在 8—10 个月期间辨别英语的“r”和“l”持续下降，但美国婴儿辨别这两个音的能力却持续增加，如图 5.3 所示。

四、早期语音觉知与后期语言技能的发展

婴儿对本民族语音辨识能力的提高是早期语言学习的第一步，并能促进后期语言能力的增长。在 Tsao 等人（2004）的一项纵向研究中，他们发现婴儿在 6 个月时的母语语音辨别能力与 13 个月、16 个月和 24 个月的语言成绩呈显著正相关。

为了排除认知技能和感觉能力发展的影响，研究者随后采用事件相关电位的方法进行了深入探索。研究以 7 个月的婴儿为被试，分别测量了其对母语（英语）和非母语（汉语普通话）语音的辨别能力。结果发现母语辨别能力越好的婴儿在 18 个

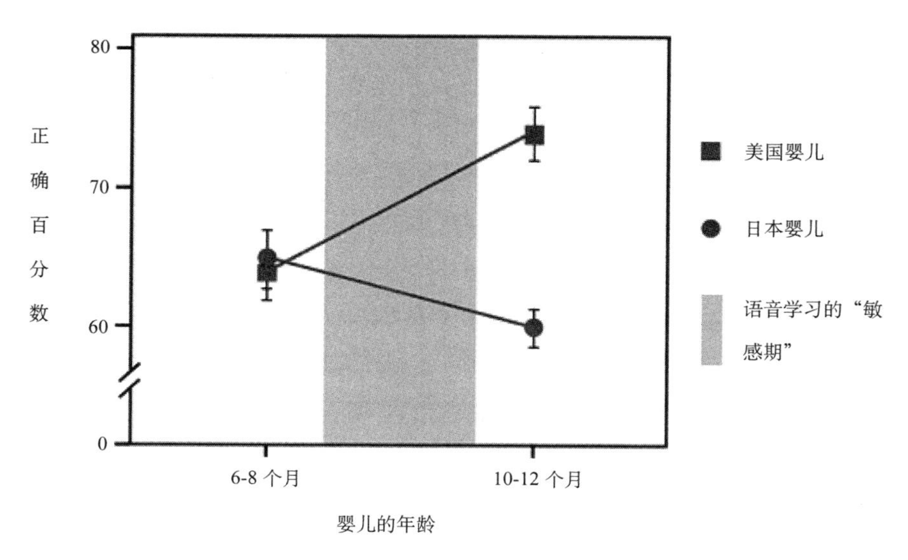

图5.3　婴儿早期的语音辨别能力受到年龄和经验的影响（Kuhl, et al., 2006）

月和 30 个月时的语言能力也越好，然而，非母语辨别能力越好的婴儿后期语言能力却较差 (Kuhl, et al., 2005a, 2008)。如图 5.4 所示，ERP 测量提供了婴儿辨别母语和非母语语音的失匹配负波，失匹配负波的负值越大，反映了更大的辨别力。而且这个辨别能力很好地预测了婴儿后期的语言能力，只是存在两个相反的方向。即更大的母语失匹配负波意味着更好的后期语言能力；而更大的非母语失匹配负波却预示着后期更差的语言能力。这个结果非常符合本民族语言神经约束的观点（native language neural commitment，NLNC)，即后期的语言能力将与其早期的语音辨别能力相关，并呈现两个相反的方向。

根据 NLNC 的理论，母语辨音能力越好会促进婴儿觉察单词并组词成句的能力；然而，非母语的辨音能力越好则表明婴儿还停留在语言发展的早期阶段，即对

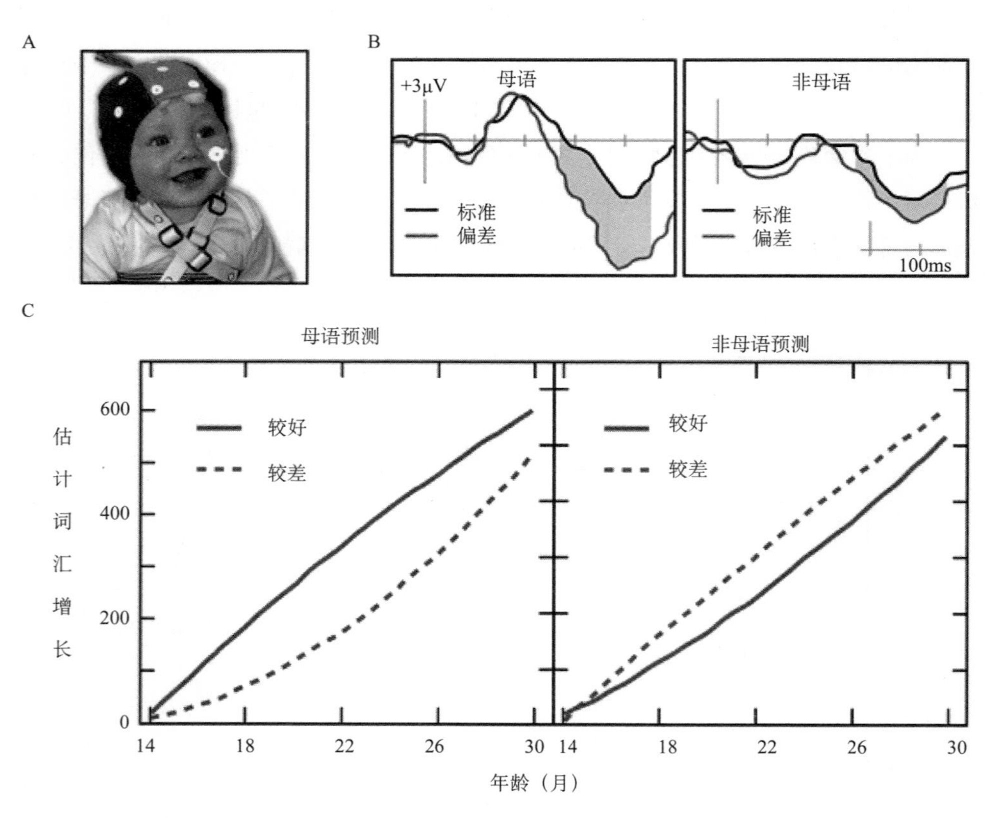

图5.4 婴儿的辨音能力与后期词汇增长的关系。A：7个半月的婴儿戴上ERP电极帽做脑电实验的情景。B：婴儿辨别母语和非母语条件下的失匹配负波(CZ电极)。C：早期辨音能力与后期词汇增长的关系模型（Kuhl, et al., 2008）。

所有语音都敏感。婴儿会选择性地辨别母语中存在的语音，抑制或消退母语中不存在的语音，这样的能力是使他们成功获得母语的必要一步。这些结果也表明对本民族语言学习的神经回路的建立是一个内隐的学习过程，这个神经约束存在一个双向的效应。

新近研究表明，婴儿的语音知觉能力与后期的语言和阅读技能具有较长期的关联。6 个月婴儿的语音辨别能力能显著预测其 5 岁时的前阅读技能，比如对韵律的觉知。而且这个相关性与儿童的社会经济地位等因素无关（Cardillo, 2010）。

五、语音学习的计算模型

大约在 20 世纪 90 年代，研究者发现了一种新的学习模式，即统计学学习（statistical learning）（Saffran, et al., 1996）。统计学学习的本质就是计算，是一种典型的内隐学习方式。它是人们对语音流的感觉信息进行统计学概率计算的自动化加工，对语音学习和早期词汇学习都有显著作用。

大量研究表明，即使是婴儿，他们也对所听到的语言中声音的分布频率很敏感，并对其知觉产生影响，从而产生语言学习。比如，在 Maye 等人的研究中，他们让 6—8 个月的婴儿听持续 2 分钟的语音流。研究采用的语音流是从“/da/”到“/ta/”的语音连续体，共 8 个语音。实验分成两组，所有的婴儿都会听到这个语音连续体的所有语音，但是两组婴儿所听到的声音的分布频率是不同的。“双通道”组听到声音中，位于语音连续体两端的语音更多；“单通道”组听到的声音中，出现频率更高的是位于这个连续体中部的语音。采用习惯化和去习惯化的测试方式，研究者发现“双通道”组被试最终能辨别“/da/”和“/ta/”这两个音，但是“单通道”组则不能 (Maye, et. al., 2002; see also Maye, et. al., 2008)。

同样，统计学学习方式也支持单词学习。口语与书面语言不同，口语里面是没有明显的标记来区分单词的边界的。那么婴儿是如何识别单词的呢？新的研究已经表明，8 个月之前的婴儿已经能够明白单个单词的意义，他们觉察一个可能的单词主要是通过判断两个相邻音节的过渡概率。比如“pretty baby”这个短语，同一单词内的过渡概率（“pre”和“tty”之间以及“ba”和“by”之间）远远大于单词间的过渡概率（“tty”和“ba”之间）。婴儿也敏感于这些概率分布。当给他们听 2 分钟的无意义音节字符串时，他们往往会根据日常累积的音节间的过渡概率来对单词进行切分（Saffran, et al., 1996）。通过记录新生儿的头皮ERP，最近的研究甚至表明，即使睡眠中的新生儿也能觉察这种语言中的统计学结构。

六、第二语言学习

（一）语言基因

尽管人类与黑猩猩有98.5%的基因都是相同的，但是人能说话而黑猩猩却不能。这或许与发展中大脑的基因表达有关。例如，通过对鼠的研究，人们发现了一种被称为“FOXP2”基因，后来被确认为是“语言基因”。人们发现，鼠和人类在这个基因上的不同主要表现为3种氨基酸的差异，而其中有2种氨基酸是大约20万年前人猿分离后才产生的（Marcus & Fisher, 2003）。“FOXP2”基因影响到脸部和嘴部运动的肌肉控制，从而影响语言的产生。

从神经层面看，精确的语言模仿对语言的获得和发展来说是非常重要的(Fitch, 2000)。因此，当语言输入由于各种原因被削弱或缺失的时候（比如，听力受损，或发音障碍），语言的产生就会受到影响。

（二）第二语言学习的关键期

语言学习是神经生物学上关于“关键期”或“敏感期”的经典例子，即特定的身心活动在一定的时间窗内呈现出高速和高效的发展。Johnson 和 Newport（1989）的研究揭示了人类学习第二语言存在关键期，他们研究的是韩国人以英语为二语学习的情况，结果发现二语学习的开始年龄和最终的语言技能之间存在功能性关系。如图5.5所示，如果在3—7岁之前就开始进行第二语言学习，其最终的学习效果几乎与母语一样好；但是如果在这之后才开始学习，其学习效率就会逐年下降。很显然，这结果是有违常识的，因为在一般的学习领域，年长的学习通常总是优于年幼者的，但是，在语言领域，尽管幼儿的认知能力显著较低于成人，他们的语言学习效果却是最优的。而且这个语言学习曲线在其他大量的第二语言学习的研究中也得到证实（Bialystok & Hakuta, 1994; Birdsong & Molis, 2001; Flege, et al., 1999; Kuhl, et al., 2005a, 2008; Mayberry & Lock, 2003; Neville, et al., 1997; Weber-Fox & Neville, 1999; Yeni-Komshian, et al., 2000)。

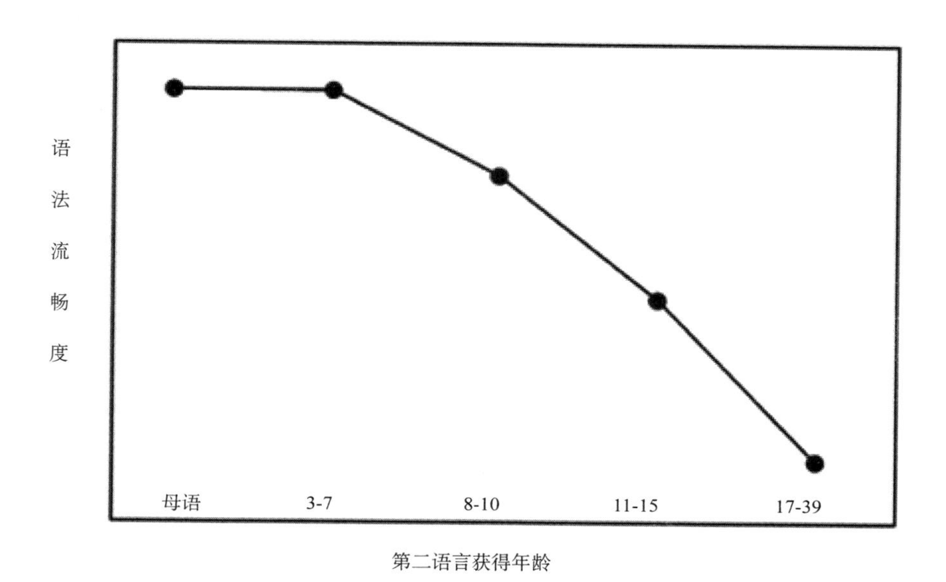

图5.5　第二语言学习的年龄和语言技能的关系（Johnson & Newport, 1989）

但是，必须指出，并非语言学习每一方面都呈现出相同的时间窗。尽管现有的研究还没法在个体水平上揭示出每一项语言学习精确时间表，但可以肯定的是，语音、词汇和句法学习的关键期时间表是不同的。比如，很多研究表明，语音学习的关键期发生在 1 岁以内。句法学习的关键期则在 18—36 个月之间。词汇获得的爆炸期则始于 18 个月，随后一直发展，而不限于特定的年龄。也就是说，词汇的学习可以发生在一生中的任何时期。

至于为什么生命早期的语言学习效果更好，成人的语言学习为什么无法像婴儿那么容易？当前主要存在以下几种理论解释。一种观点认为主要是由于胼胝体的发展影响了语言学习（Lenneberg, 1967; Newport, et al., 2001）。第二种观点提出“少即是多”的假设，即婴儿有限的认知能力实际上更有利于其进行简单语言的高级学习（Newport, 1990）。第三种观点则提出神经承诺的概念，即婴儿在生命早期就建立了觉察语音和韵律的神经回路，这个回路一旦建成，新的学习模式则难以进行（Kuhl, 2004; Zhang, et al., 2005, 2009）。

（三）社会交互对语言学习的作用

在早期语言学习过程中，儿童获得语言的途径有很多，比如与生活中的成人对话、听录音、看视频等。那么这些不同的学习方式会导致不同的学习效果吗?

Kuhl 等人对此展开了一系列研究，他们以 9 个月婴儿为被试，让他们开始人生第一次学外语（Kuhl, et. al., 2003）。如前所述，9 个月是婴儿语音知觉发展的一个转折点，9 个月之后的婴儿在语音知觉上表现出更多的语言特异性，即对母语语音更为敏感。研究者给这些婴儿上了 12 期的汉语普通话教学课，即用普通话给他们讲故事，还以玩具为道具与其游戏互动。控制组被试接受同样时间和内容的教学，只是教学语言为其母语——英语。训练结束后进行行为学和 ERP 测试，结果表明只有实验组婴儿能够辨别普通话中的语音，控制组没有。而且实验组的辨别成绩与同年龄的台湾婴儿（母语为汉语普通话）没有显著差异。这些研究结果说明 9 个月的婴儿已具有了学习外语的能力。不仅如此，其学习效果还是持久的。训练之后，分别在 2 天和 12 天之后再进行行为测试，以及在 8 天和 33 天之后进行 ERP 测试，结果均表明先前习得的普通话没有发生“遗忘”。

除此之外，研究者还对语言学习过程中的社会交互作用产生了极大的兴趣。研究者想知道如果婴儿被暴露到同样的语言学习信息中，但缺乏社会交互作用，结果会怎样呢？如果统计学学习对婴儿语言学习来说就足够了，那么通过看电视或听音频也应该能起到同样的作用。于是，研究者设计了另外两组实验条件，其中被试或者只看视频或者只听音频来学习同样的外语材料。最后的测试结果表明，这两组被试都没有产生明显的外语习得，其成绩几乎等同于没有接触过外语的控制组（如图 5.6 所示）。

这些研究结果表明，在早期语言学习过程中，婴儿与他人的社会交互作用不仅仅是简单的统计学学习的需要，而且是在复杂的自然语言学习情景中的必要因素。如果没有社会交互，语言学习几乎不会发生。

（四）社会交互作用促进语言学习的机制

目前有两种解释来说明这种社会交互作用的机制。其一是社会门户假设（Social Gating Hypothesis），其二是社会互动假设（Social Interaction Hypothesis）。

社会门户假设认为，婴儿与他人的社会交互创造了一个完全不同的学习情景(Kuhl, 2007)。这样的学习情景会导致以下几方面的改善：(1) 注意和生理唤醒度；(2) 信息量；(3) 关系感；(4) 促进了知觉与行动的脑机制的激活。其中注意和唤醒度的提高对学习的促进作用是非常显著的，并已得到先前大量学习研究的证实(Posner, 2004)。高度集中的注意和唤醒度对婴儿语言学习的编码和回忆均有促进作

A　外语学习情境

真实生活情境

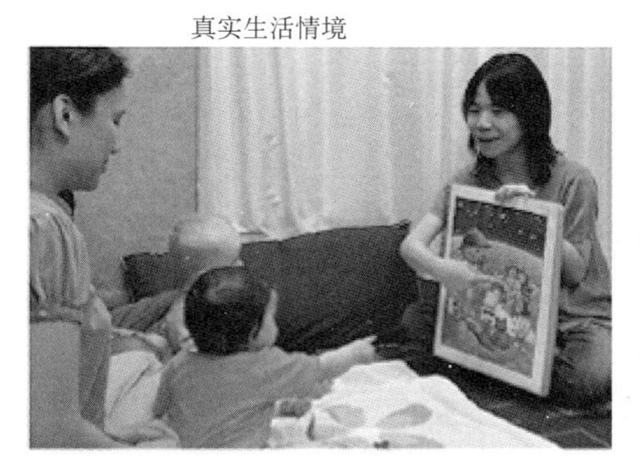

看电视

B　中文普通话语音辨别

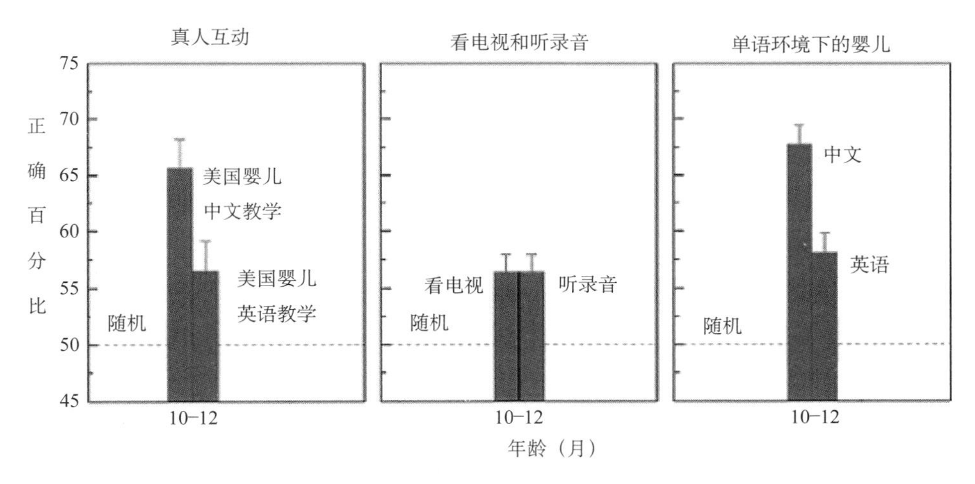

图5.6　社会交互作用易化了外语学习。其中，A显示的是两种不同的实验情景，左边是有真人互动的学习情景；右边是通过看电视来播放相同内容的学习情景。B显示的是不同学习条件下的测试结果。左图是外语和母语教学的对比；中图是看电视学习和听音频学习的对比；右图是只接受母语学习的中国和美国婴儿的对照（Kuhl, et al., 2003）。

用，表现为学习数量和质量的整体提升（Yoshida, et al., 2010）。

社会互动假设认为，在生动的社会交互情景中，婴儿与老师之间有更多的社会行为和互动。比如，当老师把目光停留在他所讲的书上某个图片或他手中的某个玩具时，婴儿会跟随其视觉注视，和他产生更多的共同注意。在被动的视频观看中，这些指示性信息相对难以获取，而在音频条件中，则根本没有这样的社会交互信息提示。因此，该理论认为积极有效的社会互动才是促进婴儿学习的主要原因（Baldwin, 1995; Brooks & Meltzoff, 2002）。确实，新近研究的 ERP 测量表明，婴儿与老师之间视觉注视比率与学习所产生的神经反应强度呈正相关。即，婴儿在老师和教具间的注视转换频率越高，在最后辨别测试中所产生的失匹配负波（MMN）就越强（见图 5.7）（Conboy, et al., 2008）。

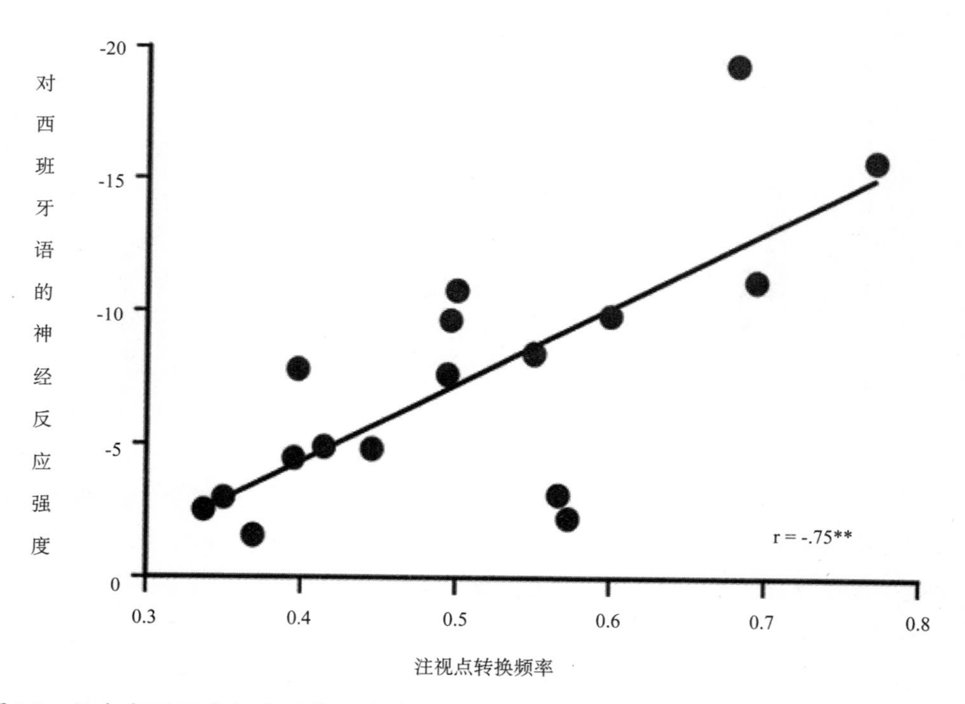

图5.7　社会交互程度与外语学习的关系。9个月婴儿在学习外语过程中，在老师和教具之间的视觉转换频率越高，其在后期的外语语音测试中表现出的神经反应强度越大（Conboy, et al., 2008）。

七、阅读与脑

（一）阅读的神经基础

对儿童和成人的影像学研究都表明，阅读字母材料时脑内激活的主要区域偏向于大脑左半球。这些研究使用 fMRI 或 ERP 代表性地测量了阅读单个单词时的大脑反应。总结出脑对单词的加工主要联系到枕叶、颞叶和顶叶区域（比如，Pugh et al., 2001）。当加工视觉特征、字母形状和单词拼写时，枕颞区有最大的激活，但是枕颞区下部（inferior occipital-temporal area）在大约 180ms 后显示出对单词与非单词之间的电生理学的分离，由此表明这些区域并不纯粹是视觉的，而是与语言有关的。颞枕区域的激活程度也随阅读技能的改善而增加（比如，Shaywitz, et al., 2002），但是对于患有发展性阅读障碍的儿童来说这个区域的激活却减少。

语音觉知能预测跨语言的阅读习得。语音加工主要集中在颞顶联合区，这个区域也与拼写障碍有关。失读症儿童通常以语音缺失为特征，在完成字母韵律的任务中，比如决定两个字母是否有相同的韵律(例如，对于“P, T ”说“是”，对于“P, K ”说“不是”)，表现为颞顶区的激活较小。针对性的阅读辅导增加了这个区域的激活(Simos et al., 2002)。此外，对失读症儿童进行事件相关的 MEG 研究表明，他们的右半球存在非典型的组织（Heim, Eulitz, & Elbert, 2003）。这个研究启示，对失读症大脑的补偿策略需要右半球更多地参与到阅读中。

在研究发展性障碍问题中，神经影像技术也提供了一种方法来区别变异或延迟。例如，使用 ERP 对失读症儿童的听觉加工的初步研究表明，失读症儿童的语音系统是未发展成熟而不是变异。失读症儿童显示出了与年幼儿童非常相似的脑电 N1 反应，同时比同龄的控制组有更大的 N1 振幅，而 PET 研究表明，文盲与非文盲成人在大脑的功能组织上存在差异（Castro-Caldas et al., 1998）。文盲和非文盲的葡萄牙妇女被动注视重复出现的单词与非单词，发现在注视非单词的时候，文盲与非文盲的整体脑区差异显著。因此，童年时的读写学习改变了成人大脑的功能性组织。

（二）失读症

以成人为被试的研究表明，与阅读有关的脑区包括左半球的额叶、颞顶叶和枕颞区，但是跨语言的影像学研究显示出了一些有意思的差异。研究表明，与阅读相关的脑区依赖于语言的拼写在何种程度上表征了语音有关。对于直接（拼写即代表发音）的文字系统（意大利文）的学习者，比较起非直接的文字系统（英文）或基于图形的文字系统（汉语），在阅读时有高度相似的脑区激活，但是直接拼字（意大利文）的熟练读者在左颞平面表现出了更大激活，这个脑区涉及单词—声音的转换；然而英语读者却在左侧枕颞区有更大的激活，这个区域被认为是识别单词形状的区域（visual word form area , VWFA）。这个神经区域虽然最初被认为是视觉单词再认的物质基础，但是也被认为涉及到单词的语音，例如，通过对拼写的分析推测其发音。英语学习者在这个区域上的更大激活反映了拼写—语音的一致性，而这个一致性对解码英语来说是非常重要的。汉语读者在视空区域有更大激活，大概与再认复杂汉字有关（Paulesu, et al., 2001；Siok, et al., 2004）。

行为研究表明，前阅读期的儿童，如果能够识别语音相似性，以后会有更好的阅读技能。脑成像研究证实年幼的阅读者主要依赖左后高级颞叶皮层（left posterior superior temporal cortex），在成人研究中发现，这个区域是语音解码的位置，如图 5.8 所示。这个区域的活动也受到儿童的语音技能的调制（Turkeltaub, et al., 2003）。随着文化知识的获得，负责识别单词形状的区域（visual word form area, VWFA）被更多地卷入，而最初在右半球激活的有关区域却较少参与。

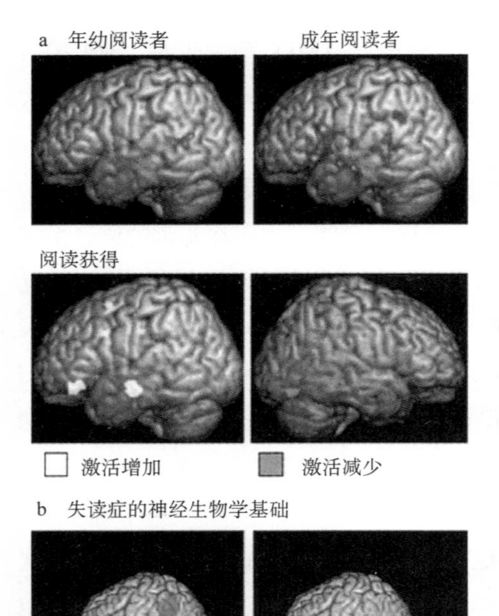

图5.8　功能性MRI图像显示的正常人与失读症患者阅读时所涉及的脑区。a，上部的图像显示的是初学阅读的幼儿和成年阅读者在阅读时的脑区差异。其中幼儿主要激活了与语音知觉加工有关左侧颞上回皮层；成人则激活了左侧顶叶、颞叶和额叶的广泛皮层区域。下部显示的是阅读能力的发展变化在脑区上的表现。b，显示的是正常人和失读症的脑区激活差异。（Turkeltaub, et al., 2003）。

与此不同的是，来自发展性失读症儿童的研究表明，阅读时右侧颞顶皮层被不断地激活。失读症儿童在通常的左半球位置的激活也显著要少。如果提供针对性的补救，常常是通过发音技能上的集中指导和字母—声音的转换，那么，左侧颞顶区域的活动会趋于正常化，但是，迄今为止，影像学研究是短期的，且主要被限定在英语。因此未来的研究可以考虑进行跨语言的研究。

八、对语言和阅读的教育启示

语言是人类特有的功能，语言的获得与发展受到经验及社会交互作用等多方面的影响。神经可塑性的研究表明，大脑特定区域的功能是由其特定的输入决定的。学习经验或环境的改变对儿童和成人的大脑都产生影响。因此，学习能促进大脑的发展，对成人也不例外。在语言教育中应重视个体差异，因材施教，儿童学习方式上的个体差异不简单是个人偏好问题，也许在一定程度上反映了大脑硬件上的差异，但不管怎样，对初学语言的幼儿，为其提供一个丰富的有意义的环境是必要的。

如今，从教育的角度看，脑成像研究为特殊儿童的早期发现提供了可能。比如可以通过识别语音敏感性的神经指标（比如大脑对韵律的听觉线索的反应），来鉴别潜在的阅读困难者。

同时，也可以设计实验研究来检验一些神经教育学问题。比如，有关发展性失读症的一种通俗的认知理论认为是由于小脑缺陷造成的。一种商业性的基于锻炼的治疗课程，其目的就是弥补小脑缺陷，鼓励儿童练习运动技能，比如单腿站在垫子上抓豆包。这被认为将有助于阅读能力的提高。脑成像研究可以测量这种训练课程带来的神经变化发生的位置，看所涉及的与阅读有关的神经区域的改变是不是永久性的。

第二节　脑、数学与教育

人脑是如何表征数字的？不同的表征方式会对人们的行为带来什么样的影响呢？当我们问幼儿园小朋友：“7 和 9，哪一个更大？”时，儿童甲能够回答：“9”，当进一步问他：“你是怎么知道的呢？”他一边掰手指头一边说：“你看，7、8、9（在说后面两个数时他伸出两个手指），那就是说 9 比 7 多 2 个，所以它更大。”儿童乙有些迟疑地说："9 更大。"当被问及为什么时，他说："因为 9 是一个大数。"儿童丙却一脸疑惑地回答说："不知道。"这些日常生活中幼儿的表现代表了什么样的数感发展水平呢？在本节中，我们围绕数感的发展探讨一系列脑与数的关系问题。

一、表征数字的神经系统

在脑中数字是如何表征的问题长期以来备受争议。如今，认知神经科学的研究已经超越了人们对数学认知的常识，认为数字在人脑中的表征远不止一个神经系统的作用。

首先，古老的"数感（number sense）"系统，是理解数字及其关系的物质基础 (Dehaene, Dehaene-Lambertz, & Cohen, 1998)。这个系统涉及广泛的区域，包括顶叶、前额叶和扣带回，其中双侧顶内沟（bilateral intraparietal sulcus，IPS）在数量关系的基本表征和操纵上起主要作用。它使人类具备了最基本的数量感知能力，这种能力植根于人的生物性，与语言和教育无关。

这个系统广泛地存在于不同物种及个体发展的各个阶段。比如，很多研究已经证明了尚未掌握语言的婴幼儿具有数量辨别能力和基本的计算能力。Starkey 等人（1980）采用经典的习惯化和去习惯化的实验范式研究婴儿的视觉数量辨别能力，结果表明 6 个月的婴儿就已经能区别视觉事件的数量，比如，洋娃娃跳了两下或三下。采用"违背－期望"的研究范式（violation-of-expectation paradigm），Wynn（1992）发现婴儿已经能理解类似于"1+1=2"和"2—1=1"的最简单的数学运算，能够对场景内的物体进行抽象的数量编码。当要求成人或儿童判断随机出现的两个阿拉伯数字谁更大时，被试的反应时和错误率与数字间的距离呈负相关，这种现象被称为数字距离效应（Moyer & Landauer , 1967; Dehaene, 1990)。进一步的研究还表明，数字距离效应的表现强度会随年龄的增长而降低（如图 5.9a 所示）(Holloway & Ansari, 2008; Sekuler, & Mierkiewicz, 1977)。这种数字距离效应会受到数字集大小的影响，其关系符合心理物理学中的韦伯定律。即随着数字集的增大，人们对数字大小的差别感觉阈限也增大。也就是说，如果数字间的距离保持恒定，而数字表征的数量大小不断增大，则会导致反应时增加，正确率下降（Whalen, et al., 1999; Barth, et al., 2003)。例如，Xu 等人（2005）采用习惯化和去习惯化的研究方法发现，6 个月大的婴儿在注视视觉上能够区分 16 与 32 的不同，但却不能发现 16 与 24 的差别（如图 5.9b 所示）。

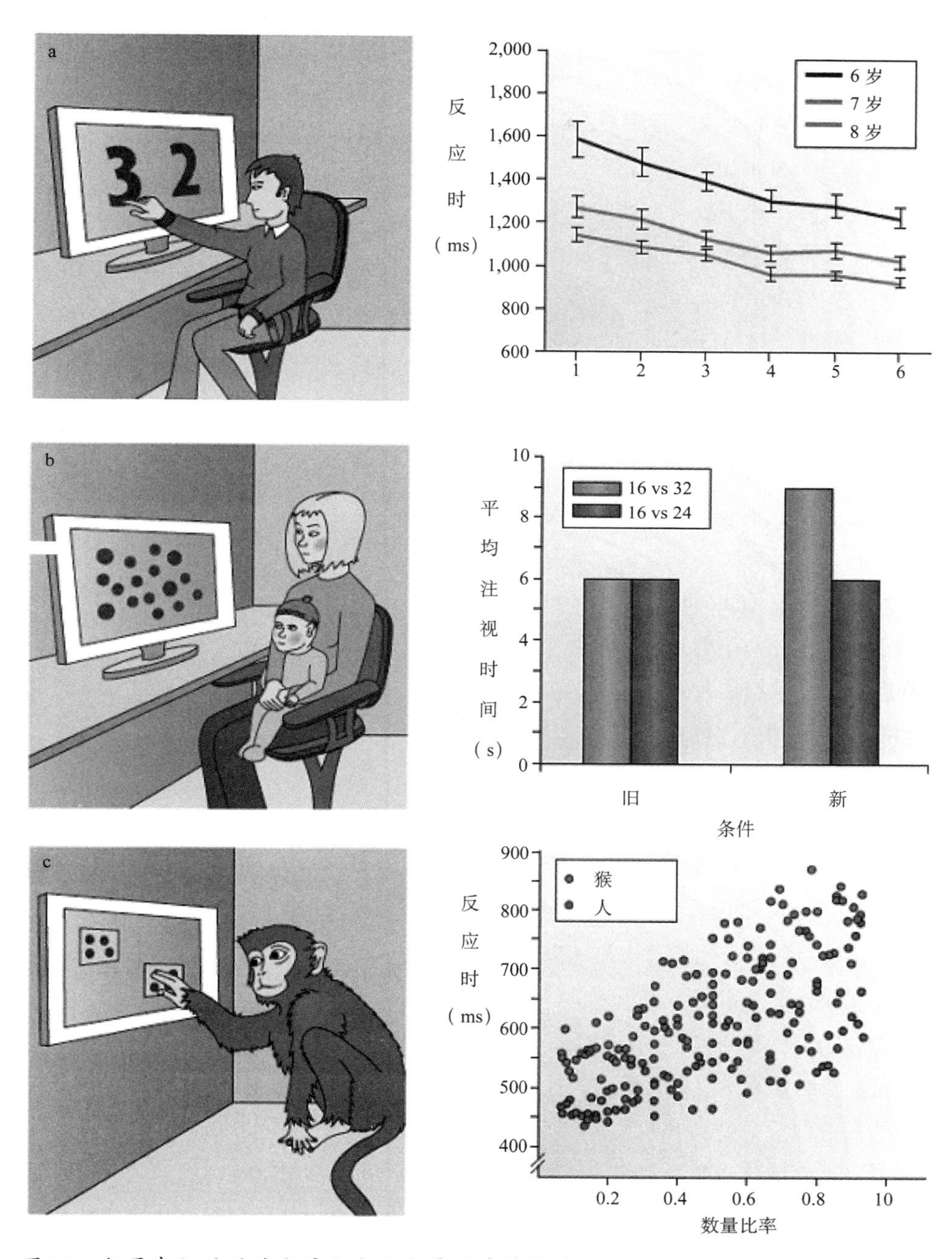

图5.9　数量表征的种系发展和个体发展的连续性（Ansari, 2008）

动物同人类婴儿一样，也具有基本的数学能力。教给猴或猩猩识别1—9的阿拉伯数字后，发现它们可以用这些数字来标识物体的大致数目（Boysen，1993）。对于不同数量的两堆食物，猩猩总会选择数量最多的那一堆（Rumbaugh, et al., 1987）。Cantlon & Brannon(2006)的研究发现猴能够根据数量大小对两张点图进行排序，其精确度和速度会受到小数与大数间比率大小的影响，即两数间的比率越大，其反应时就越慢，正确率越低。此结果与人类是一致的（如图5.9c所示）。

关于数量知识的神经基础的最初发现也是始于对脑损伤病人的观察。人们发现顶－枕－颞联合区（Gerstmann,1940）或者前额叶（Luria,1966）受损的病人，往往会同时导致计算能力的缺失。随后，研究者们对心算展开了最初的脑成像研究，结果也反复证明心算会导致双侧顶叶和前额叶的激活（Appolonio, et al., 1994, Dehaene, et al., 1996, Roland & Friberg, 1985）。其中顶内沟（IPS）似乎又是这个神经网络的焦点，研究表明，不管成人被试是在进行简单的数字大小比较，还是进行简单的加、减、乘的算术运算，甚至只是完成从色块或字母中找出数字这样的任务都会导致顶内沟的强烈激活（Chochon, et al., 1999; Pinelet, al., 2001; Eger, et al., 2003）。这个现象与数字形式无关，不管是阿拉伯数字，还是圆点，或者拼写的或口头的数字单词都同样会发生，也与语种或数字的语言文化无关。总之，凡是与客体数量认知有关的活动都会导致顶内沟的强烈激活（Dehaene, et al., 2004; Tang, et al., 2006; Castelli, et al., 2006; Piazza, et al., 2004, 2006, 2007）。

IPS区域的激活也受到数字间的语义距离以及数字顺序的影响，两者呈负相关系，即数字间的距离越小，IPS的激活越强(Pinel, et al., 2001；也见Feigenson, et al., 2004; Fias, et al., 2003)。通过对猴的单细胞记录研究也发现，前额皮层和顶叶皮层的神经元活动与数量表征紧密相关（Nieder, et al. 2002, Nieder & Miller, 2004）。在一个延迟匹配任务中（如图5.10所示），实验者要求猴判断先后呈现的两张图片中，后一张是否与前一张包含同样多的数目。结果发现，当后一张图所包含的数目与前一张一致时，猴的前额皮层和顶内沟的神经元出现了强烈激活（如图5.11所示）。这些神经元的兴奋似乎只受到其数量多少的调制，而与其形状、空间分布等表面特征的变化无关，因而被称为数量神经元。更有意思是，研究还发现这些神经元的兴奋性随着前后两张图片数目差异的增大而单调性地减小。同时，与行为研究和脑成像研究中所观察到的数量集效应一样，大数目所引起的神经元调制曲线比小数目更宽（如图5.12所示）。因此，该研究从细胞水平上确认了数量表征的距离效应和集大小效应。

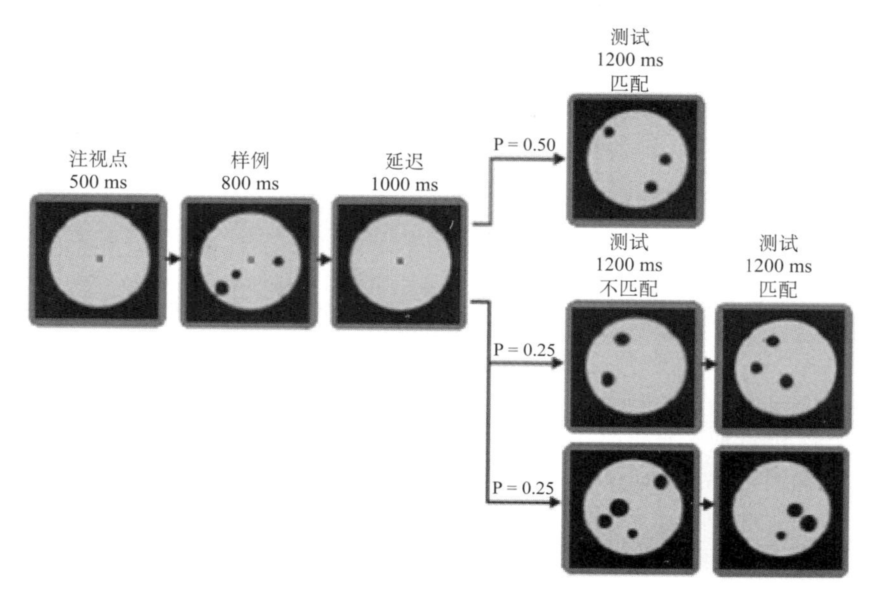

图5.10　延迟匹配任务图示(Nieder, et al., 2002)

Nieder 和 Miller（2004）的研究还指出，虽然前额皮层和顶叶皮层的神经元对数量的基本反应特征是一样的，但是它们在时间反应特征上却是不同的，即顶内沟神经元比前额叶神经元反应更早。据此可知，数量特征首先被顶内沟抽取，然后才发送到前额皮层以执行数量相关的反应。

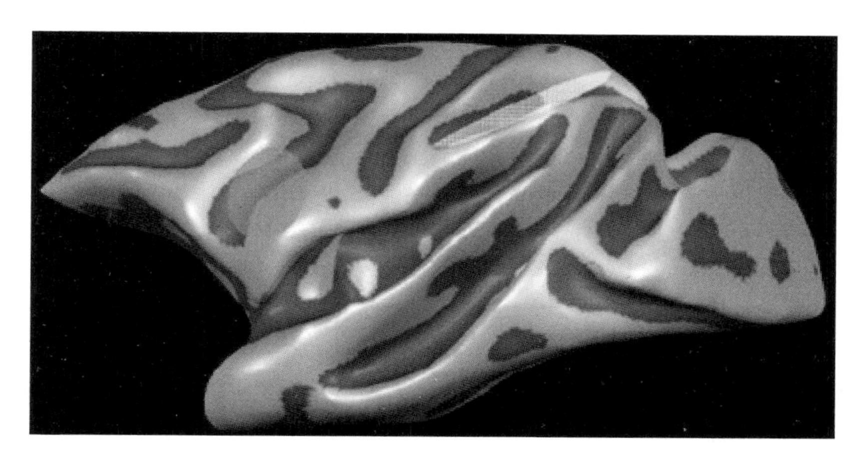

图5.11　单细胞记录中猴脑神经元的对数量变化的兴奋区域（Ansari, 2008）

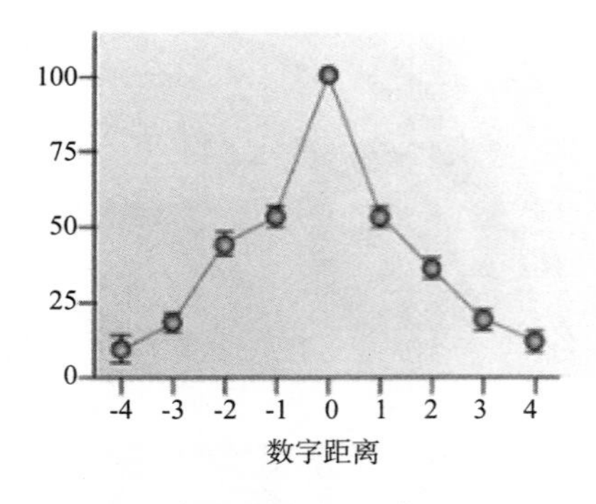

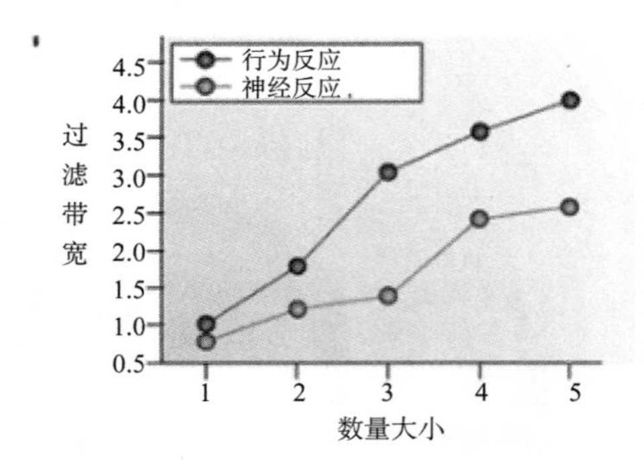

图5.12　细胞水平上的数字距离效应和集大小效应（Ansari, 2008）

发展性 EEG 研究也表明幼儿也用同样的顶叶区来完成数字比较任务 (Temple & Posner, 1998)。比如，判断“4 是比 5 大还是小”，4、5 岁的幼儿显示了与成人一样的皮层反应和潜伏期，但是反应时数据显示儿童按键反应比成人慢 3 倍。这个成像实验揭示出儿童提取数字信息的能力与成人是一样的。因此，幼年时计算技能较慢获得可能反映出理解算术符号和数位置的困难，而不是理解数字和数量关系存在困难。

为了搞清楚婴儿的脑是怎样对数量做出反应，Izard 等人（2008）采用 ERP 方法对 3 个月大的婴儿进行了研究，结果发现，在婴儿观看屏幕上连续出现的客体集时，右侧顶叶皮层主要对数量的新异性产生反应，左侧枕 – 颞皮层主要对客体新异性产生反应。这个背侧 / 腹侧通路的双分离现象与成人和幼儿是一致的，其中梭状回对客体身份的变化起反应，而顶叶对客体数量的变化较为敏感（Cantlon, et al., 2006；Piazza, et al.,2004）。

因此，数量表征的顶叶通路是人类最为基本的数学能力的物质基础。

还有一种数字知识被认为是以语言储存的，存在于语言系统（Dehaene, et al., 1999）。这个神经系统也储存诗歌以及过度学习的语言序列，比如一年中的月份。从数学上看，它是计数的基础，也是死记硬背型知识的基础，比如乘法表。这个语言系统储存“数字事实”而不是数量计算。很多简单的算术问题（例如，3 + 4= ？或者 5 - 4= ？）也由于过度学习而被认为以陈述性知识的方式存储，完成这种简单的任务是通常会导致角回的激活（Dehaene, Piazza, et al., 2003）。正是借助于语言，人类才表现出在数学上远远超越其他物种，毕竟语言是精算和高级数学能力的基础。神经影像学和脑成像研究的结果已经表明数学在人脑中的表征有精算和估算之分。估算加工依赖的神经回路包括顶叶、额叶和扣带回区域。如前所述，顶内沟在数量加工中起了重要作用。而左侧额下回，这个通常与语言相关的区域，却与精确的计算有关（Dehaene, et al., 2003; Dehaene, et al., 2004）。这些结果也与对脑损伤病人的观察一致，左侧额叶皮层受损的病人不能进行诸如乘法这样的精确计算，但是在完成数量比较这样的任务中却没有表现出明显的困难（Dehaene, et al., 2003; Dehaene, et al., 2004）。相反，顶内沟受损的病人能够完成精确计算任务，但是却不能进行数量比较（Dehaene & Cohen, 1997; Delazer & Benke, 1997; Lemer, et al., 2003）。总的说来，这些证据汇聚一致地表明数的理解和计算同时受到数量编码和语言编码的调制。然而，复杂的计算还涉及视空区域（Zago, et al., 2001），表明在对多个数字的操纵中，视觉心理表象的重要性。

二、心理数字线

心理数字线（Mental Number Line）表明了数字的心理空间表征，其中小数在左边大数在右边。数字和空间在顶叶区的相互作用特别有意思，有研究表明，实验中要求被试对0—9的阿拉伯数字做奇偶性判断，并使用双手分别做出按键反应，结果发现无论数字奇数还是偶数，对小数字做左空间的按键反应的速度比右空间更快，而对大数字做右空间按键反应的速度比左空间更快，这个现象被称为空间数字联合反应编码效应（spatial–numerical assoeiation of response codes effect, SNARC效应）（Dehaene, et al., 1993）。该效应最初是由Dehaene等(1990)在比较两位数字大小的研究中发现的。此后，不断有研究者采用不同的控制条件、不同刺激类型、不同刺激方式和反应方式探讨该效应，结果都先后证明了数字和空间存在着联合编码效应。目前，SNARC效应已成为探讨数字加工与空间注意关系的重要方式。

在线条对分任务中，要求被试估计水平线的中点，结果发现中点估计出现了系统偏差。比如对于“222222222……”就偏向左边，对于“999999999……”则偏向右边。说明数字会自动化地影响我们的注意（Dehaene, et al., 2005）。患有视觉忽视症的病人，由于右侧顶叶受损导致的空间注意障碍，通常会忽视左空间。这些病人在线条对分任务中表现出右侧偏好。这种现象甚至发生在他们进行口头估计中（比如，问2和6的数字的中点，病人倾向于说是5）（Zorzi, et al., 2002）。因此，数字操纵确实在很大程度上依赖于完好的空间表征。研究表明获得了数字空间的成年盲人也有正常的顶叶距离效应（Szucs, et al., 2005）。

心理数字线是一种数形，即数字从小到大，从左到右被表征为一条线。它是如何在人脑中进行编码与表征的？练习在心理数字线的形成与改变过程中起着怎样的作用？有研究采用Fischer(2003)的空间注意任务研究了这两个问题，研究由六个实验组成。实验一，根据 Bächtold（1998）在数字实验中增加空间背景的方法，初步确立心理数字线与空间的对应关系。实验二，引入练习因素，通过前测——练习——后测的范式，发现空间序列的反向训练会影响心理数字线的表征方式，使空间注意转移的方向发生反转。实验三，针对以往心理数字线研究的局限性，进一步将数字序列细分为空间序列与时间序列，发现时间序列的反序练习也可以在后测中使空间注意转移的方向发生反转，动摇了空间与数字的绝对联系。实验四，把练习中数字序列的空间信息完全去掉，同样使空间注意转移的方向发生反转，实验结果提示，可能有除了空间线索以外其他的信息参与心理数字线的编码过程。实验五，将数字序列信息进一步抽象化，让被试反复进行听觉上的数字反序训练，发现反向训练的效应不是很明显。实验六，用听觉方式来呈现前后测中的数字，结果没有发现心理数字线的激活。综上，这些研究结果表明：(1）心理数字线的自动激活使注意方向和空间有非常密切的联系。(2）心理数字线虽然有先天基础，但它的形成和后天的关系比较大，练习可以使心理数字线的表征发生一定的改变，从而使空间注意转移的方向发生反转。(3）心理数字线的序列性不仅可以带有空间序列的信息，同时也带有时间序列的信息，单纯时间序列的反序训练也可以使空间注意转移的方向发生反转。(4）心理数字线的听觉编码成分非常少，主要集中于视觉编码，特别是以视觉——空间编码为主。

尽管大多数有关心理数字线的研究都是围绕整数展开，但这并不意味着仅有整数才存在心理数字表征。研究表明，分数、小数、甚至负数在人脑中都存在类似的表征方式（Wang & Siegler, 2013; 高在峰等 , 2009；张宇 , 游旭群 , 2012）。

心理数字线的存在对早期数学教育具有重要启示。传统学校中对算术知识的教学往往依赖于大量的模具，比如算盘，或者通过背口诀。这些方法提供给儿童的是一些概念性信息和视觉化模块，弱化了数字操纵的程序化表征。心理数字线的揭示表明大脑存在一个偏好的表征模式。当教师教数字序列或数位置时，教师应当好好建构这个空间系统。比如荷兰的数学教育中，小学三年级才允许笔算，之前鼓励通过诸如空白数字线（empty number line）教具来进行心算。这个空白数字线的前身是一个 10×10 的数字阵列，从数字 1—100 有序排列，称为 10 的平方，不管从哪个角度看数字间的间距就是固定的。教师鼓励儿童利用这样一个心理模型来进行加减运算。

三、手指与计数

数字表征的另一个重要方式是借助于身体部件，比如手指或手。手指与数的关系源远流长。比如，手指的使用是我们数学系统中十进制的来源；在好几种语言中，数字单词“5”的前身都是“拳头”或“手”。如今，很多证据都支持数字和手 / 手指表征之间的紧密关系。

（一）手指数数习惯的跨文化研究

我们能够精确地确定客体数量的能力是一种重要的文化成就。这种能力建立在数感发展的基础之上，数感能够使我们快速而毫不费劲地说出少量客体的精确数量，但是当我们处理较大的数量集合时，这种基本的数量感知能力往往需要后天习得的数数技能的辅助。数数是在有序的数字单词和可利用的客体之间重复建立一一对应，并且一旦数完所有的客体，最后数的那个数量单词即给定了这些客体的量。数数是一种文化技能，这种能力通常需要依赖于我们的手指，多数儿童大概从 4 岁开始发展这种能力。

不管是过去还是现在，手指数数的能力几乎在所有文化中都存在。作为一种基本的数学学习策略，手指数数通常是自发地发展的 (Butterworth, 1999)，但是手指计数的方式存在显著的文化差异，即使我们只是简单地从 1 数到 10，也能发现其中存在的不少变量。这些变量包括：（1）数数时手掌是朝向自己还是他人；（2）手指是展开还是弯曲；（3）数数的起点是左手还是右手，是用拇指、食指，还是小手指作为起始手指；（4）两手之间的转换是基于对称性原则还是空间连续性原则等 (Menninger, 1969; Lindemann, et al., 2011)。

1．手指计数时的手形变化

手指数数中最显著的文化差异可能还在于人们数数时用了手的哪些部分以及按照什么顺序进行。图 5.13 例示了不同文化背景下几种主要的手指数数方式。

其中 A 显示的是西方文化中占主导的一种数数模式，即双手数数中，手指以顺序方式展开。B 显示的是德国的手语数数方法，他们使用优势手来数数字 1—5，另一只手表示子基数 5(Iversen, et al., 2006)。C 显示的是印第安商人的手指计数方式，他们使用固定的基数 5，另一只手以 5 的倍数来计算 (Ifrah, 1985)。D 显示的是东非班图人的手指计数方式，他们通过使用两手表征大约等同的数量来表示 (Schmidl, 1915)。新几内亚人的身体计数系统除了使用手之外，还会用到手腕、手肘、肩和头（如 E 所示）(Saxe, 1981)。除了利用完整的手指外，有的计数系统还会利用手指的骨节来数数（如 F 所示）。罗马人的数数方式完全不同（如 G 所示），它不是通过数量累计来表征，而是通过独特的组合方式。例如，左手的小手指、无名指和中指组合成 9 种不同的手势来表示 1—9，同时用其他的手指来表示十、百、千 (Williams & Williams, 1995)。

正如语言计数系统和数字符号系统一样，每种不同的手指计数系统也有其独有的特征。主要表现在以下四方面：

(1) 维度。一维（1D）系统以一一对应的方式把数字符号和数字连接起来。两维（1×1D）系统包括一个基数和权数维度；三维［(1×1) ×1D)］系统额外还使用了一个子基数。这种用来区分符号系统的分类方法同样也可以用来归类手指计数系统。比如，上面介绍的 A、D、E 和 F 都属于一维系统，C 和 G 都属于两维系统，B 属于三维系统。

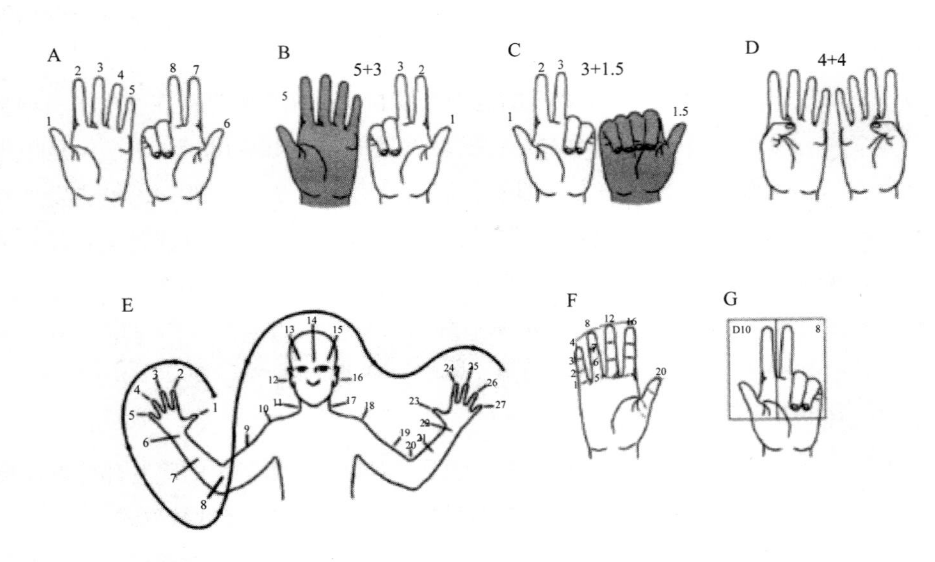

图5.13　不同文化下的手指数数模式（Bender & Beller，2011）

（2）空间表征。基本数的表征或者通过量的累积或者通过特定的形状来表征。在图 5.13 中，除了 G 之外，其他计数系统都是累积性的，即数字是通过相应数量的手指来表示的。权数则以整合、解析或位置的方式来表征。以相同符号同时表示倍数和权数的即为整合，倍数和权数以不同符号来表示的即为解析，而阿拉伯数字表征数字的方式则为位置表征。因而，上图中 B 就是解析的，C 和 G 部分是位置表征的。

（3）基数大小。在语言计数系统中，人们最经常使用的基数是 10，其次是 20 和 5（Comrie, 2005）。这个现象可能与人体解剖学结构有关，但是，即使手是结构化数字系统中最重要的模型，也不一定就会产生整齐划一的结构化数字系统。因为确实有的计数系统是以 4、6、8 和 12 为基数的，比如，如果只是计算手指之间的空间就会产生基数为 4；如果把手腕也包含到整个手中，则会产生以 6 为基数。

（4）度量范围。计数系统的度量范围通常是以其能够度量的最大数量来定义，通常以字母 L 来表示（Greenberg, 1978）。由于手指数量有限，手指计数系统的最大度量范围通常被限定到 10。这也是迄今为止人们通常所认为的手指计数系统的最大不足，但是，正如图 5.13 所示，把计数系统拓展到 10 以上是完全可能的，比如，可以通过扩大象征的数量，或者通过把一维转化为二维。这会使得最大度量范围直接达到 27（比如 E），30（比如 C），40（比如 F），以及 10000（比如 G）。

2. 手指计数的起始手（或手指）

尽管数数方式多样，但不管哪种数数方式都必须解决从哪里开始数这个基本问题，即哪一个手指用来指定第一个数？这也是长期以来数字认知研究者最感兴趣的问题之一。

罗马人手指数数时的手形启发了他们的数字符号的形成，他们习惯于用左手从 1 数到 99（Bechtel, 1990），但是，更早的记载比如希腊诗歌里经常报告用右手来数（Richardson, 1916）。Cushing（1892）曾提出由于“右利手的普遍性和手指数数习惯的存在，右手曾被认为是计数器，而左手则是用来被数的”。Dantzig（1930/1954）也指出“原始人很少空手外出，如果他想数他手臂下面的武器（一般来说是左臂），他会用右手去检验”。因此，手指也被称为“最早的计数工具”。

Conant（1896/1960）研究了美国 4—8 岁儿童数手指习惯，发现他们几乎都是从左手开始数，而且这个左侧偏好长久以来保持不变。起始手指是随意的，但后来都偏好手掌向下的姿势，并从小手指开始数。Conant 认为这个发展变化可能同时反映了小手指隐喻小数和阅读习惯的获得，因为手掌向下姿势时左手小手指在最左边，这与西方语言中阅读的开始位置是一致的。此外，小手指成为起点还因为它的尺寸最小，因此很合适成为最小的数量表征。

手指数数习惯的发展还受到文化的调制。最近，Shaki、Göbel 和 Fischer (2010) 的研究发现，以色列儿童最初是从其左边开始数的，但是当他们学会读写希伯来语之后，就更倾向于从右边开始数。这是书写方向影响认知加工的一种表现，从中也可以推测一般的阅读扫视习惯或许对手指数数策略有影响。此外，伊朗等中东人的手指数数习惯也不同于西方人，他们普遍习惯于从右手的小指开始数，而中国人在双手数数方式上都偏好从大拇指开始数，但缺乏起始手的空间偏好。

（二）手指数数与心理数字表征的关系

如今，研究者对手指数数习惯的再次关注主要还在于想搞清楚数量认知表征的本质，即数量认知表征中空间成分的来源问题。SNARC 效应揭示出数字大小与左右两手反应速度上的关系，并因此引出了“心理数字线”的概念，即数量信息的认知表征遵循一种从左到右从小到大的线性排列方式（Dehaene, Bossini, & Giraux, 1993）。长期以来人们一直认为这种左空间映射小数的倾向是受到阅读习惯的影响，比如西方人主要是从左到右进行阅读和书写的，而伊朗人是从右到左进行阅读和书写的，因此，伊朗人形成的心理数字线方向也是相反的，但是近来的研究对此提出了异议，即这种空间偏好在阅读获得前的西方儿童中已经存在 (de Hevia & Spelke, 2009)。

Fischer(2008) 提出了小数左侧偏好的另一种解释，即手指数数习惯影响到了 SNARC 效应（空间数字反应编码联合效应）。他们测量了 445 个苏格兰成人手指数数的起始偏好和利手偏好，结果 66% 的人报告是从左侧开始数的，且拇指通常被用来表示数字“1”。此结果表明小数与左侧空间的连接是手指数数习惯使然。更为重要的是，左手开始数的比例在左利手和右利手被试中是相当的，因此说明利手偏好并没有影响手指数数的起始手偏好。此外，研究结果还表明手指数数习惯调制了数字的空间映射，虽然 SNARC 效应在右侧起始组身上并没有发生翻转，但是左侧起始组存在更强更一致的空间数字映射。

同样，Lindemann、Alipour 和 Fischer（2011）的一个在线调查研究显示，当要求被试报告自己如何用双手从 1 数到 10 的时候，伊朗人和西方人在双手数数模式上存在明显的跨文化差异，主要表现为大多数西方人偏好从左手开始数，并习惯用拇指来映射数字“1”；大多数伊朗人则偏好从右手开始数，并习惯于用小拇指来映射数字“1”。而这恰恰与他们各自建立的心理数字线方向是一致的。也有研究者直接对数字与手指反应的相容性进行了研究，要求意大利成人被试通过双手手指以一一对应的按键反应来识别1—10的阿拉伯数字。结果表明，当要求被试的反应手指与平时的手指计数方式（小数在右，大数在左）相对应时，被试的反应更快，而当要求被试的反应手指与传统的心理数字线方向（小数在左，大数在右）相对应时，其反应会变慢（Di Luca, Granà, Semenza, Seron, & Pesenti, 2006）。

从小建立的手指数数策略不仅对儿童的心算有影响，甚至对成人也有作用。新近研究表明，在成人被试完成简单的加法心算任务时，被试表现出明显的“五进制效应”（sub-base-five effects），即当两数之和大于5时，被试的反应时显著增加。表明手指计数策略对数字信息的心理表征和加工方式的影响是持续终生的（Klein,et al.,2011）。

以上关于手指数数习惯调制数量加工的研究似乎表明运动系统不仅控制和监控行动，还有认知表征的作用，强有力地支持了具身认知理论。该理论认为人类认知最初是植根于感觉运动之中，并最终是由身体经验决定的（Wilson, 2002）。手指与数的关系来自于具身化的手指数数策略，这个策略是在幼儿时期学数学的过程中发展出来的。幼时我们用手指来表示、操纵和交流数字，长大后当成人在处理这些数字时还会无意识地表现出来。

（三）手指与数的神经关联

1. 吉尔斯特曼综合征（Gerstmann’s syndrome）

手指/手表征与数学知识的关联还来自于对吉尔斯特曼综合征（Gerstmann’s syndrome）的研究，这些病人同时表现出手指失认和计算障碍。吉尔斯特曼综合征的发现最初始于神经科学家Gerstmann于1924年描述的一位52岁的女性精神科病人，这个病人自述受到记忆障碍和书写不能的困扰多年。随后的神经功能评估表明，她存在右侧视觉缺失、计算困难、书写不能、再认缺失、不能识别自身的左右方位，以及不能正确辨别、选择或命名自己的左右手或手指等问题。1930年，这种病症被正式确立为一种新的综合征，并以Gerstmann本人的名字来命名。Gerstmann结合这种病例的临床表现，指出吉尔斯特曼综合征的四大核心症状，首先表现为手指失认，其次是左右不分、书写不能和计算障碍。手指失认表现为对自己及他人的手指不能辨认、命名和选择；左右不分主要是对自体的左右辨别困难及对周围环境的左右方位定向存在困难；书写障碍包括失用性失写和结构性失写；计算障碍是执行计算的能力丧失，既不能心算也不能借助纸和笔来计算。以上四个方面的症状在现象上相互关联，比如，左右方向辨别困难特别表现在搞不清楚手或手指的左右；手指的分辨对握笔书写来说是必需的；手指在儿童最初的算术运算以及原始人的计数中都起着重要作用。由此看来，吉尔斯特曼综合征的核心障碍或与空间能力有关 (Gerstmann, 1924, 1940; Mayer, et al., 1999；Kinsbourne & Warrington, 1963; Suresh & Sebastian, 2000)。

近来，有研究者已经发现，通过各种有计划的手指辨别游戏或专门设计的手指训练，手指辨认困难儿童的手指识别能力是可以提高的，而且他们的数学成绩也相应地有了进步 (Gracia-Bafalluy & Noël, 2008)。研究表明，5、6 岁幼儿手指辨别任务的成绩被认为是预测数学能力的最好指标之一 (Fayol, Barouilette & Marinthe, 1998； Noël, 2005)。因此，对于像 Gerstmann 综合征一样存在先天数学认知缺陷的特殊儿童，可以通过手指动作的感知训练进行教育干预。

2. 神经科学研究

手指 / 手表征与数的关联也得到了大量脑成像神经科学研究的支持。比如，一个最近的重复性经颅磁刺激（rTMS）研究 (Rusconi, Walsh & Butterworth, 2005) 表明，刺激左侧角回会破坏正常人的手指表现能力和数学判断。几个功能成像研究也表明被试完成算术任务会激活左侧中央前回，此处正是负责手的运动的脑区 (Dehaene, et al., 1996; Rueckert, et al., 1996; Pesenti, et al., 2000; Stanescu-Cosson, et al., 2000; Zago, et al., 2001; Pinel, et al., 2004)。

Sato 等人（2007）曾探索在不需要任何有意识的手动条件下进行数字判断是否会自动化地诱导出手部肌肉的激活。研究使用单脉冲穿颅磁刺激（TMS）刺激负责手部区域的运动皮层，要求意大利被试对视觉呈现的 1—9 的阿拉伯数字进行口头上的奇偶判断，数字呈现在左侧或右侧半球，200ms 后给予 TMS，同时记录手部肌肉的运动电位（MEPs）。结果表明，手部肌肉的动作电位会发生变化。特别是当被试加工较小数字（1—4）时，自动化地引发了右手肌肉的电位变化（注：意大利成人习惯用右手表示数字 1—5，左手表示数字 6—10）。

总之，大量的研究结果发现在用手指数数和计算中，顶叶的运动前区有显著激活。表明手指计数激活的神经区域最终部分地成了成人进行数字操纵技能的神经基础。

（四）数手指对发展数学能力是必要的吗？

如前所述，手指在成熟的计数系统发展中起了重要作用。既然手指与数的关联是如此紧密，那么，手指数数是数学认知发展的一个必经阶段吗？手指数数对每一位幼儿来说是自发的吗？对此，也有研究者提出质疑（Crollen, et al., 2011）。

研究者指出，如果手指数数在数学认知发展中是必要的第一步，那么我们应当预期儿童用手指表征数量要先于数字单词的表征。目前缺少系统的纵向研究探讨手指使用和单词使用的时间表，但是，最近有相关的横向研究报告，Nicoladis, et al. (2010) 出示数字手势或数字单词给 2—5 岁儿童，让他们把相应数量的物体放进盒子里。结果表明这两种通道的表征对2—3 岁的儿童来说没有差异，都很差，但是对4—5 岁的儿童来说，他们对数字单词的理解比数字手势更好。反过来，研究者出示不同数量的玩具，要求儿童用数字手势或数字单词来表示相应的数量时，仍然是数字单词比数字手势更好。因此，这个结果不支持符号数字系统植根于我们身体经验的思想。对于此研究的第二个任务的结果可以认为是儿童行为困难所致，但是却不能解释第一个任务的结果。因此，它表明数字手势的使用并不一定先于数字语言的使用。

另一方面的证据来自于家庭手语者，Spaepen 等人 (2011) 检验了这类聋人使用手势来交流数字的数学能力。对于大于 3 个数目的数字集，她们用来表示数字的手指总是闭合的，而且很多时候并不等于表征的数量。同样，家庭手语者相互之间表示数目的方式也不一样。在有些情境中，他们用手指来建立一一对应，因此比纯粹的近似做得更精确，但是他们却并不在所有情况下都使用这个策略。比如，当叫他们表示一连串系列事件的数量时，他们却不使用手势。更重要的是，在所有任务中，这些家庭手语者比学过手语的聋人表现更差。因此，尽管家庭手语者也使用手指来交流数字，但他们的数字表示并不一致也不精确，特别是对于大于 3 的数目。也就是说，当表征数字的手指结构没有植入一种例行程序的时候，它们的图式结构并没有充分发展出对大数目的精确表征。

如果手指数数并非是数学发展的必经阶段，那么手指使用是自发的吗？在很多情况下，包括解决基本的加减问题，我们使用手指来追踪我们的计算。因此，我们想知道这是一种自发的动作还是我们习得的一种策略。最近，Crollen 等人 (2011) 比较了自发使用手势来计算并表征数量的正常儿童和盲童。虽然这两组儿童在基本的手指辨别能力上没有差异，但是盲童比正常儿童显著少地使用数手指策略。此外，尽管他们在手指使用上存在差异，但两组儿童在 7 个列举任务中的成绩却相似。事实上，盲童仅仅在那些工作记忆负担较重的任务中成绩才比正常组儿童差，比如三个数的连加连减，或计算时有语音抑制。因此，这些数据表明数手指是减轻工作记忆负荷的有用工具，但并非是良好计算技能的工具。当明确要求数数或用手指显示数量时，多数盲童显示的手指模式不合常规或不稳定，这说明他们或许是第一次被要求使用手指。而且，在简单的加法任务中，两组的成绩都一样好。这说明由于缺少手指使用的视觉刺激，很多盲童并不会自发地使用手指来数数或表示数字，但是，他们能够使用其他方式来追踪他们的计算，因此他们的基本算术能力与正常儿童等同的好。因此，这些结果表明手指使用并不是普遍的也并非一定是自发的，而是需要后天习得的。如果手指数数模式没有建立起来，那么就会很少会使用，比如盲童。

（五）手（手指）-数关联的教育启示

在儿童发展的早期，儿童常常需要借助于手指来表示或操纵数量。确实，大量认知神经科学研究表明这种早期的基于手指的数量表征会对儿童的后期数学能力（比如对数量大小的理解及数学运算）带来实质性的影响，但是，以手指为基础的数量表征对儿童数认知发展到底是有益的还是有害的，一直是认知神经科学家和数学教育实践工作者长期争论不休的问题（Moeller, et al., 2011）。

1. 认知神经科学家的观点

从认知神经的观点来看，手指计数提供了多感觉通道输入，数字的基数和序数信息都能得到很好表现。此时，手指的数量及其排列顺序为初学计数和算术的儿童提供了最便利且直观的数量大小外部表征，在儿童数认知的发展中起了基础性的作用。

认知神经科学的研究表明，手指辨认能力能很好地预期后期的数学能力，包括计算能力 (Noël, 2005; Penner-Wilger, et al., 2007)，系统地进行手指辨认能力训练能显著改善数学成绩 (Gracia-Bafalluy & Noël, 2008)。在以成人为被试的新近研究中也发现，与非标准的数量手势（比如，用 4 和 3 表示 7）相比，标准的数量手势（比如，用 5 和 2 表示 7）有助于在手指计数模式和语义数量间建立起更强的联系（Di Luca & Pesenti, 2008; 2010; Di Luca, et al., 2010）。这表明正常被试的手指数数和抽象数量表征之间存在紧密联系。

总的说来，认知神经科学研究表明手指的空间排列及其手指计数时的单元结构与数学能力之间存在功能性联系。因此，认知神经科学家认为手指数数和基于手指的简单算术建构了后期数学能力发展的基石，他们主张应当在幼儿园或小学中进行相应的教学。

2. 数学教育专家的观点

数学教育专家认为，幼儿在最初进行算术运算时主要借助于数手指来完成。然而，这种早期的计算策略会使儿童在后期计算时对手指产生依赖，从而会阻碍其数学能力的发展，比如会影响对数量、运算及计算策略的理解。数数只是一种基本且低效的计算策略，如果长期依赖这种策略会导致学生在计算任务中产生严重问题。比如，计算速度慢，正确率低。

因此，教育专家主张重点培养儿童心算能力，且应当让学生最迟在小学 2 年级上期结束时禁止手指数数。更准确地说，这体现了运算思维的三阶段转变，即从手指数数到借助于实物的具体运算，再到根据抽象的心理数量表征的形式运算。最终，数量不再被表征为手指序列，而被分解为更大的实体。在教育实践中，不能从手指数数中解脱出来往往被认为是小学二年级学生产生计算障碍的主要原因。

当前数学教育目标是确保儿童理解计算并获得计算灵活性。早期计算中特别需要优先考虑的是数学特征的内隐表达，比如加法和乘法的累加性特征及其相互关系。对数字进行适当的分解和组合是儿童形成灵活计算的基础。这种能力不是要求儿童通过记忆，而是通过外在客体或表象操纵获得。表征变化的灵活性被认为是成就高质量算术运算的核心成分。

3. 两种观点的协调

在表面上看，认知神经科学家和数学教育专家的观点是矛盾的，但实际上他们是可以协调的。他们的分歧仅在于观点的来源和主张的角度不同。认知神经科学家的观点主要来自于某种认知测量或脑激活与基于手指的数表征之间的关联。教育专家的观点基于使用手指数数策略的儿童往往具有较差数学成绩的实践观察。因此，两者的观点来源都不够完整。比如，对于认知神经科学家来说，得出的因果结论缺乏相应的实践研究支持。对于教育专家的观点，其实我们不清楚数手指儿童较差的数学成绩到底是因为他们仍然使用手指呢，还是他们仅有数手指这一种计算策略。总之，教育专家强调的是为了防止手指数数的不利影响，这种低效的计算策略应当在适当的时候（比如小学一年级末期）被更高级的抽象数学思维所取代。认知神经科学家则推测手指表征影响了数字加工和算术运算，因此强调在数学发展中基于手指的具身表征是有用的，但并没有排除或否认其他表征的作用。相反，他们只是基于具身认知的概念，提出手是数量表征中的一种最为自然的表征方式。它植根于感觉运动经验之中，较其他表征方式更有优势。

手(或手指)作为一种有用的工具，在早期数学认知发展中的作用是不容忽视的。比如，手指能够提供数字的图像表征；在点数过程中有助于保持视觉追踪；有助于理解十进制的数字系统以及集的大小；还有助于理解一一对应的标记原则；也能够帮助儿童实现基本的算术运算。此外，借助于手指还可以减轻工作记忆的负担，从而有助于解决更复杂的数学问题，但是，对于以手指为基础的心理数量表征对儿童数认知发展到底是有益的还是有害的问题，也不能一概而论。在实际工作中应当具体问题具体分析，特别应当考虑年龄和个体差异。手指计数提供了多通道感觉输入，手指的数量及其排列顺序使数字的基数和序数信息都能得到很好的体现。为初学计数和算术的幼儿提供了最直观便利的数量大小的外部表征，有助于儿童更好地理解数的序列和组成。因此，可以在早期数学教育中鼓励儿童使用这个技能。此外，这个方法也有助于特殊儿童教育，比如，对于那些自然接近这个技能存在障碍的盲童来说，有意识地引导其使用手指进行数量表征和加工，或许能让其获得额外受益。以手为基础的数量表征对于发展性障碍儿童更加有益，正如 Gracia-Bafalluy 和 Noël (2008) 所指出的一样，系统地对计算困难儿童进行手指辨识能力训练能显著改善其数学成绩。此外，对于一些特殊的数学任务（比如，加法)，基于手的数量表征也显得特别有用。总之，手指计数对于正在发展的大脑来说具有重要意义，在学校中应当得到鼓励。

四、数学学习障碍

(一)计算障碍

与阅读能力一样，“数学素养”（numeracy）也是个体正常生活、工作和学习的必备能力，但是，如今在世界范围内仍有数以亿计的个体患有计算障碍。他们很难学习数学知识与技能，甚至不能理解最基本的数量关系。因此他们的数学学业成绩往往非常低下，严重影响其正常的生活和学习。其中“发展性计算障碍”(developmental dyscalculia)具有较强的特异性，受到的关注也最多。根据国际疾病分类第 10 版（ICD-10）和心理障碍的诊断和统计手册第 4 版（DSM- Ⅳ），发展性计算障碍的主要鉴定标准是：数学能力的发展与一般智力的发展失衡（WHO,1992; APA,1994）。通常，发展性计算障碍具有两个基本特征：(1) 数字加工与计算的发展水平明显滞后；(2) 除数字加工与计算能力外，其他认知功能，如一般的推理能力等没有受到明显损伤。发展性计算障碍是学习障碍的一种，它不同于注意缺失多动症（ADHD）和发展性阅读障碍，尽管这三类障碍具有较高的并发性。

发展性计算障碍患者在行为上的一个典型表现就是缺乏基本的感数（subitizing）能力，即一种对小数目集合的快速感知能力（Mandler & Shebo, 1982）。研究表明，当客体的数量在 3 或者 4 个以内时，正常个体无须努力就能快速而准确地报告出客体的数目，反应时并不随数量的增加而增加，他们采用的是高效的并行加工方式，但是发展性计算障碍患者即使面对再少数量的客体，他们的加工方式始终都是序列计数的，他们的反应时总是随着数量的增加而增加（Rubinsten & Henik, 2006; Wilson & Dehaene,2007; Landerl, et al., 2004）。采用眼动研究发现，在正常个体的感数范围内，发展性计算障碍个体的注视点个数和平均注视时间都大于正常被试（Moeller,et al., 2009）。

由于数字加工是一个多成分、多阶段的认知加工过程，计算障碍也具有多样性，表现出不同类型。目前，关于计算障碍的脑机制研究已经取得了较为丰富的成果。比如，对成人获得性计算障碍的研究发现，病人的计算障碍类型往往与其脑损伤部位有关。Lemer 等人（2003）曾描述了两个特殊的脑损伤病人。其中一个病人脑损伤的部位在于左侧顶叶，他表现出对数量加工存在严重困难，而且对减法的计算困难大于乘法，也不能完成感数和数量比较等方面的估算任务。另一个病人左侧颞叶部位受到损伤，其语言能力缺损，对乘法的计算困难大于减法，但他却拥有相对完好的估算能力。这两位病人的表现曾被作为数学的估算和精算系统双分离的极好证据。除此之外，McCloskey 等人通过对大量的脑损伤病人的研究还发现，数字的理解与产生过程、不同数字符号的加工、算术事实与计算程序、数字与运算符号等之间均存在分离性损伤特点。

Dehaene（1992）等人提出的“三重编码模型”（tripple code model）则认为，数学认知能力由三个相对独立的功能模块组成，分别为数量表征模块（magnitude module）、言语表征模块（verbal module）和视觉－空间编码模块（visuo-spatial module）。数量表征模块位于大脑左右半球的顶叶，主要与比较、估算等能力有关。言语表征模块位于优势半球的外侧裂，主要负责精算、数数、数学知识的存储与提取等。视觉－空间编码模块位于左右半球的下顶－颞叶区，主要负责操作、奇偶判断等认知功能。与 McCloskey 等人一样，三重编码模型也认为，数学认知的各模块之间结构和功能相对独立，不同脑区损伤会导致不同的功能障碍，较少会产生相互影响。

与获得性计算障碍相似，发展性计算障碍也可划分为不同的子类型。常见的有三类：数字加工障碍，即数字的理解与产生过程发生了障碍；算术事实障碍，即基本算术事实，如乘法表的存贮与提取发生了障碍；计算程序障碍，即计算策略与规则的理解与掌握发生了障碍（Temple，1997）。Temple（1994）曾报告过一例发展性计算障碍儿童，他掌握了基本的四则运算事实，但却不知道解决计算问题需要哪些步骤，表明算术事实与计算程序的障碍是相互分离的。

尽管发展性计算障碍的成因非常复杂，在实际表现中也具有较大的个体差异，但当前研究者一致认为发展性计算障碍的最重要成因是发育过程中的脑结构与功能失调或病变（董奇等，2004）。早期研究者曾认为发展性计算障碍是由于脑的单侧化障碍所致。Rourke 发现了计算障碍的两种类型，其中一种是只存在数学学习困难，被称为非语言学习障碍综合征（Nonverbal Learning Disbility Syndrom），简称 NLD。另一种是不仅有数学学习困难，还伴有阅读和拼写方面的困难，被称为阅读和拼写障碍 (Reading and Spelling Disorder)，简称 RS。Rourke 把 NLD 类型和 RS 类型的计算障碍分别归因于大脑右半球和左半球发育不完善所致。如今，随着研究的深入，特别是借助于 fMRI 等脑成像技术以及脑损伤病人的研究，越来越多的研究者倾向于用前述的认知模块理论来解释发展性计算障碍。

如今的神经成像技术已经为探索学习障碍问题提供了技术支持。采用这个方法可以发现儿童计算困难的神经基础。如果失读症有一个语音学基础，那么这些孩子中有计算困难的很可能也与他们的支持计算的语言系统受损有关。有计算困难的失读症儿童在这个系统的激活上可能会显示出神经异常，而在顶叶和前运动区的激活却是正常的。没有阅读困难的计算障碍儿童也许会呈现出与此不同的模式，即应观察到顶内沟区域的异常。采用 fMRI 研究 Turner 综合征（这类病人存在视空和数字处理上的障碍），新的脑回形态测量（sulcal morphometry）显示：Turner 综合征儿童多数存在右侧内顶叶问题，比如脑回不正常分叉，不正常中断或不正常定位。这种解剖学上的组织破坏能解释行为上的视空和算术问题（Molko, 2003）。一项关于出生时超低体重同时又计算障碍儿童的研究表明，左侧内顶沟的灰质减少。因此，现在需要对照研究的是看看没有计算困难的其他障碍儿童是否存在内顶沟异常。如果能证明顶叶异常仅表现在计算障碍中，那么就在脑和行为之间建立起了一种直接的联系。而对于那些单纯的计算障碍儿童需要被评估其顶叶是否受损。

这些障碍的神经基础的确认反过来又有助于重视个体差异，进行因材施教，提供个性化的治疗课程。如前所述，正常儿童可以通过数字的操纵来获得数量表征的灵活性。那么，发展性计算障碍儿童则可以通过利用外部实物操作（比如，积木或立方块等结构性强的材料）或内在表象操作（比如，点或图标）等方式来进行干预，促进他们对数字的理解。

（二）数学焦虑

与计算障碍患者不同，生活中还有一类人属于数学焦虑。他们不存在严重的计算障碍，但却对数学具有一种焦虑心理。这些高水平数学焦虑者（high levels of mathematics anxiety ，HMAs）一提到数学，或是一旦要参与任何需要数学技能的活动，便会产生焦虑、恐惧等负面情绪，身体感到极度不适，甚至产生一种类似于生理性疼痛的内部感觉。他们的数学学业成绩通常低于低焦虑水平的同伴，而且总是试图回避数学学习以及与数学有关的情景。这样的现象在儿童身上往往会产生恶性循环，对其学习带来极大的负面影响（Ashcraft & Krause， 2007）。

那么，数学焦虑所产生的这种生理性不适（比如，疼痛感）到底是由于数学本身所引起的呢？还是由于焦虑情绪使然？ Lyons 等人的新近研究表明后者起了最主要的作用。他们让高 / 低数学焦虑被试完成一个数学任务和词汇任务，在每个任务之前均有任务类型的线索提示。结果发现，高、低数学焦虑被试在任务预期阶段的神经反应出现差异。对于高数学焦虑者而言，仅仅是数学任务提示线索出现即可导致其产生额顶区神经网络的激活。这个神经网络包括双侧额下联合区（负责认知控制和负性情绪反应评估）、背外侧脑岛和扣带中回（与疼痛知觉相关），而低数学焦虑者则没有这些反应。有意思的是，当被试在实际完成数学任务时，这个异常的神经网络激活现象并没有发生。而且，预期数学任务所产生的额顶区域激活与高数学焦虑者的数学障碍之间的关联受到皮层下神经活动的调制，诸如尾核、横核以及海马。在完成数学任务的过程中，这些皮层下区域对于协调任务需要和动机因素方面具有非常重要的作用。数学焦虑者表现在执行数学任务前的认知控制资源分配以及在完成数学任务时的动机因素方面的个体差异能够预测其数学学习障碍的程度。个体的认知控制能力越差，以及完成数学任务的动机不强，会导致其随后的数学任务表现也越差。也就是说，尽管数学是一门深奥难懂的学科，但数学本身并没有对人带来伤害性影响，而是对数学的焦虑让人产生极度不适。且仅仅是对数学任务的预期就足以令高焦虑患者产生生理上的疼痛感，从而削弱其数学成绩（Lyons & Beilock, 2012a; 2012b）。

目前，关于焦虑对认知绩效的负面影响的主要理论解释来自于注意控制理论（attentional control theory）(Eyesenck, et al., 2007)，该理论认为焦虑会削弱个体的注意转移和抑制控制能力，并使工作记忆能力降低。比如，焦虑型个体在面对情绪诱导性刺激时，通常会表现出较差的眼跳控制能力（Ansari, et al., 2008; Wieser, et al., 2009）；在心算任务中表现出较差的任务切换能力（Derakshan, et al., 2009）；以及在情绪 Stroop 任务中表现出较差的抑制控制能力（Reinholdt-Dunne, et al., 2009）。因此，对于数学焦虑者而言，提升自己的情绪控制能力显得尤为重要。特别是在负性情绪反应被唤醒之前，通过对即将面临的数学任务进行积极而客观的认知评价，能更加有效地缓解焦虑情绪，避免随后发生数学学习障碍。

综上所述，对数学学习障碍患者的教育干预一定要区别对待。在教育实践中，如果仅仅对数学焦虑患者进行大量的数学题目及解题方法训练，是难以到达预期效果的。

参考文献

董奇，张树东，张红川 . (2004). 发展性计算障碍——脑与认知科学研究的新成果及其对教育的启示 . 北京师范大学学报：社会科学版，3，26–32.

高在峰，水仁德，陈晶，陈雯，田瑛，沈模卫 . (2009). 负数的空间表征机制 . 心理学报，41(2)，95–102.

张宇，游旭群 . (2012). 负数的空间表征引起的空间注意转移 . 心理学报，44(3)：285–294.

周加仙 . (2008). "神经神话"的成因分析 . 华东师范大学学报 (教育科学版)，26(3)：60–64.

Ansari, D. (2008). Effects of development and enculturation on number representation in the brain. *Nature Reviews Neuroscience, 9,* 278–291.

Ansari, T. L., Derakshan, N., & Richards, A. (2008). Effects of anxiety on task switching: evidence from the mixed antisaccade task. *Cognitive, Affective,& Behavioral Neuroscience, 8*(3), 229–238.

APA. (1994). *Diagnostic and Statistical Manual of Mental Disorders*(4th Ed). Washington DC: American Psychiatric Association.

Appolonio, I., Rueckert,L., Partiot, A., Litvan, I., Sorenson,J., et al. (1994). Functional magnetic resonance imaging (F-MRI) of calculation ability in normal volunteers. *Neurology, 44*(4), 262.

Ashcraft, M. H., & Krause, J. A. (2007). Working memory, math-performance, and math anxiety. *Psychonomic Bulletin & Review, 14*(2), 243–248.

Baldwin, D.A. (1995). Understanding the link between joint attention and language. In C. Moore & P.J. Dunham (Eds.), *Joint Attention: Its Origins and Role in Development* (pp. 131–158). Hillsdale, NJ: Lawrence Erlbaum Associates.

Banich, M.T. (1997). The neural bases of mental function. *Neuropsychology, 10,* 169. Boston: Houghton-Mifflin Company.

Barth, H., Kanwisher, N., & Spelke, E. (2003). The construction of large number representations in adults. *Cognition, 86,* 201–221.

Bechtel, E. A. (1909). Finger counting among the Romans in the fourth century. *Classical Philology, 4*(1), 25–31.

Beeman, M.J., & Chiarello, C. (1998). Complementary right and left hemisphere language comprehension. *Current Directions in Psychological Science, 7,* 2–8.

Bender, A., & Beller, S. (2011). Fingers as a tool for counting – naturally fixed or culturally flexible? *Frontiers in Psychology, 2,* 1–3.

Best, C.C., & McRoberts, G.W. (2003). Infant perception of non-native consonant contrasts that adults assimilate in different ways. *Language and Speech, 46,* 183–216.

Bialystok, E., & Hakuta, K. (1994). *Other Words: The Science and Psychology of Second-Language Acquisition.* New York: Basic Books.

Birdsong, D., & Molis, M. (2001). On the evidence for maturational constraints in second-language acquisitions. *Journal of Memory and Language, 44,* 235–249.

Bookheimer, S. (2002). Functional MRI of language:New approaches to understanding the cortical organization of semantic processing. *Annual Reviews of Neuroscience, 25,* 151–188.

Boysen,S.T., & Capaldi,E.J. (2014). The Development of Numerical Competence: Animal and Human Models. *Comparative Cognition and Neuroscience.* Hillsdale, NY: Erlbaum.

Brooks, R., & Meltzoff, A.N. (2002). The importance of eyes: how infants interpret adult looking behavior. *Developmental Psychology, 38,* 958–966.

Butterworth, B. (1999). *The mathematical brain.* London: Macmillan.

Cantlon, J. F., & Brannon, E. M. (2006). Shared system for ordering small and large numbers in monkeys and humans. *Psychological Science, 17,* 401–406.

Cardillo, G. C. (2010). Predicting the predictors: Individual differences in longitudinal relationships between infant phoneme perception, toddler vocabulary and preschooler language and phonological awareness. *Doctoral Dissertation.* University of Washington.

Castelli, F., Glaser, D. E., & Butterworth, B. (2006). Discrete and analogue quantity processing in the parietal lobe: a functional MRI study. *Proceedings of the National Academy Sciences, 103*(12), 4693–4698.

Castro-Caldas, A., Petersson, K. M., Reis, A., Stone-Elander, S., & Ingvar, M. (1998). The illiterate brain. Learning to read and write during childhood influences the functional organization of the adult brain. *Brain, 121, 1053–1063.*

Chochon, F., Cohen, L., Moortele, P., & Dehaene, S. (1999). Differential contributions of the left and right inferior parietal lobules to number processing. *Journal of Cognitive Neuroscience, 11,* 617–630.

Comrie, B. (2005). Numeral bases. In M. Haspelmath, M. S. Dryer, D. Gil, & B. Comrie (Eds.), *The World Atlas of Language Structures* (pp.530–533). Oxford: Oxford University Press.

Conant, L. L. (Laplace, 1896/1960). Counting. In J. R. Newman (Ed.), *The world of mathematics* (Vol. 1, pp. 432–441). London: George Allen and Unwin Ltd.

Conboy, B. T., Rivera-Gaxiola, M., Silva-Pereyra, J., & Kuhl, P. K. (2008). Event-related potential studies of early language processing at the phoneme, word, and sentence levels. In A. D. Friederici & G. Thierry (Eds.), *Early Language Development: Bridging Brain and Behavio* (Vol. 5, pp.23–64). The Netherlands: John Benjamins.

Crollen, V., Mahe, R., Collignon, O., & Seron, X. (2011). The role of vision in the development of finger-number interactions: finger-counting and finger-montring in blind children. *Journal of Experimental Child Psychology, 109,* 525–539.

Crollen, V., Seron, X., & Noël, M. P. (2011). Is finger-counting necessary for the development of arithmetic abilities? *Frontiers in Psychology, 2,* 242.

Cushing, F. H. (1892). Manual concepts: A study of the influence of hand usage on culture growth. *American Anthropologist, 5*(4), 289–318.

Dahaene-Lmbertz, G., Dehaene, S., & Hertz-Pannier, L. (2002). Functional neuroimaging of speech perception in infants. *Science, 298*(5600), 2013–2015.

Dantzig, T. (Ed). (Laplace, 1930/1954). *Number: The language of science* (4th ed.). New York: Doubleday.

De Hevia, M-D., & Spelke, E. S. (2009). Spontaneous mapping of number and space in adults and young children. *Cognition, 110*(2), 198–207.

Dehaene, S., Tzourio, N., Frak, V., Raynaud, L., Cohen, L., et al. (1996). Cerebral activations during number multiplication and comparison: a PET study. *Neuropsychologia 34*(11), 1097–1106.

Dehaene, S., Molko, N., Cohen, L., & Wilson, A. J. (2004). Arithmetic and the brain. *Current Opinion in Neurobiology,14,* 218–224.

Dehaene, M., Piazza, M., Pinel, P., & Cohen, L. (2003). Three parietal corcuits for number processing. *Cognitive Neuropsychology, 20*(3–6), 487–506.

Dehaene, S., Dehaene-Lambertz, G., & Cohen, L. (1998). Abstract representations of numbers in the animal and human brain. *Trends in Neurosciences, 21*(8), 355–611.

Dehaene, S., Spelke, E., Pinel, P., Stanescu, R., & Tsirkin, S. (1999). Sources of mathematical thinking: Behavioural and brain-imaging evidence. *Science, 284,* 970–974.

Dehaene, S., Tzourio, N., Frack, F., Raynaud, L., Cohen, L., Mehler, J., & Mazoyer, B. (1996). Cerebral activations during number multiplications and comparisons: A PET study. *Neuropsychologia, 34*(11), 1097–1106.

Dehaene, S. (1992). Varieties of Numerical Abilities. *Cognition, 44*(1), 1–42.

Derakshan, N., Smyth, S., & Eysenck, M. W. (2009). Effects of state anxiety on performance using a task-switching paradigm: an investigation of attentional control theory. *Psychonomic Bulletin & Review, 16*(6), 1112–1117.

Di Luca, S., & Pesenti, M. (2010). Absence of low-level visual differences between canonical and non-canonical finger numerical configurations. *Experimental Psychology, 57,* 202–207.

Di Luca, S., & Pesenti, M. (2008). Masked priming effect with canonical finger numeral configurations. *Experimental Brain Research, 185,* 27–39.

Di Luca, S., Granà, A., Semenza, C., Seron, X., & Pesenti, M. (2006). Finger-digit compatibility in Arabic numeral processing. *The Quarterly Journal of Experimental Psychology, 59*(9), 1648–1663.

Di Luca, S., LeFèvre, N., & Pesenti, M. (2010). Place and summation coding for canonical and non-canonical finger numeral representations. *Cognition, 117*(1), 95–100.

Eger, E., Sterzer, P., Russ, M. O., Giraud, A-L., & Kleinschmidt, A. (2003). A supramodal number representation in human intraparietal cortex. *Neuron, 37*(4), 719–726.

Elman, J., Bates, E. A., Johnson, M., Karmiloff-Smith, A., Parisi, D., & Plunkett, K. (1997). Rethinking innateness. *Cambridge, 18.* MA: MIT Press.

Fayol, M., Barrouillet, P., & Marinthe, C. (1998). Predicting arithmetical achievement from neuropsychological performance: a longitudinal study. *Cognition, 68*(2), B63-B70.

Feigenson, L., Dehaene, S., & Spelke, E. (2004). Core systems of number. *Trends Cognitive Science, 8*(7), 307–314.

Fias, W., Lammertyn, J., Reynvoet, B., Dupont, P., & Orban, G. A. (2003). Parietal representation of symbolic and nonsymbolic magnitude. *Journal of Cognitive Neuroscience, 15,* 47–56.

Fischer, M. H. (2008). Finger counting habits modulate spatial-numerical associations. *Cortex, 44*(4), 386–392.

Fitch, W. T. (2000). The evolution of speech: A comparative review. *Trends in Cognitive Sciences, 4*(7), 258–267.

Flege, J. E., Yeni-Komshian, G. H., & Liu, S. (1999). Age constraints on second-language acquisition. *Journal of Memory and Language, 41,* 78–104.

Gerstmann, J. (1940). Syndrome of finger agnosia, disorientation for right and left agraphia and acalculia. *Archives of Neurology & Psychiatry, 44,* 398–408.

Gerstmann, J. (1924). Fingeragnosie: eine umbschriebene stoerung der orienterung am eigenen koerper. *Wiener Clinische Whochenschrift, 37,* 1010–1012.

Gerstmann, J. (1940). Syndrome of finger agnosia: disorientation for right and left, agraphia and acalculia. *Archives of Neurology and Psychiatry, 44,* 398–408.

Gracia-Bafalluy, M., & Noël, M. P. (2008). Does finger training increase numerical performance? *Cortex,44*(4), 368–375.

Greenberg, J. H. (1978). Generalizations about numeral systems. In J. H. Greenberg, C. A. Ferguson, & E. A. Moravcsik (Eds.), *Universals of Human Language*(Vol. 3, pp.249–295). Stanford: Stanford University Press.

Heim, S., Eulitz, C., & Elbert, T. (2003). Altered hemispheric asymmetry of auditory P100m in dyslexia. *European Journal of Neuroscience, 17,* 1715–1722.

Hollins, M. (1989). *Understanding blindness. (8).* Hillsdale, N. J, England: Lawrence Erlbaum Associates.

Holloway, I., & Ansari, D. (2008). Domain-specific and domaingeneral changes in children's development of number comparison. *Developmental Science, 11*(5), 644–649.

Ifrah, G. (1985). *From One to Zero.* New York: Viking .

Imada, T., Zhang, Y., Cheour, M., Taulu, S., Ahonen, A., & Kuhl, P. K. (2006). Infant speech perception activates Broca's area: a developmental magnetoencephalography study. *Neuroreport, 17,* 957–962.

Iversen, W., Nuerk, H-C., Jäger, L., & Willmes, K. (2006). The influence of an external symbol system on number parity representation, or what's odd about 6? *Psychonomic Bulletin & Review, 13,* 730–736.

Izard, V., Dehaene-Lambertz, G., & Dehaene, S. (2008). Distinct cerebral pathways for object identity and number in human infants. *PLoS Biology, 6*(2), e11.

Johnson, J. S., & Newport, E. L. (1989). Critical period effects in second language learning: the influence of maturational state on the acquisition of English as a second language. *Cognitive Psychoogyl, 21,* 60–99.

Josse, G., & Tzourio-Mazoyer, N. (2004). Hemispheric specialization for language. *Brain Research Reviews, 44*(1), 1–12.

Kinsbourne, M., & Warrington, E. K. (1963). The developmental Gerstmann syndrome. *Archives of Neurology, 8,* 490–501.

Klein, E., Moeller, K., Willmes, K., Nuerk, H. C., & Domahs, F. (2011). The influence of implicit hand-based representations on mental arithmetic. *Frontiers in Psychology, 2,* 197.

Kuhl, P. K. (2010). Brain mechanisms in early language acquisition. *Neuron, 67,* 713–727.

Kuhl, P. K. (2004). Early language acquisition: cracking the speech code. *Nature Reviews Neuroscience, 5,* 831–843.

Kuhl, P. K. (2007). Is speech learning 'gated' by the social brain? *Developmental Science, 10,* 110–120.

Kuhl, P. K., & Rivera-Gaxiola, M. (2008). Neural substrates of language acquisition. *Annual Review Neuroscience, 31,* 511–534.

Kuhl, P. K., Conboy, B. T., Padden, D., Nelson, T., & Pruitt, J. (2005). Early speech perception and later language development: implications for the "Critical Period". *Language Learning and Development, 1,* 237–264.

Kuhl, P. K., Stevens, E., Hayashi, A., Deguchi, T., Kiritani, S., & Iverson, P. (2006). Infants show a facilitation effect for native language phonetic perception between 6 and 12 months. *Developmental Science, 9,* F13-F21.

Kuhl, P. K., Tsao, F-M., & Liu, H-M. (2003). Foreign-language experience in infancy: effects of short-term exposure and social interaction on phonetic learning. *Proceedings of the National Acad Sciences of the USA, 100,* 9096–9101.

Landerl, K., Bevan, A., & Butterworth, B. (2004). Developmental dyscalculia and basic numerical capacities: a study of 8–9-year-old students. *Cognition, 93,* 99–125.

Lemer, C., Dehaene, S., Spelke, E., & Cohen, L. (2003). Approximate quantities and exact number words: dissociable systems. *Neuropsychologia, 41,* 1942–1958.

Lenneberg, E. (1967). *Biological Foundations of Language*. New York: John Wiley and Sons.

Liberman, A. M., & Mattingly, I. G. (1985). The motor theory of speech perception revised. *Cognition, 21,* 1–36.

Lindemann, O., Alipour, A., & Fischer, M. H. (2011). Finger counting habits in middle eastern and western individuals: an online survey. *Journal of Cross-Cultural Psychology, 42*(4), 566–578.

Lindemann, O., Alipour, A., & Fischer, M. H. (2011). Finger counting habits in middle-eastern and western individuals: an online survey. *Journal of Cross-Cultural Psychology, 42,* 566–578.

Luria, A. R. (1966). *The Higher Cortical Functions in Man* (pp.656). New York: Basic Book.

Lyons, I. M., & Beilock, S. L. (2012a). Mathematics Anxiety: Separating the Math from the Anxiety. *Cerebral Cortex, 22,* 2102–2110.

Lyons, I. M., Beilock, S. L. (2012b). When Math Hurts: Math Anxiety Predicts Pain Network Activation in Anticipation of Doing Math. *Plos One, 7*(10), e48076.

Mandler, G., & Shebo, B. (1982). Subitizing: An analysis of its component processes. *Journal of Experimental Psychology: General, 111,* 1–22.

Marcus, G. F., & Fisher, S. E. (2003). FOXP2 in focus: What can genes tell us about speech and language? *Trends in Cognitive Sciences, 7*(6), 257–262.

Mason, R. A., & Just, M. A. (2004). How the brain processes causal inferences in text: A theoretical account of generation an integration component processes utilizing both cerebral hemipheres. *Psychological Science, 15*(1), 1–7.

Mayberry, R. I., & Lock, E. (2003). Age constraints on first versus second language acquisition: evidence for linguistic plasticity and epigenesis. *Brain Language, 87,* 369–384.

Maye, J., Weiss, D. J., & Aslin, R. N. (2008). Statistical phonetic learning in infants: facilitation and feature generalization. *Developmental Science, 11,* 122–134.

Maye, J., Werker, J. F., & Gerken, L. (2002). Infant sensitivity to distributional information can affect phonetic discrimination. *Cognition, 82,* B101-B111.

Mayer, E., Martory, M-D., Pegna, A-J., Landis, T., Delavelle, J., & Annoni, J-M. (1999). A pure case of Gerstmann syndrome with a subangular lesion. *Brain, 122,* 1107–1120.

McCloskey, M. (1992). Cognitive mechanisms in numerical processing: evidence from acquired dyscalculia. *Cognition, 4,* 107–157.

Menninger, K. (1969). *Number Words and Number Symbols.* Cambridge: MIT Press.

Moeller, K., Martignon, L., Wessolowski, S., Engel, J., & Nuerk, H. C. (2011). Effects of finger counting on numerical development-the opposing views of neurocognition and mathematics education. *Frontiers in Psychology, 2,* 328.

Moeller, K., Neuburger, S., Kaufmann, L., Landerl, K., & Nuerk, H. C. (2009). Basic number processing deficits in developmental dyscalculia: Evidence from eye tracking. *Cognitive Development, 24,* 371–386.

Monetta, L., & Joanette, Y. (2003). Specificity of the right hemisphere's contribution to verbal communication: The cognitive resources hypothesis. *Journal of Medical Speech-Language Pathoogy, 11*(4), 203–212.

Moyer, R. S., & Landauer, T. K. (1967). Time required for judgements of numerical inequality. *Nature, 215,* 1519–1520.

Murray, L. L. (2000). The effects of varying attentional demands on the word retrieval skills of adults with aphasia, right hemisphere brain damage, or no brain damage. *Brain and Language, 72*(1), 40–72.

Neville, H. J., Coffey, S. A., Lawson, D. S., Fischer, A., Emmorey, K., & Bellugi, U. (1997). Neural systems mediating American sign language: effects of sensory experience and age of acquisition. *Brain & Language, 57,* 285–308.

Neville, H. J., Coffey, S. A., Lawson, D. S., Fischer, A., Emmorey, K., & Bellugi, U. (1997). Neural systems mediating American Sign Language: Effects of sensory experience and age of acquisition. *Brain & Language, 57,* 285–308.

Newport, E. (1990). Maturational constraints on language learning. *Cognitive Science, 14,* 11–28.

Newport, E. L., Bavelier, D., & Neville, H. J. (2001). Critical thinking about critical periods: perspectives on a critical period for language acquisition. In E. Dupoux (ed.), *Language, Brain, and Cognitive Development: Essays in Honor of Jacques Mehlter* (pp. 481–502). Cambridge, MA: MIT Press.

Nicoladis, E., Pika, S., & Marentette, P. (2010). Are number gestures easier than number words for pre-schoolers? *Cognitive Development, 25,* 247–261.

Nieder, A., Freedman, D.J., & Miller, E. K. (2002). Representation of the quantity of visual items in the primate prefrontal cortex. *Science, 297,* 1708–1711.

Nieder, A., & Miller, E. K. (2004). A parieto-frontal network for visual numerical information in the monkey. *Proceedings of the National Academy of Science of USA*, 101, 7457–7462.

Noë, M. P. (2005). Finger gnosia: a predictor of numerical abilities in children? *Child Neuropsychology, 11,* 413–430.

Paulesu, E., Fazio, F., McCrory, E., Chanoine, V., Brunswick, N., Cappa, S. F., et al. (2001). Dyslexia: cultural diversity and biological unity. *Science, 291,* 2165–2167.

Penner-Wilger, M., Fast, L., LeFevre, J. A., Smith-Chant, B. L., Skwarchuk, S. L., Kamawar, D., & Bisanz, J. (2007). Putting your finger on it: how neuropsychological tests predict children's mathability. *In Poster session at the Biennial Meeting of the Society for Researchin Child Development.* Boston.

Pesenti, M., Thioux, M., Seron, X., & de Volder, A. (2000). Neuroanatomical subtrates of arabic number processing, numerical comparison and simple addition: A PET study. *Journal of Cognitive Neuroscience, 12*(3), 461–479.

Piazza, M., Izard, V., Pinel, P., Le Bihan, D., & Dehaene, S. (2004). Tuning curves for approximate numerosity in the human intraparietal sulcus. *Neuron, 44,* 547–555.

Piazza, M., Mechelli, A., Price, C. J., & Butterworth, B. (2006). Exact and approximate judgements of visual and auditory numerosity: an fMRI study. *Brain Research, 1106,* 177–188.

Piazza, M., Pinel, P., Le Bihan, D., & Dehaene, S. (2007). A magnitude code common to numerosities and number symbols in human intraparietal cortex. *Neuron, 53,* 293–305.

Pinel, P., Dehaene, S., Riviere, D., & LeBihan, D. (2001). Modulation of parietal activation by semantic distance in a number comparison task. *Neuroimage, 14,* 1013–1026.

Pinel, P., Piazza, M., Le Bihan, D., & Dehaene, S. (2004). Distributed and overlapping representations of number, size, and luminance during comparative judgments. *Neuron, 41,* 983–993.

Posner, M. I. (ed). (2004). *Cognitive Neuroscience of Attention* . New York: Guilford Press.

Pugh, K. R., Mencl, W. E., Jenner, A. R., Katz, L., Frost, S. J., Lee, J. R., Shaywitz, S. E. et al. (2001). Neurobiological studies of reading and reading disability. *Journal of Communication Disorders, 34,* 479–492.

Pujol, J., Deus, J., Losilla, J. M., & Capdevila, A. (1999). Cerebral lateralization of language in normal left-handed people studied by functional MRI. *Neurology, 52*(5), 1038.

Reinholdt-Dunne, M. L., Mogg, K., & Bradley, B. P. (2009). Effects of anxiety and attention control on processing pictorial and linguistic emotional information. *Behavior Research and Therapy, 47,* 410–417.

Richardson, L. J. (1916). Digital reckoning among the ancients. *The American Mathematical Monthly, 23*(1), 7–13.

Rivera-Gaxiola, M., Silva-Pereyra, J., & Kuhl, P. K. (2005). Brain potentials to native and non-native speech contrasts in 7- and 11-month-old American infants. *Developmental Science, 8,* 162–172.

Roder, G., Rosler, F., & Neville, H. J. (2000). Event-related potentials during language processing in congenitally blind and sighted people. *Neuropsychologia, 38,* 1482–1502.

Roland, P. E., & Friberg, L. (1985). Localization of cortical areas activated by thinking. *Journal of Neurophysiol, 53,* 1219–1243.

Ross, E. D., Thompson, R. D., & Yenkosky, J. (1997). Lateralization of Affective Prosody in Brain and the Callosal Integration of Hemispheric Language Functions. *Brain and Language, 56*(1), 27–54.

Rubinsten, O., & Henik, A. (2006). Double dissociation of functions in developmental dyslexia and dyscalculia. *Journal of Educational Psychology, 98,* 854–867.

Rueckert, L., Lange, N., Partiot, A., Appolonio, I., Litvan, I., Le Bihan, D. et al. (1996). Visualizing cortical activation during mental calculation with functional MRI. *NeuroImage, 3,* 97–103.

Rumbaugh, D. M., Savage-Rumbaugh,S., Hegel, M. T., et al. (1987). Summation in the chimpanzee (Pan troglodytes). *Journal Experimental Psychology: Animal Behavior Processes, 13*(2), 107–115.

Rusconi, E., Walsh, V., & Butterworth, B. (2005). Dexterity with numbers: TMS over left angular gyrus disurpts finger gnosis and number processing. *Neuropsychologia, 43,* 1609–1624.

Saffran, J. R., Aslin, R. N., & Newport, E. L. (1996). Statistical learning by 8-month-old infants. *Science, 274,* 1926–1928.

Sato, M., Cattaneo, L., Rizzolatti, G., & Gallese, V. (2007). Numbers within our hands: Modulation of corticospinal excitability of hand muscles during numerical judgment. *Journal of Cognitive Neuroscience, 19*(4), 684–693.

Saxe, G. B. (1981). Body parts as numerals: a developmental analysis of numeration among the Oksapmin in Papua New Guinea. *Child Development, 52,* 306–316.

Schmidl, M. (1915). Zahl und Zählen in Afrika [Number and counting in Africa]. *Mitteilungen Anthropologischen Gesell-schaft in Wien, 35,* 165–209.

Schmithorst, V. J., Holland, S. K., & Plante, E. (2006). Cognitive modules utilized for narrative comprehension in children: A functional magnetic resonance imaging study. *NeuroImage, 29*(1), 254–266.

Sekuler, R., & Mierkiewicz, D. (1977). Children's judgments of numerical inequality. *Child Development, 48,* 630–633.

Shaki, S., Göbel, S., & Fischer, M. (2010, January). Multiple reading habits influence counting direction in Israeli children. *Poster presented at the 28th European Workshop on Cognitive Neuropsychology.* Bressanone, Italy.

Shaywitz, B., Shaywitz, S., Pugh, K., Mencl, W., Fulbright, R., Skudlarski, P., et al. (2002). Disruption of posterior brain systems for reading in children with developmental dyslexia. *Biological Psychiatry,*101–110.

Simos, P. G., Fletcher, J. M., Bergman, E., Breier, J. I., Foorman, B. R., Castillo, E. M., et al. (2002). Dyslexia-specific brain activation profile becomes normal following successful remedial training. *Neurology, 58,* 1203–1213.

Siok, W. T., Perfetti, C. A., Jin, Z., & Tan, L. H. (2004). Biological abnormality of impaired reading is constrained by culture. *Nature,431,* 71–76.

Spaepen, E., Coppola, M., Spelke, E. S., Carey, S. E., & Goldin-Meadow, S. (2011). Number without a lan-guage model. *PNAS, 108,* 3163–3168.

Stanescu-Cosson, R., Pinel, P., van de Moortele, P-F., Le Bihan, D., Cohen, L., & Dehaene, S. (2000). Understanding dissociations in dyscalculia: a brain imaging study of the impact of number size on the cerebral networks for exact and approximate calculation. *Brain,123,* 2240–2255.

Starkey, P., & Cooper, R. G. (1980). Perception of numbers by human infants. *Science, 210*(4473), 1034–1035.

Suresh, P. A., & Sebastian, S. (2000). Developmental Gerstmann's Syndrome: A Distinct Clinical Entity of Learning Disabilities. *Pediatric Neurology, 22,* 267–278.

Tang, Y., Zhang, W., Chen, K., Feng, S., Ji, Y., Shen, J., Liu, Y., et al. (2006). Arithmetic processing in the brain shaped by cultures. *Proceedings of the National Academy of Sciences of the USA, 103,* 10775–10780.

Temple, C. M. (1994). The cognitive neuropsychology of developmental dyscalculias. *Current Psychology of Cognition,* 133, 351–370.

Temple, C. M. (1997). Cognitive neuropsychology and its application to children. *The Journal of Child Psychology and Psychiatry, 38,* 27–52.

Temple, E., & Posner, M. I. (1998). *Brain mechanisms of quantity are similar in 5-year-old children and adults. Proceedings of the National Academy of Sciences of the United States of America, 95* (June), 7836–7841.

Tsao, F-M., Liu, H-M., & Kuhl, P.K. (2004). Speech perception in infancy predicts language development in the second year of life: a longitudinal study. *Child Development, 75,* 1067–1084.

Tsao, F-M., Liu, H-M., & Kuhl, P. K. (2006). Perception of native and nonnative affricate-fricative contrasts: cross-language tests on adults and infants. *The Journal of the Acoustical Society of America, 120,* 2285–2294.

Turkeltaub, P., Gareau, L., Flowers, D. L., Zeffiro, T. A., & Eden, G. F. (2003). Development of neural mechanisms for reading. *Nature Neuroscience, 6,* 767–773.

Vannest, J., Karunanayaka, P. R., Schmithorst, V. J., et al. (2009). Language networks in children: Evidence from functional MRI studies. *American Journal of Roentgenology, 192*(5), 1190–1196.

Wang, Y., & Siegler, R. S. (2013). Representations of and translation between common fractions and decimal fractions. *Chinese Science Bulletin, 58*(36), 4630–4640.

Weber-Fox, C. M., & Neville, H. J. (1996). Maturational constraints on functional specialisation for language processing: ERP and behavioural evidence in bilingual speakers. *Journal of Cognitive Neuroscience, 8,* 231–256.

Weber-Fox, C. M., & Neville, H. J. (1999). Functional neural subsystems are differentially affected by delays in second language immersion: ERP and behavioral evidence in bilinguals. In D. Birdsong (ed.), *Selected papers on Second Language Acquisition and the Critical Period Hypothesis*(pp. 23–38). Mahwah, NJ: Lawerence Erlbaum and Associates, Inc.

Werker, J. F., & Tees, R. C. (1984). Cross-language speech perception: evidence for perceptual reorganization during the first year of life. *Infant Behavior and Development, 7,* 49–63.

Whalen, J., Gallistel, C. R., & Gelman, I. I. (1999). Nonverbal counting in humans: the psychophysics of number representation. *Psychological Science, 2,* 130–137.

WHO. (1992). *The ICD-10 Classification of Mental and Behavioral Disorders:Clinical Descriptions and Diagnostic Guidelines*. Geneva: World Health Organization.

Wieser, M. J., Pauli, P., & Muhlberger, A. (2009). Probing the attentional control theory in social anxiety: an emotional saccade task. *Cognitive Affective & Behavior Neuroscience, 9,* 314–322.

Williams, B. P., & Williams, R. S. (1995). Finger numbers in the Greco-Roman world and the early middle ages. *Isis, 86*(4), 587–608.

Wilson, A., & Dehaene, S. (2007). Number sense and developmental dyscalculia. In D. Coch, K. Fischer, & G. Dawson (Eds.), *Human behavior, learning, and the developing brain: Typical development.* New York: Guilford Press.

Wilson, M. (2002). Six views of embodied cognition. *Psychonomic Bulletin & Review, 9*(4), 625–636.

Wynn, K. (1992). Addition and subtraction by human infants. *Nature, 358*(6389), 749–750.

Xu, F., Spelke, E. S., & Goddard, S. (2005). Number sense in human infants. *Development Science, 8,* 88–101.

Yeni-Komshian, G. H., Flege, J. E., & Liu, S. (2000). Pronunciation proficiency in the first and second languages of Korean–English bilinguals. *Bilingualism: Language and Cognition, 3,* 131–149.

Yoshida, K. A., Pons, F., Maye, J., & Werker, J. F. (2010). Distributional phonetic learning at 10 months of age. *Infancy, 15,* 420–433.

Zago, L., Pesenti, M., Mellet, E., Crivello, F., Mazoyer, B., & Tzourio-Mazoyer, N. (2001). Neural correlates of simple and complex mental calculation. *NeuroImage, 13,* 314–327.

Zhang, Y., Kuhl, P. K., Imada, T., Iverson, P., Pruitt, J., Stevens, E. B., Kawakatsu, M., Tohkura, Y., & Nemoto, I. (2009). Neural signatures of phonetic learning in adulthood: a magnetoencephalography study. *Neuroimage, 46,* 226–240.

Zhang, Y., Kuhl, P. K., Imada, T., Kotani, M., & Tohkura, Y. (2005). Effects of language experience: neural commitment to language-specific auditory patterns. *NeuroImage, 26,* 703–720.

（夏琼）

第六章　脑与体育

世界卫生组织指出："健康是一种在身体上、精神上和社会上的完好状态，而不仅仅是没有疾病或体弱。"这意味着一个人在身体、心理和社会适应等方面都健全，才是完全健康的人。21 世纪是信息社会，这是当今社会的首要特征。科技的迅猛发展深刻地改变着人类社会的生产、生活和交往方式。网络已成为人们日常生活和工作中越来越重要的交流手段和通信媒介，人们足不出户就可以了解大千世界。加之现代智能化生活用品的普及和汽车、电梯、计算机的大量使用，促成了现代人多坐少动的生活方式。

随着生活节奏的加快以及工作和学习压力的增大，很多人不得不选择熬夜或通宵达旦地工作来应对日益激烈的社会竞争。人们缺乏运动和休息，饮食中又摄入过多热量，却不能及时消耗，导致能量过剩、肥胖等诸多健康问题。在本章中，我们将从神经科学的角度为您解读体育运动与睡眠对健康的重要意义。

第一节　脑、运动与教育

人们自古就认识到体育锻炼对健康的作用。历史上很多伟人为此题写的名言警句至今流传于世，比如，古希腊哲学家亚里士多德曾指出"生命需要运动"，法国启蒙思想家伏尔泰指出"生命在于运动"，我国的毛泽东也提出"发展体育运动，增强人民体质"等，但是过去人们对体育锻炼的重视也许还只是局限在增强体质的层面上，如今的认知神经科学研究表明，体育运动不仅能强健体魄，还对大脑的功能和结构产生影响，能够促进认知功能的发展。

体育运动涉及的范围非常广，在这一章中，我们主要关注体育活动（Physical activity）和有氧体适能（Aerobic fitness）对健康的积极作用。体育活动和有氧体适能都有益于人脑的认知神经功能，但在概念上它们是有所区别的。体育活动主要指需要较高能量消耗的躯体运动，即这些能量消耗通常高于正常生理所需。其测量方法主要根据日常的活动日志，体育课的数量，走步的数量以及累积的里程数等。有氧体适能是指心肺系统利用氧气的最大能力。它可以通过最大摄氧量或其他专业体适能测评工具来进行测试。有氧体适能是体适能（Physical fitness）概念的一部分。所谓体适能是指人们从事需要速度、耐力、力量和柔韧性等的身体活动的能力，主要包括与健康有关的健康体适能和与运动技能有关的竞技体适能。其中健康体适能由有氧耐力、肌肉力量、肌肉耐力、柔韧性和身体成分组成，这些素质与人的健康紧密相关（Buckworth & Dishman, 2002; 肖夕君，2006）。因此，有氧体适能常被解释为一组特征，而体育活动更侧重于行为反应。

一、体育运动与儿童脑

（一）体育运动与儿童学业成绩

尽管现在有些家长和老师认为体育运动是浪费时间和体力，学生应当花更多的时间和精力来进行课业学习，但是大量的研究却表明，学生的体育运动与学业成绩之间有非常密切的关系。美国疾病预防和控制中心曾在2010年发布一个报告，指出儿童的注意、态度、行为和学业成绩均与其每天所参与的体育活动量呈正相关。儿童每天定期地参与体育活动有助于改善其学习成绩，至少不会对学习带来负面影响，同时还能促进其身体健康（Centers for Disease Control and Prevention [CDC], 2010）。反过来，如果学生较少进行体育活动或者根本没有，则会对其学业成绩带来严重影响。

Wittberg 等人（2012）对1725名五年级学生进行了为期2年的追踪研究，通过专业测评工具评估了学生的有氧体适能状况，并计算与学生学业成绩的关系。结果发现，学生的学业成绩随着有氧体适能状况系统地变化。在五年级和七年级时均处于有氧体适能健康区域内的学生的各项学业成绩显著高于那些总处于需要提高区域的学生，如图6.1所示。

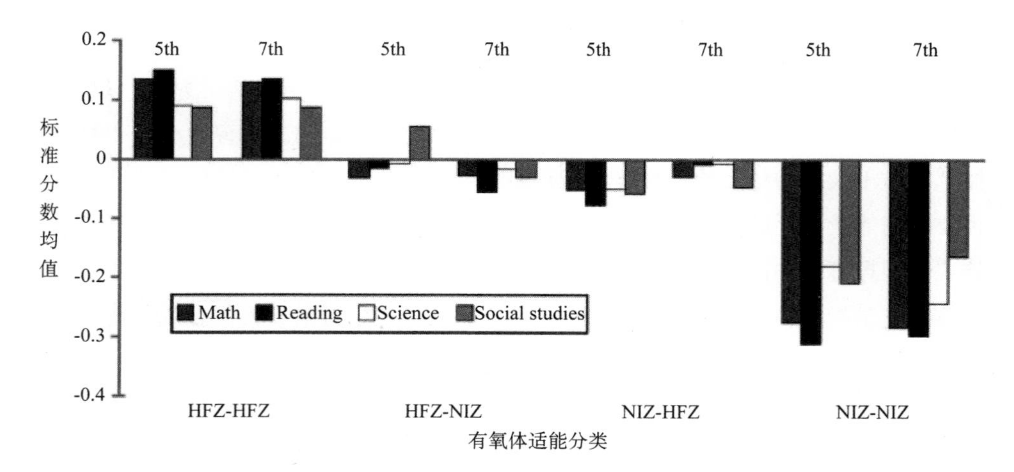

图6.1　学生在5年级和7年级时的有氧体适能状况与其学业成绩的关系。横坐标反映的是学生在不同时期有氧体适能健康状况的分类（其中，HFZ：体适能健康；NIZ：需要提高），纵坐标反映的是学生的数学（Math）、阅读(Reading)、科学（Science）和社会研究（Social studies）四门学科成绩的标准分数（Standardized Mean Score）（Wittberg, et al., 2012）。

其他类似的研究还有很多，样本大小从几百人到几十万人，包含了从三年级到九年级的学生。体适能测试的范围也非常广泛，包括最大摄氧能力、身体成分、肌肉力量和肌肉耐力等。学业成绩测试则通常采用标准化的学业成绩测试量表。所有这些研究结果都揭示了体育锻炼与学生学业成绩的正相关，不管是总成绩，还是数学和阅读的分科成绩都如此（Castelli, et al., 2007; Chomitz, et al., 2009; Grissom, 2005; Roberts, Freed, & McCarthy, 2010）。

还有一些研究采用干预训练的方式，来揭示体育锻炼对学生学业成绩的积极作用。比如，Donnelly 及其同事（2009）对 1490 名小学低年级学生进行了为期 2 年的追踪研究，在此期间，实验组被试每周必须在课间完成 90 分钟中等强度以上的体育活动；对照组被试则进行常规的课间休息。结果发现实验组被试的总体学业成绩显著提高，但控制组没有提高。此结果也与 Sallis 等人（1999）的研究结果一致。

因此，儿童的体育活动与学业成绩的正相关关系是客观存在的。其原因可能涉及生理心理的多方面因素，但目前可以肯定的是与儿童的认知控制能力有关。

（二）体育运动与儿童的认知

体育运动对儿童认知的影响主要表现在两方面：认知控制和记忆。

1. 体育运动与儿童的认知控制

认知控制，又称执行控制，是当前发展心理学研究中的一个重要概念，也是对人一生发展具有重大意义的一种能力。认知控制是对个体的意识和行为进行监控的认知过程，涉及多种高级认知能力，包括自我调节（self-regulation）、认知灵活性（cognitive flexibility）、反应抑制（response inhibition）、计划（planning）等。从整体上讲，它主要包括工作记忆、抑制性控制以及认知转换三个要素。

很多研究是围绕体育运动与人的认知控制展开的，几篇元分析报告揭示出体育运动甚至对人一生的认知控制能力都有影响（Colcombe & Kramer, 2003; Etnier, et al., 1997; Sibley & Etnier, 2003; Smith, et al., 2010）。其中最近的一篇报告是 Smith 等人于 2010 年所做的，他们系统分析了从 1966—2009 年之间的所有相关研究，发现通过有氧健身运动的干预训练，被试在注意与加工速度、执行功能和记忆等方面都有显著提高。Sibley 和 Etnier（2003）专门分析的是以儿童为被试的 44 篇研究报告，结果也发现体育运动能显著促进儿童认知功能的发展。

Hillman 及其同事做了一系列研究来说明有氧体适能对儿童认知的影响。其中一个实验是检验运动干预对认知控制的即时效应（Hillman, et al., 2009）。他们首先让实验组被试在跑步机上运动 20 分钟，使其心率达到最大心率的 60% 左右，待其心率恢复到运动前的水平时立即给予一个需要认知控制的实验任务让其完成。呈现给被试一排 5 个箭头，中间的箭头方向与两侧的箭头方向一致（例如，“<< < <<”）或相反（例如，“<< > <<”），分别构成一致和冲突的实验条件，要求被试对位居中间的目标箭头方向进行反应。控制组被试则不接受运动干预直接进入测试。最后结果显示，运动干预显著提高了被试的抑制性控制能力。实验组在一致与冲突条件下的反应时都显著高于控制组；他们的正确率在一致条件下没有差异，但在冲突条件下实验组显著高于控制组（如图 6.2 所示）。

另一项研究是直接通过健康体适能测试把儿童被试分成两组：高体适能组和低体适能组（Pontifex et al., 2011）。在 Hillman 等人（2009）的实验任务的基础上，还增加了任务难度变量。即除了目标刺激与两侧刺激有一致和冲突之分外，还设置了刺激与反应之间的相容性水平，以此构建多水平的冲突情景来增加任务难度。在相容性条件下，被试的反应与目标刺激的方向一致；在不相容条件下，被试的反应要与目标刺激的方向相反。结果发现不管在哪种条件下低体适能组被试的反应正确率远低于高体适能组，而且在冲突条件下两者之间的差异更显著。说明低体适能组被

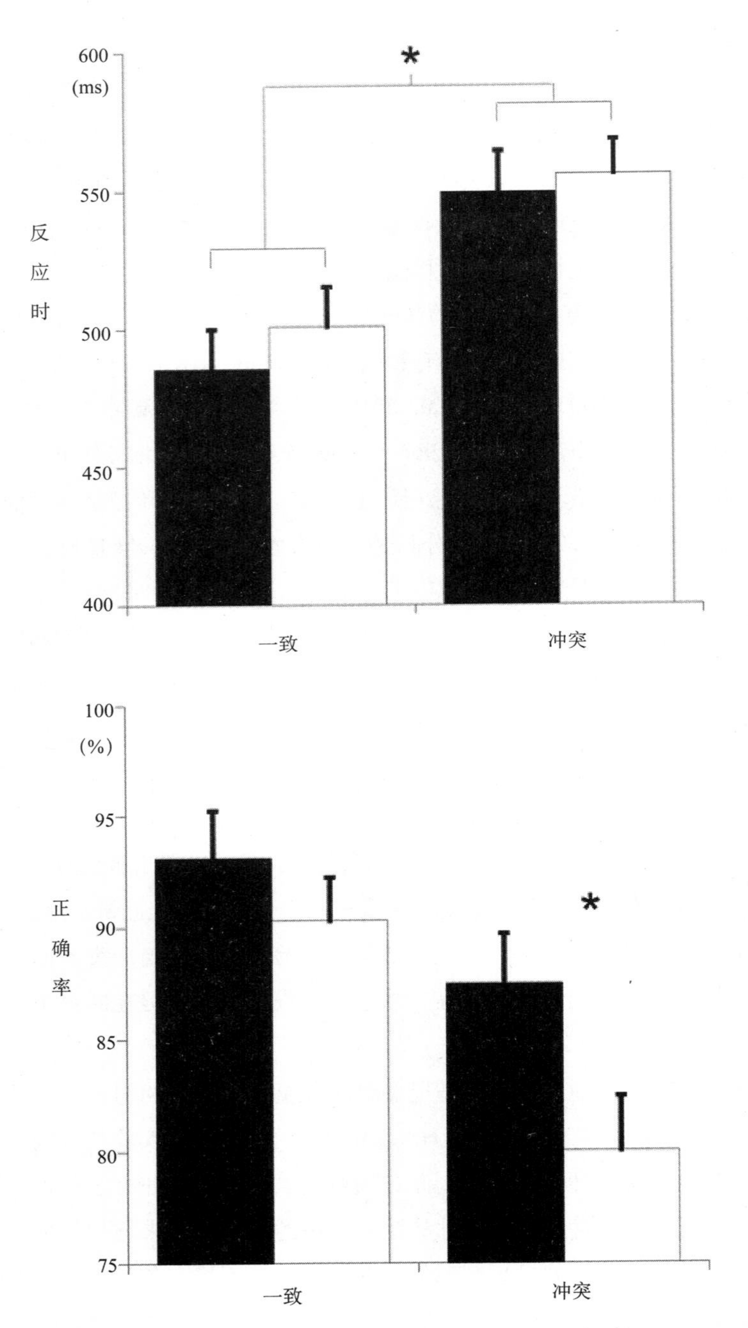

图6.2　被试在一致和冲突条件下的平均反应时和正确率（Hillman, et al., 2009）。注：*表示两者差异显著。

试在完成冲突反应任务时，需要更多的认知控制来抑制冲动性行为。

除此之外，这两项研究还都同时记录了被试在完成任务过程中的脑电，事件相关电位（ERPs）分析结果更深入地揭示了其认知加工过程。结果显示，相对于不运动组或低体适能组，运动干预组或高体适能组都显示出较高的P3振幅和较短的P3潜伏期。而且在相容和不相容两种实验条件下，高体适能组的P3振幅受到更大的调制（如图6.3所示）。由于ERP中P3成分的振幅是反映注意资源分配的重要指标，

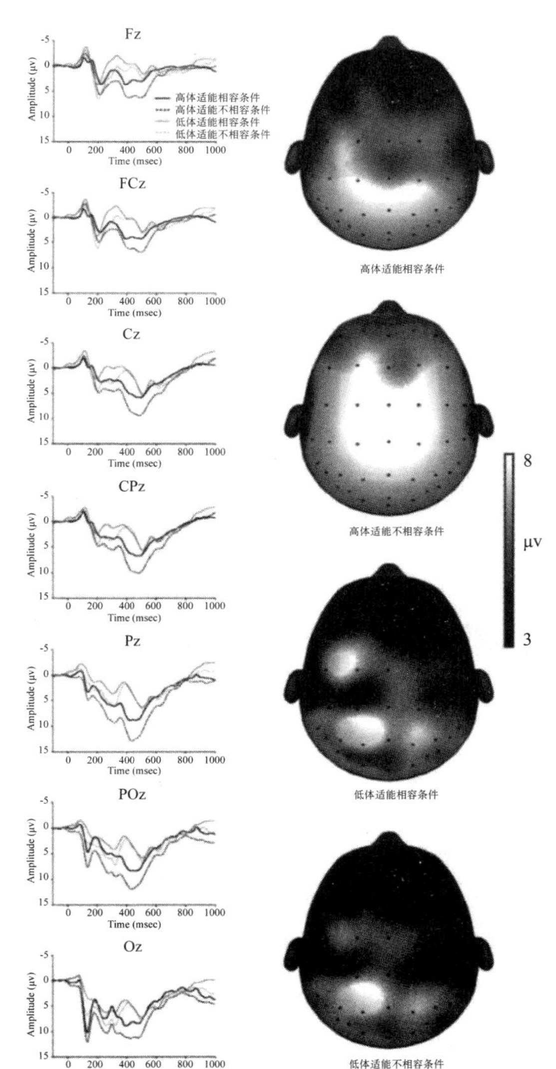

图6.3　被试在不同实验条件下的P3振幅（Pontifex, et al., 2011）。注：Time：时间，Amplitude：振幅

P3 潜伏期则反映的是对刺激进行归类和判断的速度。因此，这个结果说明运动干预组或高体适能组被试拥有更好的注意分配能力以及更快的加工速度。同时，在一致或相容条件下，高体适能组被试的错误相关负波（error-related negativity，简称ERN）振幅更小，而且在一致和冲突两种条件下 ERN 振幅受到更大的调制。相反，低体适能组在两种条件下的 ERN 振幅都较大。ERN 成分通常出现在扣带回背侧，反映的是对错误反应的行为监控过程。较大的 ERN 振幅表明低体适能组被试的行为监控强度更大。两种条件下 P3 和 ERN 振幅的变化反映的是被试能否根据任务的需要来调节认知控制能力。因此，此研究结果表明高体适能组被试具有更灵活的认知控制能力。

2. 体育运动与儿童记忆

体育锻炼不仅能提高儿童的认知控制能力，还有助于儿童的记忆。Pereira 等人（2007）指出，体育运动对人一生的记忆功能都有影响。

Chaddock 及其同事（2011）研究了有氧体适能与儿童记忆的关系。他们以房子和人脸图片为实验材料，让被试完成两个记忆任务：项目记忆和关系记忆。两个任务的实验材料都相同（如图 6.4 所示），但指导语不一样。在项目记忆任务的编码阶

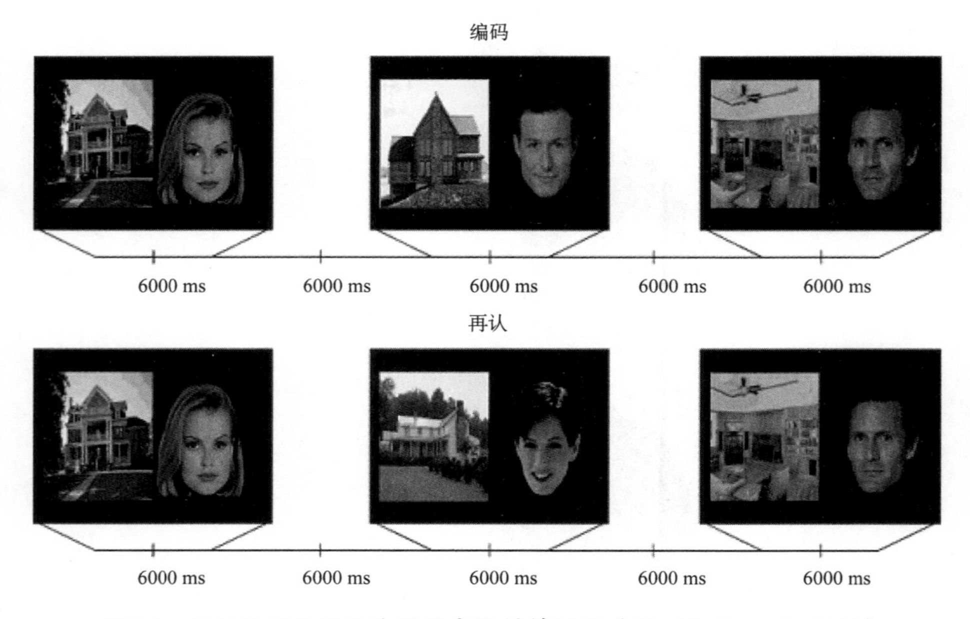

图6.4　记忆编码和再认阶段的实验材料例示（Chaddock, et al., 2011）

段，要求被试只关注房子或者人脸，并判断房子是内景还是外景，判断人脸是男性还是女性。在关系记忆任务的编码阶段，要求被试判断图片上的人是房子的主人还是拜访者。研究者并不关心被试在编码阶段的回答对错，只是通过这样的方式来区分被试的记忆编码方式。随后进入再认阶段，要求被试判断图片上的房子和人脸是否在前面出现过。

最后的结果显示，儿童在两类记忆中的成绩受到体适能状况的调制。具体而言，在关系记忆任务中，高体适能儿童的成绩显著比低体适能儿童好；但是，在项目编码任务中，两者之间没有显著差异，如图 6.5 所示。这些结果表明，在儿童期，高水平的有氧运动有助于记忆的编码和提取，特别是对于关系记忆。

综上所述，体适能越好的儿童，其认知控制能力越好，记忆力也越强。这也就不难解释体育运动与学业成绩之间的关系了。

（三）体育运动与儿童的脑结构和功能

借助于现代神经影像技术，研究者已经进一步揭示出儿童的体育运动与脑认知之

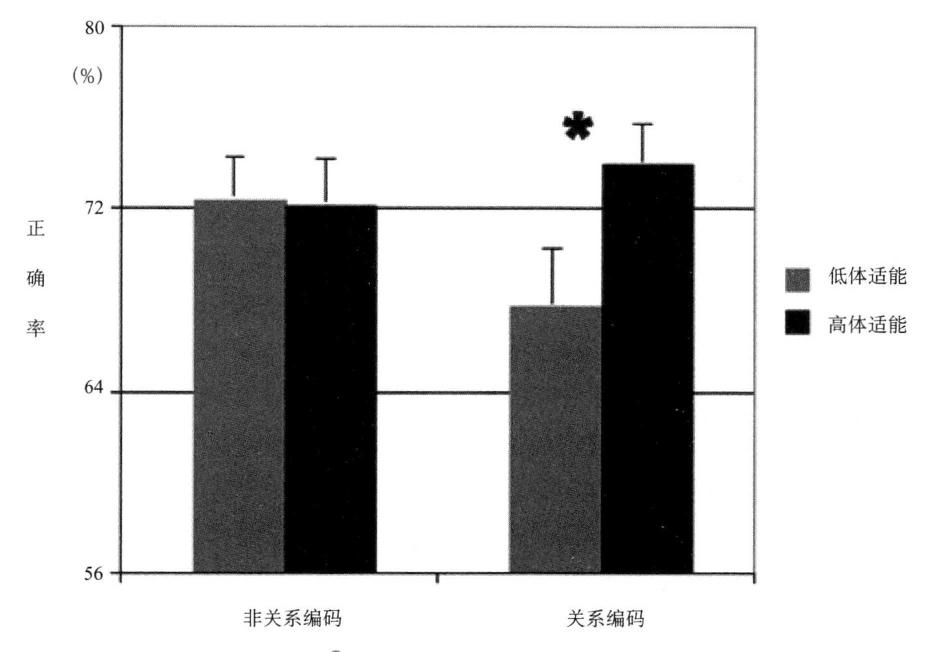

图6.5　儿童在两种记忆任务下的再认正确率（Chaddock, et al., 2011）

间的关系也许与儿童的脑结构变化有关，即体育运动会导致儿童脑结构和功能的变化。

Chaddock 等人（2010）采用 MRI 方法，以 10 岁左右儿童为被试，研究了有氧运动、脑结构和认知之间的关系。结果发现有氧运动会导致基底核体积的改变。基底核是一组皮层下结构，可被进一步分成背侧纹状体和腹侧纹状体两部分。背侧纹状体与认知控制有关，腹侧纹状体则与认知控制没有太大关系，而是与奖赏有关 (Aron, Poldrack, & Wise, 2009)。在这项研究中，他们同样是根据体适能测试把被试分成高体适能和低体适能两组。结果显示低体适能组儿童的背侧纹状体显著小于高体适能组，但两者之间在腹侧纹状体上并没有差异，如图 6.6 所示。这个结果说明背侧纹状体，这个与认知控制、运动整合和反应解决相关的重要结构，对儿童的体育活动是非常敏感的。

除了基底核以外，体育运动也关系到其他脑结构变化，特别是海马。海马是位于颞叶下的皮层下脑结构，与人的空间记忆能力紧密相关（Eichenbaum & Cohen, 2001)。

Chaddock 研究小组（2010）通过对 49 名体适能不同的儿童进行研究，结果发现，相对于高体适能儿童而言，低体适能组儿童的双侧海马体积较小（如图 6.7 所示)。而且海马体积的大小与儿童的关系记忆成绩正相关，但与项目记忆无显著相关（如图 6.8 所示)，说明海马的大小对儿童的关系记忆具有一定的预测作用。同时也表明，体育运动与儿童记忆的相关有其生物学基础，即受到海马体积的调制，它们三者之间的关系如图 6.9 所示。

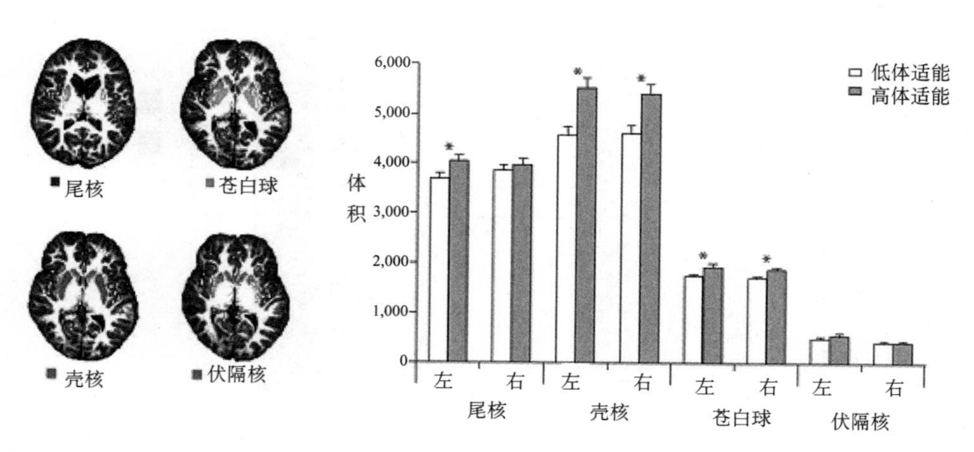

图6.6 不同体适能组儿童在基底核体积上的差异（Chaddock, et al., 2010）。注：体积：立方毫米，*表示差异显著。

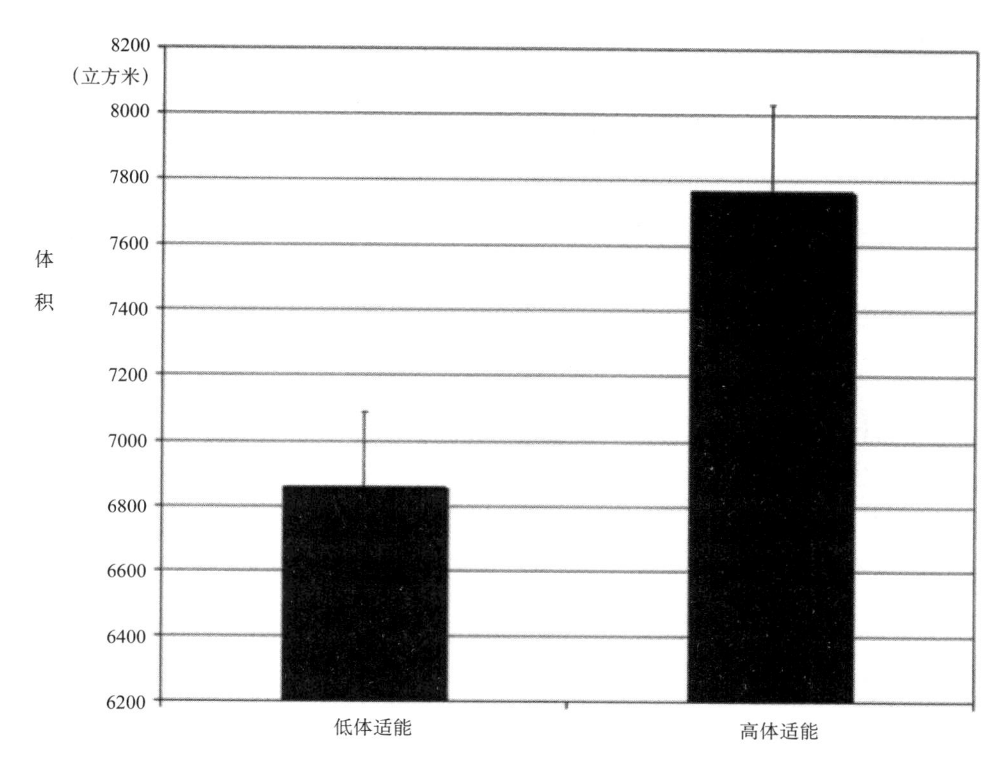

图6.7　不同体适能状况儿童的海马体积（Chaddock, et al., 2010）

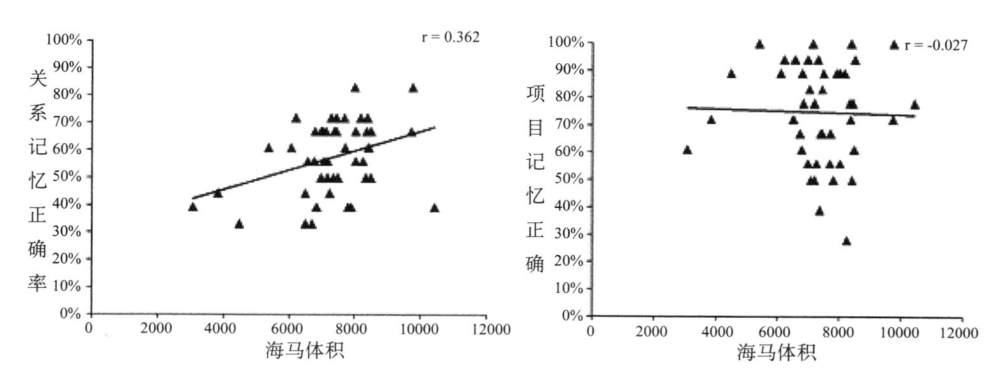

图6.8　散点图。左图显示的是海马体积与关系记忆成绩的关系；右图显示的是海马体积与项目记忆成绩的关系（Chaddock, et al., 2010）。

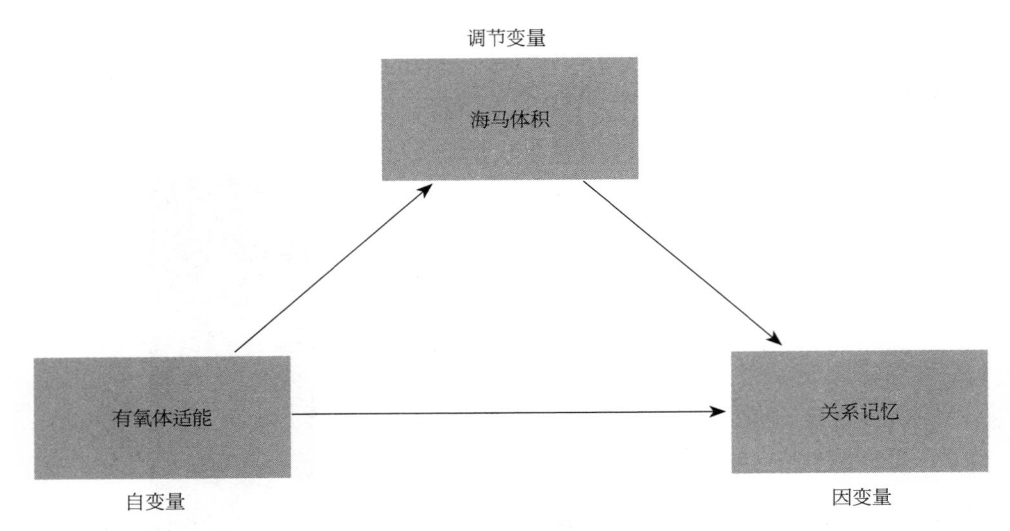

图6.9　有氧运动、关系记忆和海马体积三者的关系模型（Chaddock,et al., 2010）

二、体育运动与老年脑

（一）体育运动与老年痴呆

在过去几十年里，已有越来越多的研究开始关注日常生活方式对人们的认知功能的影响，特别是对老年人。其中不少就是围绕日常体育活动展开的。有些研究检验的是经常的体育锻炼是否会带来正常范围内的认知功能变化；然而更多的研究则试图探索体育锻炼的多寡与某些老年性疾病（比如，阿茨海默氏病或血管性痴呆）的相关。众所周知，阿茨海默氏病是危害老年健康的头号杀手，它是痴呆的最常见形式，而年龄正是这种疾病的主要风险因素。

Larson 等人（2006）对 1740 名 65 岁以上的智力正常被试进行了长期追踪研究，通过自评工具让其报告每周进行体育锻炼（例如：步行，登山，骑行，游泳，健美操或体操，负重训练等）的次数。在排除了遗传性疾病、医疗条件、生活方式（诸如吸烟、酗酒等），及其他人口统计学特征外，研究发现，那些每周锻炼时间少于 3 次且每次少于 15 分钟的被试最终患阿茨海默氏病的比例显著高于那些每周锻炼多于 3 次的被试。

其他研究也报告了类似的体育锻炼与老年性痴呆的相关。比如，Podewils 等人

(2005）对 3375 名 65 岁以上的老年人进行了为期 5 年多的追踪，调查他们在过去两周时间里进行体育锻炼的时间和频率，结果也发现被试的体育锻炼的量与阿茨海默氏病的发生呈负相关。只是进一步的分析还发现，如果被试存在患阿茨海默氏病的遗传风险，则体育锻炼的增益作用不明显。这也许会让不少存在遗传性阿茨海默氏病风险的人感到失望，但是，Rovio 等人（2005）的研究结果也许会给大家带来希望，他们的研究发现人在中年时期从事体育运动的程度越高，其后期患老年性痴呆的可能性越小，而且这种负相关关系对具有高遗传风险的被试效果更为显著。

当然，也有研究揭示体育锻炼的水平与正常范围内的认知衰退的负相关关系（Yaffe, et al, 2001; Weuve, et al., 2004）。比如，被试每周步行的量越多，其认知测试的成绩就越高。

那么，体育锻炼防止老年认知衰退的原因是什么呢？在研究方法上除了采用被试自评这种主观测量方式外，更为严谨的氧消耗峰值的客观测量也许更具说服力。Barnes 等人（2003）对 349 名 55 岁以上被试进行了 6 年的追踪研究，同时采用被试主观报告和氧消耗量的客观测试。结果发现，被试的认知衰退与运动时的氧消耗量呈显著负相关。此结果表明体育运动的有氧体适能本身或许是防止认知衰退的关键。

（二）体育运动与老年认知

尽管大量的调查研究已经揭示出体育运动具有防止或延缓老年认知功能衰退的作用，但毕竟这只是现象学观察，难以清楚地阐明其中的因果关系。因此，已有越来越多的研究从干预训练的角度探索体育锻炼与认知和脑功能的关系。

如果我们把人的一生形象地比喻为一段台阶，那么，在年少时人们就是在一步一步地向上攀登，不断地发育和成长，在中年时期逐步抵达顶峰。随后，我们便开始衰老，转为向下走的台阶。衰老会带来脑结构的退化，并引起认知功能衰退。其中最为显著的变化就是大脑白质和海马的体积会在老年期急剧减少（Guttmann, et al., 1998; Jernigan, et al., 2001; Raz, et al., 2005; Salat, et al., 1999）。大脑白质的退化会影响人的执行功能和反应速度，海马的退化则会导致记忆力严重下降，而所有这些都是导致老年性痴呆的重要原因 (Raz, 2000; Jack, et al., 2010)。如今大量的干预研究已经表明，经常的体育锻炼有助于延缓这种脑结构和功能的退化，并具有认知和神经可塑性的作用，不仅对儿童和青少年有效，而且对老年人也如此（Hillman, Erickson, & Kramer, 2008）。

在行为研究层面上，Colcombe 和 Kramer（2003）所进行的一项的元分析报告也许能较为客观地说明体育锻炼对老年脑认知功能的促进作用。他们分析了从 1966

年到 2001 年间所有关于体育锻炼的 18 篇实验研究，研究中都包含有氧体适能训练的实验组和控制组，其中心问题都是探寻有氧运动是否对健康被试的认知功能有积极作用。最后获得的结果是肯定的，有氧运动在其中的效应大小（effect size）[1]达到 48%。同时该研究还揭示出影响有氧体适能训练和认知功能关系的几个调制变量。第一，尽管有氧运动对认知过程有广泛影响，但其中受到最大收益的其实是执行控制过程。众所周知，执行控制过程包括计划与安排、工作记忆、抑制控制、多任务加工等认知成分，而这些认知过程普遍会随年龄增长带来实质性的衰退。第二，如果在有氧体适能训练活动中考虑了强度和灵活性训练，则有氧运动的效应会更大。进行多种运动方式的结合训练可能会给被试带来更大的认知受益，并进一步减少与年龄相关的心肺功能和肌肉骨骼失调。第三，研究中包含的女性被试越多，结果中所显示的运动受益效应则更大。有研究表明这可能与老年女性的雌激素减少和荷尔蒙取代疗法（hormone replacement therapy，简称 HRT）有关（Erickson, et al., 2006; Berchtold, et al., 2001）。

与 Colcombe 和 Kramer（2003）的研究不同，Heyn 及其同事（2004）对体育运动对老年痴呆病人或患有相关认知障碍者的作用也进行了元分析。他们对所涉及的 12 篇相关研究文献进行了全面分析，这些研究都以认知缺陷患者为被试，干预训练期从 2 周到 28 周不等，主要都是一些低强度的体育锻炼，包括走路、力量和耐力训练。结果发现有氧体适能训练的效应大小也达到 57%，说明体育运动对认知的促进作用是客观存在的。

（三）体育运动与老年脑结构和功能

在神经科学层面上，更多的研究考察的是体育锻炼是否会引起大脑结构和功能的变化。Colcombe 及其同事在两个实验中分别考察了有氧体适能和有氧运动对认知衰退的积极作用，并首次揭示了有氧锻炼对人脑注意系统的功能性影响。在实验一中，他们根据体适能测试把被试分成高体适能和低体适能两组被试。在实验二中，他们随机指定一组老年被试为有氧体适能训练的实验组，主要训练内容为走路（有氧运动），对照组则简单地进行身体的拉伸训练（无氧运动），训练期为 6 个月。所有被试均需完成一个反应冲突任务，即被试需要忽视两侧刺激的干扰，对目标刺激进行反应（如图 6.10 所示）。同时进行功能磁共振的脑成像（fMRI）研究。

1　效应大小（effect size）是指由因素引起的差别，是衡量处理效应大小的指标。它表示不同处理下的总体均值之间差异的大小，可以在不同研究之间进行比较。

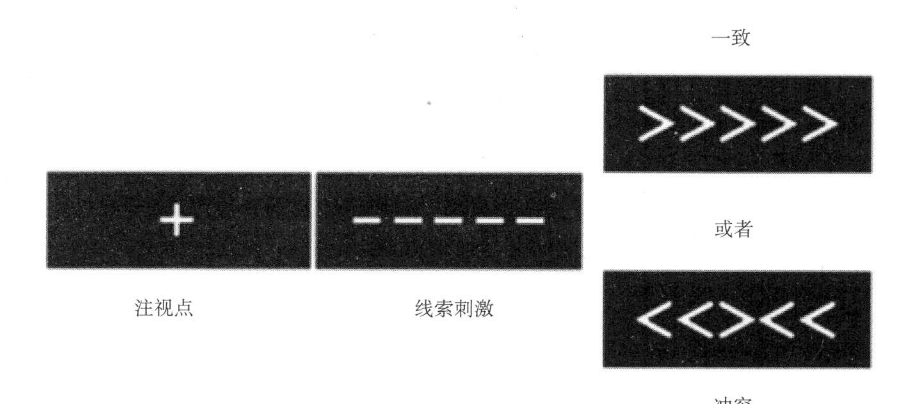

图6.10　反应冲突实验任务。呈现给被试的首先是13.5s的注视点，紧接着是500ms的线索刺激，然后呈现一排由5个箭头组成的目标刺激，呈现时间为2000ms。被试需要对中间箭头的方向进行快速反应。两侧的箭头方向与中间的箭头方向有一致和不一致两种情况（Colcombe, et al., 2004）。

行为结果表明，相对于低体适能组或接受无氧运动训练控制组，高体适能组或接受有氧运动训练的实验组被试抑制干扰能力更强，反应更快。而且脑成像的结果进一步表明，高体适能组或实验组被试在完成任务过程中前额叶和顶叶区有显著激活（如图 6.11 所示），在当前任务中，此区域被认为与高效的注意控制有关；同时扣

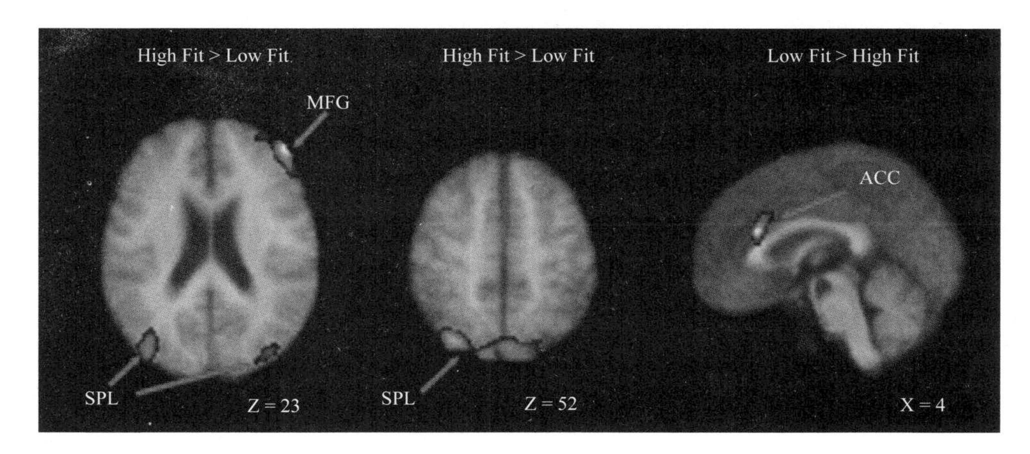

图6.11　有氧运动引起的皮层脑功能差异（Colcombe, et al., 2004）。注：High Fit：高体适能，Low Fit：低体适能。MFG: 额中回；ACC: 扣带回；SPL:顶叶上部

带回的背侧区域活动显著减弱，此区域被认为敏感于行为冲突或者认知控制的需求增加（Colcombe, et al., 2004）。

除了脑功能成像研究以外，Colcombe 及其同事（2006）还采用同样的研究程序进行了脑结构成像研究。在进行了 6 个月的训练之后，有氧运动组比仅接受伸展运动的无氧运动组表现出了大脑白质和灰质体积显著增加，如图 6.12 所示。同时作为对照的还有另一组没接受任何体育训练的年轻被试组，他们的脑结构在 6 个月之间也没有发生任何改变。

Erickson 等人（2011）的新近研究表明，体育锻炼还能有效地增加海马的体积，改善记忆。120 名健康老年被试参与了此项研究，其中一半被试进行每周三天的有氧运动训练，另一半被试为无氧运动的控制组。在为期一年的训练之后，实验组被试的海马体积显著增大，尾核和丘脑体积并没有受到运动干预的影响，如图 6.13 所示。实验组被试的空间记忆能力比控制组更强。

具体而言，有氧运动导致海马体积增大了 2%，有效地延缓了与年龄相关的体积萎缩（至少延缓 1—2 年）。进一步分析发现，有氧运动所带来的海马体积增大主要发生在前部，而对后部海马几乎没有显著影响，如图 6.14 所示。

体育锻炼除了会改变正常被试的大脑结构变化外，最近也有研究表明它同样

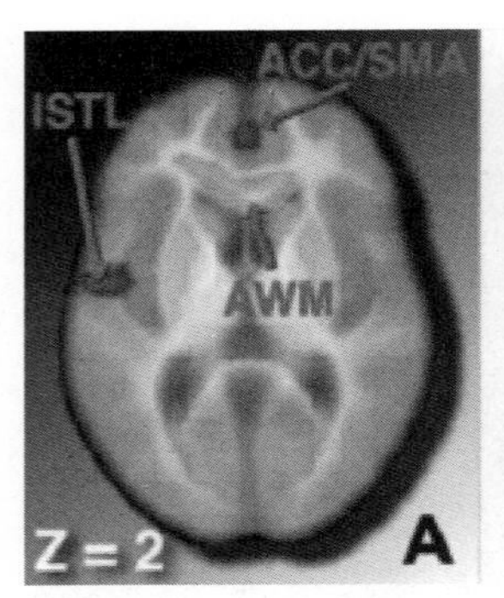

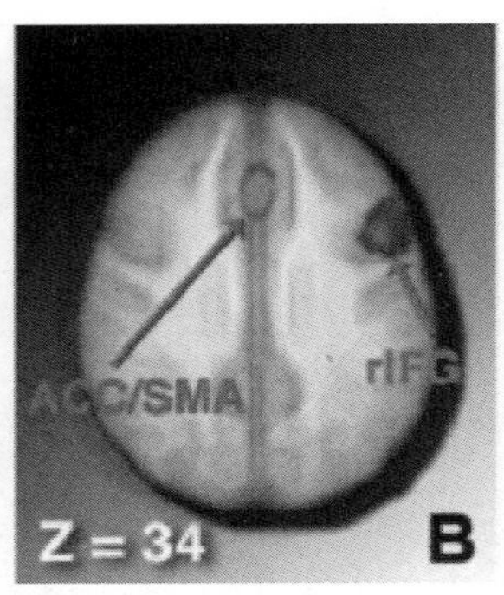

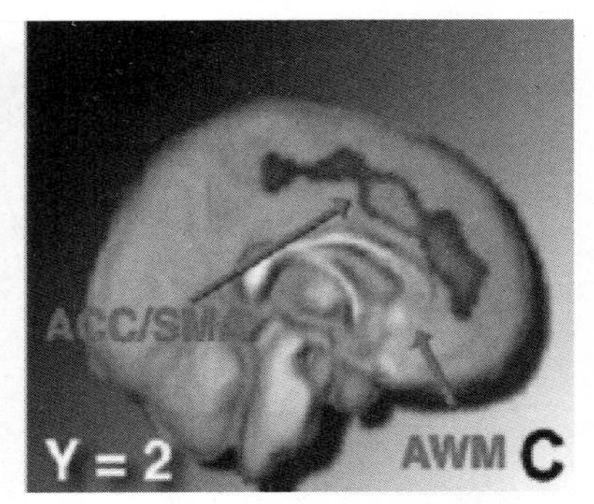

图6.12　有氧运动所引起的脑结构体积变化。其中A、B、C分别显示的是从三维空间的不同角度所进行的脑结构切片（具体数值代表的是切片厚度），蓝色区域显示的是有氧运动所引起的灰质体积增大；黄色区域显示的是白质体积的增大（Colcombe, et al., 2006）。注：ACC：扣带回；SMA：辅助运动区；rIFG：右侧额下回；ISTL：左侧颞上回；AWM：前部白质。

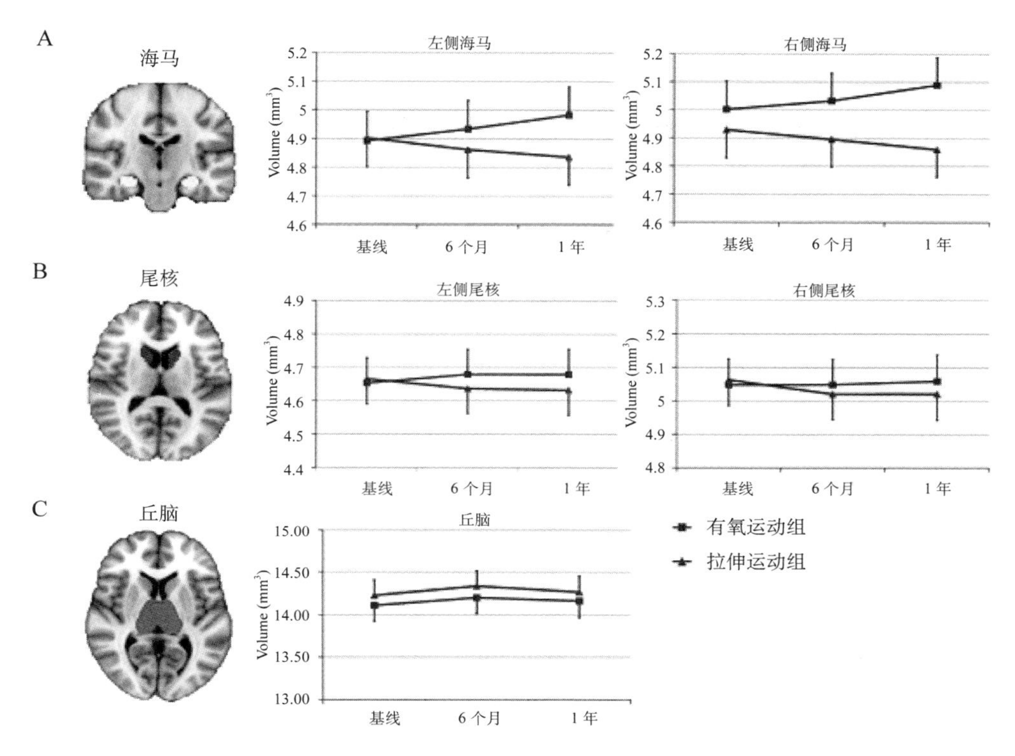

图6.13　有氧运动引起的脑结构变化，其中海马体积的增大，而尾核和丘脑体积则没有显著变化，分别如A、B、C所示（Erickson, et al., 2011）。注：Volume：体积（立方毫米）

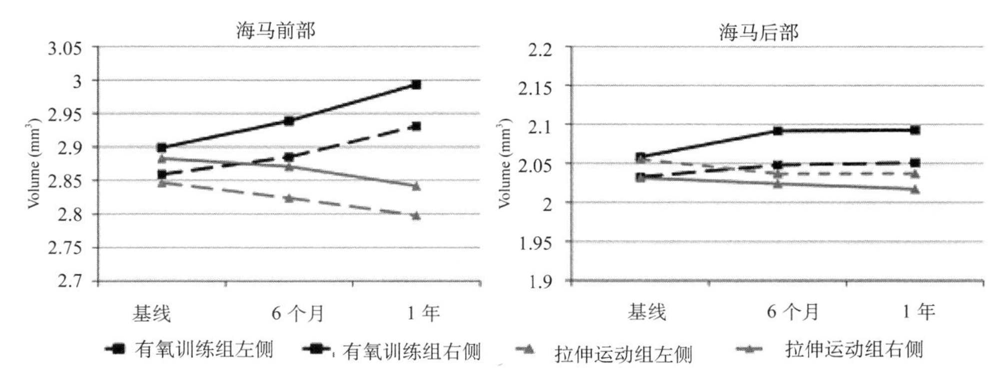

图6.14　有氧运动组选择性地使得前部海马体积增大，而后部海马体积则没有变化（Erickson, et al., 2011）。注：Volume：体积（立方毫米）。

能够带来老年性痴呆病人的脑体积变化。与先前描述的元分析一致（Heyn, et al., 2004），Burns 及其同事（2008）的研究发现，如果阿茨海默氏病人在患病早期接受较多的体育运动训练，则会延缓其全脑的萎缩和白质萎缩。

总的说来，以上研究表明体育锻炼对老年人的认知和脑功能的影响是显著的。短期的体育运动锻炼就会引起大脑结构的改变，为体育锻炼相关的认知功能的改善提供了生物学基础。

三、体育运动与动物脑

从前面的讲述中，我们说明了体育锻炼对人的神经认知功能具有积极作用。为了进一步证实体育锻炼的认知神经功效具有跨物种的适应性，研究者还做了大量的动物实验，从行为、细胞和分子水平来检验这种由运动引起的神经认知可塑性。

对动物的运动干预通常采用的方式是让它们在轮子上奔跑。研究者对动物研究最关注的神经结构是海马，即运动训练是否会引起海马的结构和功能变化。如前所述，海马是与人类记忆相关的神经结构。阿茨海默氏病患者以及某些失忆症患者的海马细胞数量通常比正常人更少。在动物身上，大鼠的海马通常与空间学习和记忆有关（比如，走迷宫）。

在行为研究层面，很多研究证实了动物的跑步训练对空间记忆的作用。比如，Fordyce 和 Wehner（1993）让大鼠完成走迷宫的任务，在一个不透明的水池里，有一个平台淹没在水池表面之下，大鼠可以借助这个平台走出迷宫。平台的位置是固定的，但动物每次则被放在不同的地方。因此，它们必须要借助于一些额外的空间线索来找到平台的位置。研究表明，接受过运动训练的大鼠的学习成绩是对照组的 2-12 倍，完成任务所需的时间也更少，但是，它们的运动速度和对照组相比并没有显著差异。类似的其他研究也获得了相同的结果（Gomez-Pinilla, et al., 1998; Rhodes, et al., 2003）。

还有研究专门探究了运动训练对老年鼠的神经认知是否起作用。结果同样是肯定的。经过跑步训练的老年鼠比同年龄的控制组在迷津任务中所花时间更少，记忆的保持时间更长（Albeck, et al., 2006; Van Praag, et al., 2005）。此外，研究还显示，运动训练不仅提高了老年鼠在迷津任务中的成绩，还促进了老年鼠脑中新生细胞的增长，主要发生在齿回区域（Kim, et al., 2004; Van Praag, et al., 1999）。尽管新生神经元的增长并不一定就具有改善认知的作用，但运动训练确实能够提高老年鼠的认知和神经细胞增长。

四、体育运动与脑损伤

如前所述，从事体育活动有益于身心健康，促进神经认知的可塑性，但是，如果运动不当，也容易造成大脑损伤。许多运动，特别是那些对抗强度较高的冲撞性运动最容易让大脑受伤。比如，拳击运动。在拳击比赛中，一名拳击手将另一名拳击手击倒，通常会给对方带来严重的神经性损伤，比如步履蹒跚、语无伦次、眼球震颤甚至意识模糊、意识丧失、休克以及死亡等。拳击运动除了会带来这些急性伤害外，更为严重的是，由于拳击手头部受到反复打击会造成大脑功能的慢性进行性衰竭，引起永久性脑损害。调查显示有 40%—80% 的职业拳击手都患有此病，有 17% 的人还可能会患上帕金森病（Swaab, 2011）。

除此之外，跆拳道运动员脑部受伤的风险则是拳击的 10 倍。足球运动员经常用头顶球，或被其他运动员撞击头部都会导致或重或轻的脑损伤。长跑比赛中也经常有人丧命，还有很多人猝死在运动场和健身房。

生命在于运动，体育运动有益于人体健康，但是运动必须要适度，并遵守运动规则。雷蒙德 · 伯尔（Raymond Pearl）早在 1924 年就曾指出，剧烈的身体运动会缩短寿命，这一规律似乎适用于整个动物世界。荷兰脑研究所的米歇尔 · 霍夫曼（Michel Hoffman）所做得比较生物学研究显示，以下两个因素决定了我们寿命的长短：新陈代谢和大脑的体积。新陈代谢率越高，人的寿命就越短。这与观察到的世界上顶尖运动员的寿命都较短的现象是一致的，因为剧烈的体育运动需要消耗大量的身体能量，从而缩减人的寿命。研究者在动物身上也发现了类似的现象，比如美国的拉金德 · 索哈儿（Rajinder Sohal）发现，果蝇的飞行活动越多，死得就越早。如果适当限制果蝇的飞行活动，那么能观察到它们的寿命也会显著延长。

影响人的寿命的第二个因素是大脑的容量。大脑容量越大，思维越活跃，人的寿命也越长。众所周知，世界上杰出的科学家的大脑体积都是比较大的，因此他们的寿命也更长一些。相反，那些拥有较小大脑体积的个体，比如唐氏综合征或小脑畸形综合征患者，他们的寿命通常都较短。那么如何才能使大脑体积增大呢？研究表明经常给大脑提供新信息来刺激大脑有助于大脑容量的提高（Swaab, 2011）。

五、对体育教育的启示

缺乏运动是一个全球性的公共健康问题（WHO, 2004）。最近几十年里，随着人们生活节奏的加快，多坐少动成为越来越多人的生活方式。这样的生活方式已给儿童和青少年带来了严重的健康问题，比如，肥胖、高血压，甚至糖尿病都有提前的趋势。即使儿童结束青春期进入了成年，如果缺少锻炼和正常的营养，骨骼会很脆弱，容易骨折。此外，缺乏运动还会影响儿童的神经认知功能和学业成绩。

因此，学校和家长应当充分认识到体育活动对儿童发展的重要性，在日常生活中充分保证儿童和青少年参与运动的时间。学校应为儿童提供优质的体育课程，确保儿童从体育活动中收益，并对体育活动产生持久的兴趣。设计良好的体育课程应以儿童为中心，尊重儿童的发展水平，让他们参与力所能及的体育活动，避免脑损伤。

一个经常参加体育活动的儿童，成年后更有可能保持旺盛的精力。遗憾的是，随着年龄的增长，体育活动呈减少趋势。对那些父母的收入和教育水平都较低的儿童来说，他们参加体育活动的障碍也越多。因此，社会也要更多地增加公共体育设施的投入，让更多的人能参与到体育锻炼中。

对老人而言，也应鼓励他们多参加力所能及的体育运动，以应对与年龄相关的神经认知功能的退化。

第二节　脑、睡眠与认知

人为什么需要睡觉？尽管人们可以从不同角度列举出千百种理由，但此处我们重点关注的是睡眠对记忆和神经可塑性的影响。睡眠与认知的关系早在弗洛伊德（Sigmund Freud）时期就引起了人们的关注，他在《梦的解析》一书中提到，睡眠具有认知功能。通过追溯睡眠研究的历史，我们发现研究者对睡眠与记忆关系的研究兴趣早在 19 世纪初期就开始了。当时，一位叫戴维·哈特利的英国心理学家就提出，睡眠会改变脑中记忆连接的强度（Hartley, 1801）。不过直到 1924 年才有研究者第一次对睡眠和记忆展开系统研究。他们通过研究睡眠与记忆的关系测试了艾宾浩斯（Hermann Ebbinghaus）的记忆衰退理论（Jenkins & Dallenbach, 1924），结果表明经过一晚上的睡眠之后记忆保持更好，而那些一直保持觉醒状态的对照组则表现出明显的记忆衰退。他们进一步解释了其中的原因，认为睡眠对记忆的促进作用主要是得益于在睡眠过程中缺少外部感觉刺激的干扰。那时候他们还并没有考虑到睡眠本身的生理状态可能也对记忆的恢复起着积极的调制作用。

直到 20 世纪后半叶，随着快速眼动睡眠（REM）和非快速眼动睡眠 (NREM) 的发现（Aserinsky & Kleitman, 1953)，研究者才开始测试睡眠或者特定睡眠阶段对记忆发展的影响。如今的脑成像研究确实表明快速眼动睡眠（REM）不仅与做梦有关，还与学习和记忆有关。

一、睡眠状态

人脑在一天 24 小时中并非总是保持一种单一的生理状态，相反，它会随着神经活动和新陈代谢活动的周期性循环表现出不同的生理状态，最明显的就是把它分成觉醒和睡眠状态。人的睡眠本身又可以被分成快速眼动睡眠和非快速眼动睡眠两个阶段，它们以每 90 分钟为一个周期交替进行着。在灵长类和猫科动物身上，非快速眼动睡眠又被进一步分成 4 个子阶段，从 1 到 4 每个子阶段所表现出的睡眠状态是逐步加深的 (Rechtschaffen & Kales, 1968)。其中处于最深睡眠状态的第 3 和第 4 个非快速眼动睡眠子阶段通常也被称为“慢波睡眠”（SWS)，此时的大脑活动水平在脑电波上表现出明显的低频皮层电位。总之，不同睡眠阶段大脑的电生理活动、神经化学水平和功能性解剖结构等方面都表现出明显不同，与觉醒状态更是天壤之别。因此，睡眠状态不具有同质性，我们不能笼统地讲睡眠是否对记忆有影响。相反，我们应当关注不同睡眠阶段对记忆影响的生理和神经化学机制。

二、记忆种类与阶段

（一）记忆种类

正如睡眠不应被考虑为单一状态一样，人脑的记忆也可以按照不同的分类原则分成很多种类。其中最普遍的是把记忆分成陈述性记忆和非陈述性记忆 (Schacter & Tulving, 1994, Squire & Zola, 1996)。陈述性记忆是基于事实的记忆，即关于“是什么”的记忆。它包括情景记忆（是指人们对过去经历的自传体式记忆）和语义记忆（是指人们对一般知识和规律的记忆)。陈述性记忆的神经基础主要位于颞叶中回，

特别是海马 (Eichenbaum, 2000)。与此形成对照的是，非陈述性记忆通常是无意识发生的，包括程序记忆和内隐记忆。其中程序记忆是有关动作学习、习惯养成或技能形成的记忆，即关于“怎么样”的记忆这类记忆往往需要通过多次练习才能逐渐获得。内隐记忆是指个体在无法意识的情况下，过去经验对当前作业产生的无意识影响，它是一种自动化加工。非陈述性记忆的神经基础也不同于陈述性记忆。

当然，尽管这些不同的记忆类型在特征上有显著区别，但在真实生活中它们并不是孤立运作的。

（二）记忆阶段

从信息加工的角度，我们大致可以把记忆按照时间进程分成以下几个阶段：信息编码、存储和提取。编码是记忆的第一步，人脑首先对外界输入的信息进行编码，使其成为人脑可以接受的形式。存储就是记忆的巩固过程，即经过编码的信息在一段时间里能够持续地保持下来。新近研究表明，记忆在巩固阶段不仅能使记忆变得稳定，还有增强记忆的作用，而且这两个过程存在显著不同的神经机制 (Walker, 2005)。稳定阶段（stabilization）主要发生在人脑的觉醒时期；而增强阶段（enhancement）主要发生在睡眠时期。记忆的增强或者表现为对先前丢失记忆的恢复，或者表现为产生额外的学习，但不管哪种情况都无须进一步的练习。因此，记忆的巩固阶段其实可以进一步扩展为两个子阶段，每一阶段都发生于特定的脑状态，或觉醒或睡眠，甚至特定的睡眠阶段。

得到巩固的记忆可以在数日甚至数年后提取，也就是说，在需要的时候可以被回忆出来，但是，记忆的提取行为本身也被认为会使记忆表征变得不稳定。因此，再巩固（reconsolidation）的概念随之出现，即它可以把不稳定的信息再次转变为稳定的形式（Nader, 2003)。当一个不稳定的记忆不能得到再巩固时，它就很快会消退。

此外，记忆的巩固过程还需要过去知识经验的参与，即新知识需要与头脑中已有的旧知识建立起有意义联系，才有助于建立起稳固的记忆。这些过程同样也会受到睡眠的影响。

三、睡眠与记忆编码

（一）人类研究

有关睡眠剥夺对人类陈述性记忆编码影响的最早的一篇研究出现在 20 世纪 60

年代，研究发现一晚上的睡眠剥夺足以对“时间记忆”（即对事件发生时间的记忆）带来显著干扰（Morris, et al., 1960）。这些实验结果在后来更为严谨的实验研究中得到了重复，比如，Harrison 和 Horne（2000）采用时间记忆范式，让被试记忆不熟悉的人脸图片，测试指标包括再认正确率和自信判断。结果发现被剥夺了 36 小时睡眠的被试的记忆成绩显著低于正常组，即使给予其咖啡因等能有效提高生理唤醒状态的物质也不能改善其记忆成绩。

现代认知神经科学的研究已经表明，负责记忆编码的脑区主要位于前额皮层（PFC），而在经过一晚上的睡眠剥夺之后，可以观察到前额叶皮层的脑代谢活动水平显著降低（比如，Canli, et al., 2000），因此，研究者推测这或许是睡眠影响记忆编码的最关键原因。

Drummond 等人（2000）采用 fMRI 研究了 35 小时的睡眠剥夺对言语记忆的影响。结果与先前的很多研究一样，证实了睡眠剥夺会显著降低语言学习的成绩，但是在被试的脑活动水平上却有一些有意思的发现，比如，在记忆编码阶段，睡眠剥夺的被试的前额叶活动水平比控制组增强了，相反，其颞中回的活动水平降低了；正常被试的顶叶皮层没有激活，但睡眠剥夺被试的顶叶皮层却显著激活了。这些结果表明睡眠剥夺对记忆编码造成的影响是大脑活动动态变化的结果，即前额叶区的过度补偿与颞叶区的激活降低导致了顶叶区的补偿性激活。

也有研究者探索了睡眠剥夺对情绪性材料和非情绪性材料记忆的影响。实验组被试在经过 36 小时的睡眠剥夺之后，学习三类情绪性单词（负性，正性和中性）。再经过两个晚上的睡眠，被试接受一个再认测试。总体而言，睡眠剥夺被试的再认正确率比正常睡眠的控制组低 40%（如图 6.15A 所示）。此外，研究还进一步分析了睡眠状态对三类不同情绪类别单词识记的影响。结果发现正常睡眠的被试对情绪单词（不管是正性还是负性情绪单词）的识记效果好于中性单词，说明材料的情绪性特征对单词识记有积极的促进作用，但是，对于睡眠剥夺组，他们对于中性单词和正性情绪单词的识记成绩显著低于控制组，特别是对于正性情绪单词，两者之间的提取正确率差异达 59%；更有意思的是，睡眠剥夺对负性情绪单词的识记却没有显著的影响，睡眠剥夺组被试的成绩与控制组没有显著差异（如图 6.15B 所示）。这些研究结果表明，睡眠对词汇识记的影响受到词汇的情绪类别的调制，睡眠剥夺最容易干扰正性情绪词汇的识记，其次是中性词汇，受到干扰最小的是负性情绪词汇（Walker & Stickgold, 2006）。

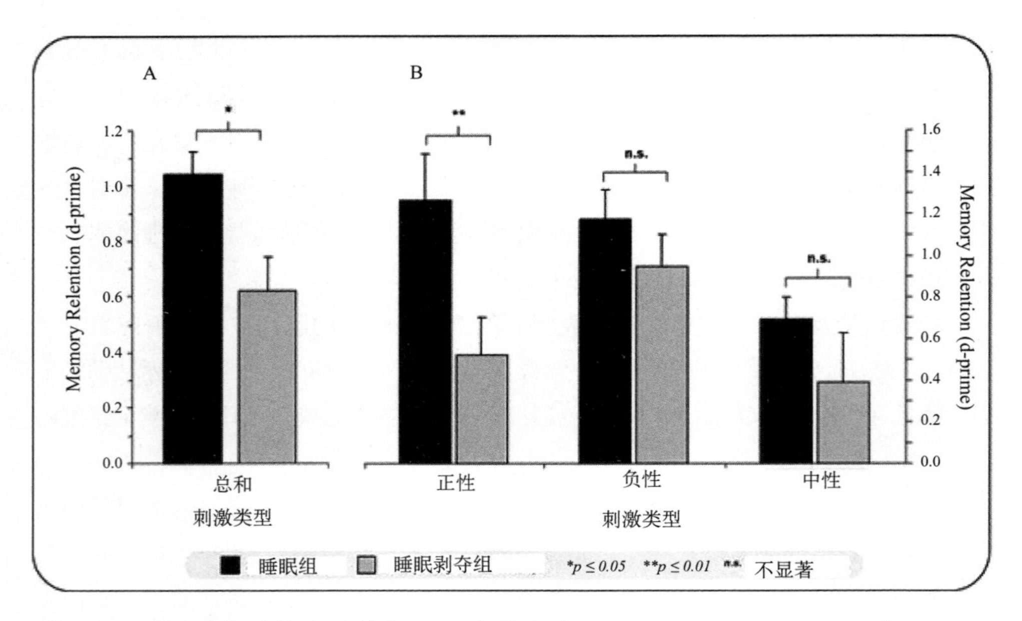

图6.15 睡眠剥夺对情绪性单词识记的影响（Walker & Stickgold, 2006）。注：Memory Retention：记忆保持量。

（二）动物研究

与人类一样，睡眠剥夺同样会对动物的记忆编码带来影响。Guan 等人（2004）采用迷津学习任务发现 6 个小时的睡眠剥夺足以对大鼠的记忆编码带来严重干扰，但是，此研究同时也发现睡眠剥夺对非空间任务的学习和记忆没有显著影响。由于空间记忆有较强的海马依赖性而非空间记忆是独立于海马的，因此，这个研究结果表明空间记忆的损害并非是普遍的注意或心理压力造成的，而是睡眠缺失本身导致的；睡眠剥夺会选择性地破坏以海马为基础的记忆编码。

另外的研究还证实了快速眼动睡眠的剥夺也会对记忆编码带来损害，不仅仅是对空间记忆任务，还包括其他的以海马为基础的任务，比如，路径规避学习，味觉厌恶，以及其他的被动规避任务等。即使只有 5 个小时的短暂 REM 睡眠剥夺，也会显著降低大鼠在路径规避学习任务中的成绩，而且这种损害并不能通过额外的学习来弥补 (Gruart-Masso, et al., 1995)。

进一步的研究还证明睡眠剥夺对记忆编码的损害存在两套不同的神经解剖通路。Ruskin 等人（2004）采用害怕条件作用任务发现，睡眠剥夺会严重影响大鼠基于上下文信息的记忆编码，而对线索记忆没有显著影响。上下文记忆主要由海马控制；而线索记忆主要受到杏仁核调制。很显然，睡眠剥夺主要侵害的是基于海马的记忆编码，而对有杏仁核调制的记忆编码影响较小。这与前面提到的人类研究结果一致，即睡眠剥夺主要会影响正性情绪单词和中性单词的记忆，但对负性情绪单词的记忆影响较小，因为负性情绪刺激主要受到杏仁核的控制，所以受睡眠剥夺的影响较小。

除了行为研究结果外，还有来自细胞水平和分子水平的研究，其研究焦点主要集中于海马。在细胞水平，研究发现快速眼动睡眠的剥夺（范围从 24—72 小时）不仅会降低海马神经元的兴奋性，还会显著干扰这些神经元间长时电位的形成，而长时电位正是记忆形成的基本机制 (Davis, et al., 2003)。

在分子水平上，快速眼动睡眠剥夺会导致海马部位的神经元增长显著减少，脑干和小脑的神经营养素显著减少，这些都会严重影响脑的神经可塑性。在脑中有一种与长时电位形成和记忆学习有关的重要物质就是细胞外信号调节激活酶(extracellular signal-regulated kinase，简称 ERK)。Guan 等人（2004）的研究专门探测了睡眠剥夺对这种 ERK 的影响，结果发现，大鼠在经过 6 个小时的睡眠剥夺之后，海马区域的 ERK 水平显著减低，但是当这些大鼠被允许 2 个小时的睡眠恢复后，随后的记忆编码和海马的 ERK 都恢复到正常水平（如图 6.16 所示）。

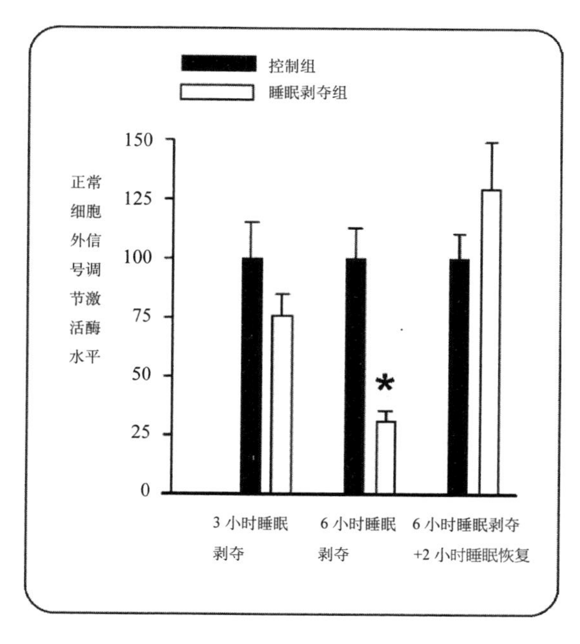

图6.16　睡眠剥夺对大鼠海马细胞外信号调节激活酶（ERK）的影响（Guan, et al., 2004）。

四、睡眠与记忆巩固

睡眠对记忆巩固的影响已经在大量的物种身上发现，包括人类和非人类灵长类动物、猫、大鼠、斑马鱼等。

（一）人类研究——陈述性记忆

其实很多关于睡眠与记忆的早期研究都主要集中在人类的陈述性记忆任务中，但这些研究得到的结论却不尽一致，有的甚至是矛盾的。比如，早期的很多研究认为学习之后的快速眼动睡眠并没有显著促进记忆的巩固（例如， Meienberg, 1977; Zimmerman, et al., 1970, 1978），但是，后来的研究却证明记忆编码后的快速眼动睡眠有助于记忆的巩固，被试在经过强化外语学习之后允许其进入睡眠状态（不管是快速眼动睡眠还是慢波睡眠），结果其记忆效果显著增强。研究者认为快速眼动睡眠在记忆巩固中起了积极作用，睡眠对记忆的巩固是必要的（Gais & Born, 2004）。究其原因，可能与不同研究采用的记忆材料类别有关，早期研究中的学习材料多采用语义无关的单词对（如，狗—树叶），后来的研究采用的通常是有语义关联的单词对（如，狗—骨头）。总的说来，在对复杂的情绪性语料的学习中，不管是慢波睡眠还是快速眼动睡眠都有助于记忆的巩固，但是睡眠对简单的、非情绪性语料的记忆巩固作用不明显。

（二）人类研究——程序性记忆

在新近的研究中，研究者多关注睡眠对程序性记忆的影响。研究内容涉及知觉（包括视觉和听觉）和运动技能的学习。

1. 动作学习

动作技能的学习大体上可以分为两种类型，即动作适应（如，学习使用鼠标）和动作系列学习（如，学习弹钢琴）（Doyon, et al., 2003）。运动序列学习开始之后，一晚上的睡眠能够显著改善手指按键反应的速度和精确度，然而，等量的觉醒时间却没有如此作用。此外，整夜的睡眠对动作技能学习的促进作用与第二阶段的非快速眼动睡眠相关，特别是深夜的睡眠（如图 6.17 所示）（Walker, et al. , 2002）。

在行为层面上，研究者还分析了睡眠对动作学习过程的不同阶段的影响。特别是睡眠是否会导致两个按键动作之间转换速度的差异。比如，在一个包含五个元素的 4–1–3–2–4 的按键系列学习中，存在四个特定的按键转换：(a) 从 4 到 1；(b) 从 1 到 3；(c) 从 3 到 2；以及 (d) 从 2 到 4。一组被试在睡觉之前进行前测，结果表

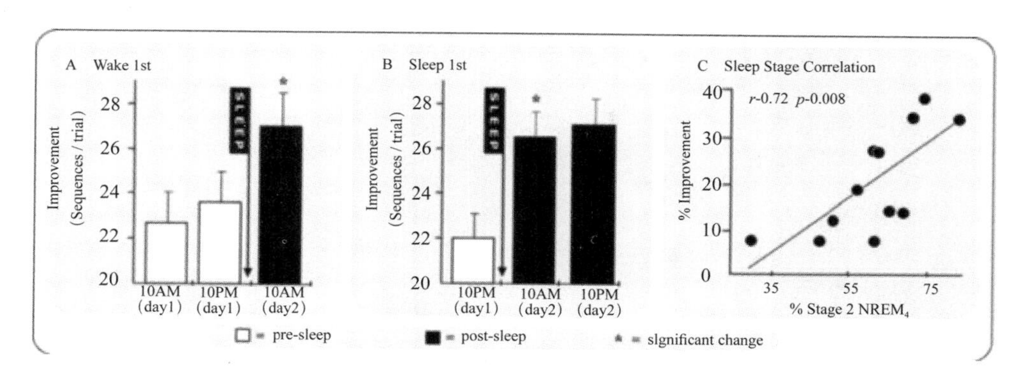

图6.17　睡眠对动作技能学习的影响（Walker, et al. , 2002）。（A）觉醒在先：学习发生在早上（10AM，空白柱），然后经过12小时的觉醒时间之后进行测试，被试的成绩没有显著变化（10PM，空白柱），但是，当经过一晚上睡眠再进行测试时，被试的成绩有了显著提高（10PM，填充柱）。（B）睡眠在先，学习发生在晚上（10PM，空白柱），经过一晚上12小时的睡眠后，被试的成绩显著改善（10AM，填充柱），但是又经过12小时的觉醒时间之后的再测试成绩却并没有进一步的提高（10PM，填充柱）。（C）整晚睡眠对动作技能改善的量与后半夜第二阶段的非快速眼动睡眠的量呈正相关。注：pre-sleep：睡觉前，post-sleep：睡觉后。Wake：觉醒，Sleep：睡觉，Sleep Stage Correlation：睡眠阶段相关。Improvement：改善量。% Stage 2 $NREM_4$：第二阶段的非快速眼动睡眠量。*表示显著变化。

明被试在对整个动作序列的按键反应速度是不均衡的，有的阶段转换较容易，表现为速度更快；而有的阶段则转换较慢，出现所谓的问题点，但是经过一晚上 8 个小时的睡眠后，奇迹发生了，即被试先前所表现出的问题点的转换速度均得到显著提升。而那些先前已经掌握较好的转换阶段的速度则没有变化（如图 6.18A 所示）。与此相对照，另一组被试在白天进行测试，前测与后测之间是 8 个小时的觉醒时间，结果发现被试的后测成绩并没有任何改善，即前测中的问题点在后测中依然存在（如图 6.18B 所示）。

这些结果表明，睡眠对记忆巩固阶段的动作学习序列来说，最大的作用在于把先前较小的记忆单元整合成了较大的记忆组块，从而使记忆保持更好（Sakai, et al., 2003）。此外，更为重要的是，这些结果也再次表明，睡眠对记忆的作用其实是很精巧和复杂的，而不是像先前人们所认为的仅仅是增强了记忆表征的连接。

除了键盘敲击任务以外，也有研究者采用其他的手指敲击任务，比如，拇指与其他手指间的敲击。Fischer 等人（2002）证明了动作技能的记忆巩固本质上是受益

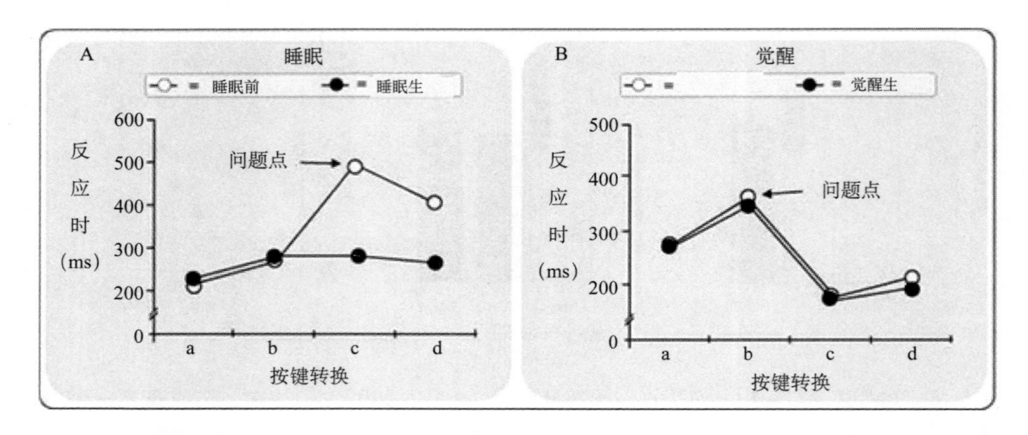

图6.18　睡眠对动作序列学习中不同阶段的转换速度的影响（Sakai, et al., 2003）。其中A显示的是睡眠前后按键转换的反应时变化，表明睡眠对先前问题点的动作转换速度有显著提升；B显示的是觉醒前后按键转换的反应时，表明觉醒状态对动作转换速度没有任何影响。

于睡眠的，不管这个睡眠是发生在白天还是晚上，只要是训练之后的睡眠就能起到促进作用。具体说来，睡眠之后的动作成绩的提升平均能达到 33.5% 左右，错误率能降低 30.1% 左右，而且睡眠对动作技能学习的改善是稳定的，即使间隔两晚上再测的成绩也是一致的。此外，他们的研究还表明整晚睡眠对动作技能学习的促进作用主要是与快速眼动睡眠的量呈正相关，而不是先前提到的第二阶段的非快速眼动睡眠。目前对于这个分歧产生的原因还不甚清楚，不过有一种可能性是两种动作属于不同类型有关。拇指与其他手指间的敲击属于更为新异的动作，需要更多的快速眼动睡眠，而键盘敲击动作仅仅是人们已非常熟练的敲击动作的简单变化，所以是在第二阶段的非快速眼动睡眠中得到巩固。正如Robertson等人（2004）的研究指出，睡眠对知觉－动作序列任务的促进作用与学习类型有关，即睡眠仅对来自于外显觉察的动作学习起作用，如果学习是通过内隐觉察获得的，则没有显著改善。其中，睡眠对外显觉察动作学习的促进作用与非快速眼动睡眠有关。

Maquet 等人（2000) 使用 PET 研究 REM 期的脑区活动，被试接受一系列反应时任务。在任务学习阶段，被试练习 6 个键对应 6 种视觉信号的按键反应。训练持续 4 小时，下午 4 点到 8 点，被试在训练中及训练后晚上睡觉时均接受 PET 扫描。不做训练的控制组同样接收 PET 扫描。结果发现接受训练组不管是在训练时的觉醒状态还是在训练后的睡眠状态，脑区大部分都被激活。没有接受训练的被试则没有被激活。因此，大脑的某些区域（枕叶和前运动皮层）在睡眠时实际上重新恢复了活动。因此 REM 睡眠的作用或者是巩固记忆，或者是抑制不必要的记忆，或者两者皆有。当第二天再次测试时，会发现被试成绩显著提高。虽然其中的细胞机制还不甚清楚，但这种记忆巩固很可能是由于突触传递扩展而致突触密度增加。

2. 动作适应学习

除了动作序列学习以外，睡眠也会对动作适应学习带来影响。Smith 和 Macneill（1994）训练被试完成一个动作适应任务，学完之间即进行测试，并于一周后进行重测。在学习之后的第一个晚上，被试受到两种不同的处理，即部分被试完全剥夺整晚睡眠，而另一部分被试则选择性地剥夺不同睡眠阶段。最后再次测试的结果发现，那些被选择性地剥夺第二阶段的非快速眼动睡眠的被试其运动成绩损失最为严重。这个研究结果再次证明第二阶段的非快速眼动睡眠对动作记忆的巩固来说是关键的。

Huber 等人（2004）的研究也获得了相似的结果，他们让被试学习一个动作触及适应任务，学完后的被试或者睡眠休息，或者整晚等量的觉醒，结果发现只有睡眠后的被试的动作记忆成绩显著提升。此外，采用高密度的 EEG 技术，他们还进一步发现白天的动作技能练习会导致晚上顶叶皮层非快速眼动睡眠的慢波 EEG 的离散性增加，而且慢波 EEG 增加的量与晚上睡眠所导致的记忆增加量是成比例的。也就是说，那些在顶叶皮层表现出较多慢波活动的被试，他们在随后的动作技能改善测试中的增量也越大。

综上所述，以上研究一致地表明睡眠对不同形式的动作技能记忆都有显著的促进作用。即使没有额外的训练，整晚的睡眠也足以触发延迟学习。此外，睡眠对动作技能的改善与非快速眼动睡眠具有较强的正相关。

3. 视知觉学习和听觉学习

睡眠对记忆巩固的作用也表现在视知觉学习和听觉学习中。比如，在一个视觉纹理辨别任务的学习中，被试学完之后紧接着处于 4—12 小时的觉醒，结果发现再测的成绩并没有显著改善；相反，学完之后紧接着是一整晚睡眠的被试的再测成绩却显著提高，而且整晚睡眠的改善是依赖于睡眠本身，而不是依赖于睡眠时间的长短（Stickgold, et al., 2000）。进一步的研究还显示，如果选择性地干扰其快速眼动睡眠会导致其损失整夜睡眠对记忆的改善（Gais, et al., 2000）。同样，如果选择性地剥夺早期睡眠的慢波睡眠（SWS）或者深夜睡眠（快速眼动睡眠和第二阶段的非快速眼动睡眠）也会削弱整夜睡眠对记忆的巩固作用。总之，这些研究表明记忆的巩固最初是与慢波睡眠过程有关，但随后则是快速眼动睡眠促进了额外的改善。Gaab 等人（2004）使用音阶记忆任务，也获得了类似的结果。

五、白天小睡对学习和记忆的作用

学习训练后的整夜睡眠对记忆的巩固有促进作用，那么白天小睡呢，会带来同样的收益吗？ Walker 和 Stickgold（2005）的研究获得了有意思的结果。他们让两组被试都学习手指敲击的顺序记忆任务，训练的时间都在早上进行，训练完后一组被试有 60–90 分钟的午睡，另一组被试则保持觉醒。随后在同一天进行重测，结果发现白天小睡组有 16% 的学习增量，而对照组则没有显著改善。更有意思的是，在两组都经过整晚睡眠之后再测，结果表明控制组的学习增量能达到 24%；但是白天小睡组的学习增量只有 7%，与白天的学习增量结合起来才达到总量 23% 的结果。也就是说，两组被试经过整晚睡眠后最终的学习增量其实是等同的（如图 61.19 所示）。

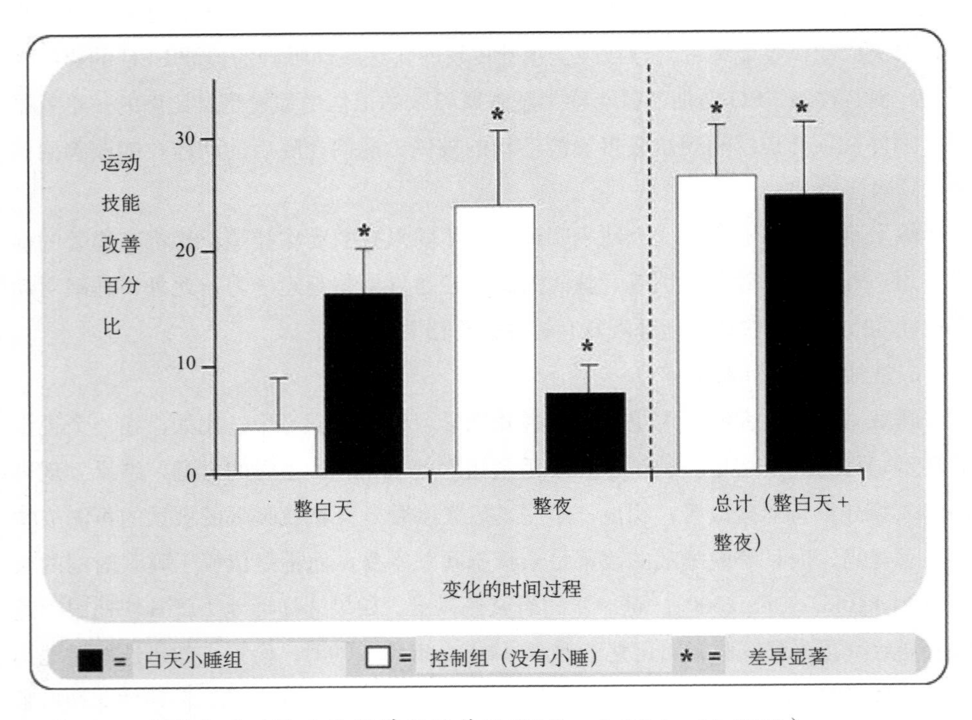

图6.19　白天小睡对运动技能学习的作用(Walker & Stickgold, 2005)

同样，白天小睡也有助于视觉技能学习。与运动系统的学习不同，在一天的时间里，如果长时间反复学习同一视觉技能通常会导致较低的学习绩效。这主要是由于大脑的返回抑制所致 (Mednick, et al. , 2002)，但是，如果学习之后有 30—60 分钟的小睡时间再进行重测，则其成绩降低的现象会得到有效抑制。而且如果小睡时间延长到 60—90 分钟，并且产生了慢波睡眠和快速眼动睡眠阶段，其成绩不仅可以回到基线水平，而且还能显著改善 (Mednick et al., 2003)。更为重要的是，对视觉技能学习而言，白天小睡对记忆的改善并不会影响到整夜睡眠对记忆的促进作用。

六、睡眠与脑的可塑性

记忆的形成从本质上来讲是依赖于大脑的可塑性，即是大脑应答外界刺激或个体经验而产生的持续性的结构或功能变化。既然睡眠是记忆巩固的重要调节器，那么睡眠是否也在脑的可塑性中起了重要作用呢？确实，很多采用功能磁共振脑成像技术（fMRI）的人类研究证实了这一点，主要表现为在白天学习和训练中所表现出的大脑激活模式会在随后夜晚的睡眠中得到复现。

比如，有研究让被试在白天进行序列反应时记忆任务并记录其脑激活模式，在夜间睡眠是也记录其脑激活模式，结果发现被试在其快速眼动睡眠期的脑激活模式跟白天学习时的表现是一样的；然而，对于那些白天没有接受此训练的被试来说则没有此现象的发生。此外，研究还表明，夜晚睡眠中快速眼动期所表现的脑激活强度与白天训练时所产生的学习程度呈正相关关系 (Maquet, et al., 2000; Peigneux, et al., 2003)。

类似的研究结果在采用虚拟迷宫任务的学习和训练中也得到了证实。即在白天的学习训练主要激活的海马区域在夜晚睡眠中也得到重演，主要出现在慢波睡眠阶段。更为有意思的结果是，慢波睡眠期海马激活的量与第二天记忆的提高量是成比例增长的。以上这些结果很明显地表明了睡眠过程中所产生的脑活动变化并非仅仅是由于白天所经历的活动所致，而是与学习过程本身相关，而且脑活动的变化直接导致了记忆量的提高 (Peigneux, et al., 2004)。其主要原因可能在于这种睡眠依赖的脑活动的重现内隐地修正了突触连接，特别是那些在实践过程中已经和特定脑区建立起关系的突触连接。它还能在削弱某些神经连接的同时，增强某些神经回路，从而达到精炼记忆的目的。

检验睡眠对记忆影响的另一个方法还可以通过比较睡眠前后的脑激活模式来

进行，这是一个更为直接地检验睡眠依赖的脑可塑性的方法。与其他方法不同的是，这个方法不需要测量睡眠中的脑功能活动变化，而是直接测量记忆成绩的提高是否来自于睡眠依赖的表征记忆的神经结构重组。采用睡眠依赖的运动技能学习任务和 fMRI 技术，研究者比较了睡眠前后的脑激活变化，发现整晚睡眠组在负责运动控制的脑区（即右侧初级运动皮层和左侧小脑）上的激活增量是等同的；而控制组被试则没有这个变化。因此，实验被试产生更精确的运动控制和更快的按键反应 (Ungerleider, et al., 2002)。此外，实验组被试在额中回和海马区域的激活也显著增加，这些区域正是负责动作序列学习记忆的。与此形成对照的是，实验组被试睡眠后在顶叶皮层以及整个边缘系统的活动却减弱了，这主要是由于降低了有意识的空间监控需要以及完成任务的情绪负荷，从而自动化地提高了任务绩效。

总的说来，这些研究结果表明，睡眠依赖的动作学习涉及与记忆有关的几个脑区的可塑性重组。睡眠之后，我们的动作技能执行得更快、更精确、更自动化。这对我们生活中的动作学习以及临床上的脑损伤修复都具有重要启示。

参考文献

肖夕君 . (2006). 体质、健康和体适能的概念及关系 . 中国临床康复，10(20)：146–149 页。

Swaab, D. (2011). 我即我脑 . (王奕瑶，陈琰璟，包爱民 译). 北京：中国人民大学出版社 .

Albeck, D. S., Sano, K., Prewitt, G. E., & Dalton, L. (2006). Mild forced treadmill exercise enhances spatial learning in the aged rat. *Behavioural brain research, 168,* 345–348.

Aron, A. R., Poldrack, R. A., & Wise, S. P. (2009). Cognition: Basal ganglia role. *Encyclopedia of Neuroscience, 2,* 1069–1077.

Aserinsky, E., & Kleitman, N. (1953). Regularly occurring periods of eye motility and concurrent phenomena during sleep. *Science, 118,* 273–274.

Barnes, D. E., Yaffe, K., Satariano, W. A., & Tager, I. B. (2003). A longitudinal study of cardiorespiratory fitness and cognitive function in healthy older adults. *Journal of the American Geriatrics Society, 51,* 459–465.

Berchtold, N. C., Kesslak, J.P., Pike, C. J., Adlard, P. A., & Cotman, C.W., (2001). Estrogen and exercise interact to regulate brain-derived neurotropic factor mRNA and protein expression in the hippocampus. *European Journal of Neuroscience, 14,* 1992–2002.

Buckworth, J., & Dishman, R.K. (2002). *Exercise Psychology.* Champaign, IL: Human Kinetics.

Burns, J. M., Cronk, B. B., Anderson, H. S., et al. (2008). Cardiorespiratory fitness and brain atrophy in early Alzheimer's disease. *Neurology, 71,* 210–216.

Castelli, D. M., Hillman, C. H., Buck, S. M., & Erwin, H. E. (2007). Physical fitness and academic achievement in third- and fifth grade students. *Journal of Sport and Exercise Psychology, 29,* 239–252.

Centers for Disease Control and Prevention. (2010). The Association Between School Based Physical Activity, Including Physical Education, and Academic Performance. Atlanta, GA: Department of Health and Human Services.

Chaddock, L., Erickson, K. I., Prakash, R. S., Kim, J. S., Voss, M. W., VanPatter, M., et al. (2010). A neuroimaging investigation of the association between aerobic fitness, hippocampal volume and memory performance in preadolescent children. *Brain Research, 1358,* 172–183.

Chaddock, L., Erickson, K. I., Prakash, R. S., VanPatter, M., Voss, M. V., Pontifex, M. B., et al. (2010). Basal ganglia volume is associated with aerobic fitness in preadolescent children. *Developmental Neuroscience, 32,* 249–256.

Chaddock, L., Hillman, C. H., Buck, S. M., & Cohen, N. J. (2011). Aerobic Fitness and Executive Control of Relational Memory in Preadolescent Children. *Medicine and Science in Sports and Exercise, 43*(2), 344–349.

Chomitz, V. R., Slining, M. M., McGowan, R. J., Mitchell, S. E., Dawson, G. F., & Hacker, K. A. (2009). Is there a relationship between physical fitness and academic achievement?: Positive results from public school children in the northeastern United States. *Journal of School Health, 79,* 30–37.

Colcombe, S., & Kramer, A. F. (2003). Fitness effects on the cognitive function of older adults: a meta-analytic study. *Psychological Science, 14,* 125–130.

Colcombe, S. J., Erickson, K. I., Scalf, P. E., Kim, J. S., Prakash, R., McAuley, E., et al. (2006). Aerobic exercise training increases brain volume in aging humans. *Journals of Gerontology Series A: Biological Sciences and Medical Sciences, 61,* 1166–1170.

Colcombe, S. J., Kramer, A. F., Erickson, K. I., Scalf, P., McAuley, E., Cohen, N. J., et al. (2004). Cardiovascular fitness, cortical plasticity, and aging. *Proceedings of the National Academy of Sciences of the USA, 101,* 3316–3321.

Davis, C. J., Harding, J. W., & Wright, J. W. (2003). REM sleep deprivation-induced deficits in the latency-to-peak induction and maintenance of long-term potentiation within the CA1 region of the hippocampus. *Brain research, 973,* 293–297.

Donnelly, J. E., Greene, J. L., Gibson, C. A., Smith, B. K., Washburn, R. A., Sullivan, D. K., et al. (2009). Physical activity across the curriculum (PAAC): A randomized controlled trial to promote physical activity and diminish overweight and obesity in elementary school children. *Preventative Medicine, 49,* 336–341.

Doyon, J., Penhune, V., & Ungerleider, L. G. (2003). Distinct contribution of the cortico-striatal and cortico-cerebellar systems to motor skill learning. *Neuropsychologia, 41,* 252–262.

Eichenbaum, H. (2000). A cortical-hippocampal system for declarative memory. *Nature Reviews Neuroscience, 1,* 41–50.

Eichenbaum, H., & Cohen, N. J. (Eds). (2001). *From Conditioning to Conscious Recollection: Memory Systems of the Brain.* New York: Oxford University.

Erickson, K. I., Colcombe, S. J., Elavsky, S., McAuley, E., Korol, D. L., Scalf, P. E., et al. (2007). Interactive effects of fitness and hormone replacement treatment on brain health in postmenopausal women. *Neurobiol*ogy of *Aging,* 28(2), 179-185.

Erickson, K. I., Voss, M. W., Prakash, R. S., et al. (2011). Exercise training increases size of hippocampus and improves memory. *Proceedings of the National Academy of Sciences of the USA, 108*(7), 3017–3022.

Etnier, J. L., Salazar, W., Landers, D. M., Petruzello, S. J., Han, M., & Nowell, P. (1997). The influence of physical fitness and exercise upon cognitive functioning: A meta-analysis. *Journal of Sport and Exercise Psychology, 19,* 249–277.

Fischer, S., Hallschmid, M., Elsner, A. L., & Born, J. (2002). Sleep forms memory for finger skills. *Proceedings of the National Academy of Sciences of the USA, 99,* 11987–11991.

Fordyce, D. E & Wehner, J. M. (1993). Physical activity enhances spatial learning performance with an associated alteration in hippocampal protein kinase C activity in C57BL/6 and DBA/2 mice. *Brain Research, 619,* 111–119.

Gaab, N., Paetzold, M., Becker, M., Walker, M. P., & Schlaug, G. (2004). The influence of sleep on auditory learning—a behavioral study. *Neuroreport, 15,* 731–734.

Gais, S., & Born, J. (2004). Low acetylcholine during slow-wave sleep is critical for declarative memory consolidation. *Proceedings of the National Academy of Sciences of the USA, 101,* 2140–2144.

Gais, S., Pliha,l W., Wagner, U., & Born, J. (2000). Early sleep triggers memory for early visual discrimination skills. *Nature Neuroscience, 3,* 1335–39.

Gomez-Pinilla, F., So, V., & Kesslak, J. P. (1998).Spatial learning and physical activity contribute to the induction of fibroblast growth factor: neural substrates for increased cognition associated with exercise. *Neuroscience, 85,* 53–61.

Grissom, J. B. (2005). Physical fitness and academic achievement. *Journal of Exercise Physiology Online, 8,* 11–25.

Gruart-Masso, A., Nadal-Alemany, R., Coll-Andreu, M., Portell-Cortes, I., & Marti-Nicolovius, M. (1995). Effects of pretraining paradoxical sleep deprivation upon two-way active avoidance. *Behavioural Brain Research, 72,* 181–183.

Guan, Z., Peng, X., & Fang. (2004). Sleep deprivation impairs spatial memory and decreases extracellular signal-regulated kinase phosphorylation in the hippocampus. *Brain Research, 1018,* 38–47.

Guttmann, C. R., Jolesz, F. A., Kikinis, R., Killiany, R. J., Moss, M. B., Sandor, T., et al. (1998). White matter changes with normal aging. *Neurology, 50,* 972–978.

Hartley, D. (1801). *Observations on Man, His Frame, His Deity, and His Expectations* (*1749/1966*). Gainesville, FL: Scholars Facsimile Reprint

Heyn, P., Abreu, B. C., & Ottenbacher, K. J. (2004). The effects of exercise training on elderly persons with cognitive impairment and dementia: a meta-analysis. *Archives of Physical Medicine and Rehabilitation, 85,* 1694–1704.

Hillman, C. H., Erickson, K. I., & Kramer, A. F. (2008). Be smart, exercise your heart: exercise effects on brain and cognition. *Nature Reviews Neuroscience, 9,* 58-65.

Hillman, C. H., Pontifex, M. B., Raine, L. B., Castelli, D. M., Hall, E. E., & Kramer, A. F. (2009). The effect of acute treadmill walking on cognitive control and academic achievement in preadolescent children. *Neuroscience, 159*(3), 1044–1054.

Jack, C. R., Wiste, H. J., Vemuri, P., Weigand, S. D., Senjem, M. L., et al. (2010). Brain beta-amyloid measures and magnetic resonance imaging atrophy both predict time-to-progression from mild cognitive impairment to Alzheimer's disease. *Brain, 133,* 3336–3348.

Jenkins, J. G., & Dallenbach, K. M. (1924). Obliviscence during sleep and waking. *The American Journal of Psychology, 35,* 605–612.

Jernigan, T. L., Archibald, S. L., Fennema-Notestine, C., Gamst, A. C., Stout, J. C., Bonner, J., et al. (2001). Effects of age on tissues and regions of the cerebrum and cerebellum. *Neurobiology of Aging, 22,* 581–594.

Kim, Y. P., Kim, H., Shin, M. S., Chang, H. K., Jang, M. H., Shin, M. C., et al. (2004). Age-dependence of the effect of treadmill exercise on cell proliferation in the dentate gyrus of rats. *Neuroscience Letters, 355,* 152–154.

Kuriyama, K., Stickgold, R., & Walker, M. P. (2004). Sleep-dependent learning and motor skill complexity. *Learning and Memory, 11,* 705–713.

Larson, E. B., Wang, L., Bowen, J. D., McCormick, W. C., Teri, L., et al. (2006). Exercise is associated with reduced risk for incident dementia among persons 65 years of age or older. *Journal of Cardiopulmonary Rehabilitation, 144*(2), 73–81.

Maquet, P., Laureys, S., Peigneux, P., Fuchs, S., Petiau, C., et al. (2000). Experience-dependent changes in cerebral activation during human REM sleep. *Nature Neuroscience, 3,* 831–836.

Maquet, P., Laureys, S., Peigneux, P., Fuchs, S., Petiau, C., Phillips, C., et al. (2000). Experience-dependent changes in cerebral activation during human REM sleep. *Nature Neuroscience, 3*(8), 831–836.

Mednick, S. C., Nakayama, K., Cantero, J. L., Atienza, M., Levin, A. A., et al. (2002). The restorative effect of naps on perceptual deterioration *Nature Neuroscience,28,* 677–681.

Mednick, S. C., Nakayama, K., & Stickgold, R. (2003). Sleep-dependent learning: a nap is as good as a night. *Nature Neuroscience,6,* 697–698.

Meienberg, P. (1977). The tonic aspects of human REM sleep during long-term intensive verbal learning. *Physiological Psychology, 5,* 250–256.

Nader, K. (2003). Memory traces unbound. *Trends in Neuroscience. 26,* 65–72.

Peigneux, P., Laureys, S., Fuchs, S., Collette, F., Perrin, F., et al. (2004). Are spatial memories strengthened in the human hippocampus during slowwave sleep? *Neuron, 44,* 535–545.

Peigneux, P., Laureys, S., Fuchs, S., Destrebecqz, A., Collette, F., et al. (2003). Learned material content and acquisition level modulate cerebral reactivation during posttraining rapideye-movements sleep. *Neuroimage, 20,* 125–134.

Pereira, A. C., Huddleston, D. E., Brickman, A. M., Sosunov, A. A., Hen, R., McKhann, G. M., et al. (2007). An in vivo correlate of exercise-induced neurogenesis in the adult dentate gyrus. *Proceedings of the National Academy of Sciences of the USA, 104,* 5638–5643.

Podewils, L. J., Guallar, E., Kuller, L. H., Fried, L. P., Lopez, O. L., Carlson, M., et al. (2005). Physical activity, apoe genotype, and dementia risk: findings from the cardiovascular health cognition study. *American journal of Epidemiology, 161,* 639–651.

Pontifex, M. B., Raine, L. B., Johnson, C. R., Chaddock, L., Voss, M. W., et al. (2011). Cardiorespiratory fitness and the flexible modulation of cognitive control in preadolescent children. *Journal of Cognitive Neuroscience, 23*(6), 1332-1345.

Raz, N., Lindenberger, U., Rodrigue, K. M., Kennedy, K. M., Head, D., Williamson, A., et al. (2005). Regional brain changes in aging healthy adults: general trends, individual differences and modifiers. *Cerebral Cortex, 15,* 1676–1689.

Raz, N. (2000). *Aging of the brain and its impact on cognitive performance: integration of structural and functional findings.* In F. I. M. Craik., & T. A. Salthouse (Eds), *Handbook of aging and cognition* (pp. 1-90). Mahwah, NJ, US:

Lawrence Erlbaum Associates Publishers.

Rechtschaffen, A., & Kales, A. (Eds). (1968). *A Manual Standardized Terminology, Techniques and Scoring System for Sleep Stages of Human Subjects*. Bethesda, M. D: U.S. Dep. Health.

Rhodes, J. S., van Praag, H., Jeffrey, S., Giard, I., Mitchell, G. S., Garland, T., et al.(2003). Exercise increases hippocampal neurogenesis to high levels but does not improve spatial learning in mice bred for increased voluntary wheel running. *Behavioural Neuroscience, 117,* 1006–1016.

Roberts, C. K., Freed, B., & McCarthy, W. J. (2010). Low aerobic fitness and obesity are associated with lower standardized test scores in children. *The Journal of Pediatrics, 156,* 711–718.

Robertson, E. M., Pascual-Leone, A., & Press, D. Z. (2004). Awareness modifies the skill-learning benefits of sleep. *Current Biology, 14,* 208–212.

Rovio, S., Helkala, E. L., Viitanen, M., Winblad, B., Tuomilehto, J., Soininen, H., et al. (2005). Leisure time physical activity at midlife and the risk of dementia and Alzheimer's disease. *The Lancet Neurology, 4,* 705–711.

Ruskin, D. N., Liu, C., Dunn, K. E., Bazan, N. G., & LaHoste, G. J. (2004). Sleep deprivation impairs hippocampus-mediated contextual learning but not amygdala-mediated cued learning in rats. *European Journal of Neuroscience*, 19, 3121–3124.

Sakai, K., Kitaguchi, K., & Hikosaka, O. (2003). Chunking during human visuomotor sequence learning. *Experimental brain research. 152,* 229–242.

Salat, D. H., Kaye, J. A., & Janowsky, J. S. (1999). Prefrontal gray and white matter volumes in healthy aging and Alzheimer disease. *Archives of neurology, 56,* 338–344.

Sallis, J. F., McKenzie, T. L., Kolody, B., Lewis, M., Marshall, S., & Rosengard, P. (1999). Effects of health-related physical education on academic achievement: Project SPARK. *Research Quarterly for Exercise and Sport, 70,* 127–134.

Schacter, D., & Tulving, E. (1994). What are the memory systems of 1994? In D. Schacter, & E Tulving (Eds), *Memory Systems* (pp. 1–38). Cambridge: MIT Press.

Sibley, B. A., & Etnier, J. L. (2003). The relationship between physical activity and cognition in children: A meta-analysis. *Pediatric Exercise Science, 15,* 243–256.

Smith, P. J., Blumenthal, J. A., Hoffman, B. M., Cooper, H., Strauman, T. A., Welsh-Bohmer, K., et al. (2010). Aerobic exercise and neurocognitive performance: A meta-analytic review of randomized controlled trials. *Psychosomatic Medicine, 72,* 239–252.

Squire, L. R., & Zola, S. M. (1996). Structure and function of declarative and nondeclarative memory systems. *Proceedings of the National Academy of Sciences of the USA, 93,* 13515–13522.

Stickgold, R., Whidbee, D., Schirmer, B., Patel, V., & Hobson, J. A. (2000b). Visual discrimination task improvement: a multi-step process occurring during sleep. *Journal of cognitive Neuroscience, 12,* 246–254.

Ungerleider, L. G., Doyon, J., & Karni, A. (2002). Imaging brain plasticity during motor skill learning. *Neurobiology of learning and memory, 78,* 553–564.

Van Praag, H., Kempermann, G., & Gage, F. H. (1999). Running increases cell proliferation and neurogenesis in the adult mouse dentate gyrus. *Nature Neuroscience,2,* 266–270.

Van Praag, H., Shubert, T., Zhao, C., & Gage, F.H. (2005). Exercise enhances learning and hippocampal neurogenesis in aged mice. *The Journal of Neuroscience 25,* 8680–8685.

Walker, M. P., Brakefield, T., Morgan, A., Hobson, J. A., & Stickgold, R. (2002). Practice with sleep makes perfect: sleep-dependent motor skill learning. *Neuron, 35,* 205–211.

Walker, M. P. (2005). A refined model of sleep and the time course of memory formation. *Behavioural and Brain Sciences. 28,* 51–64.

Walker, M.P., & Stickgold, R. (2008). Sleep, memory and plasticity. *Annual Review of Psychology, 57,* 139-166.

Weuve, J., Kang, J. H., Manson, J. E., Breteler, M. M. B., Ware, J. H., & Grodstein, F.(2004). Physical activity including walking and cognitive function in older women. *The Journal of the American Medical Association, 292,* 1454–1461.

Wittberg, R. A., Northrup, K. L., & Cottrell, L. A. (2012). Children's Aerobic Fitness and Academic Achievement: A Longitudinal Examination of Students During Their Fifth and Seventh Grade Years. *American Journal of Public Health, 102*(12), 2303-2307.

Yaffe, K., Barnes, D., Nevitt, M., Lui, L. Y., & Covinsky, K. (2001). A prospective study of physical activity and cognitive decline in elderly women. *Formerly Archives of Internal Medicine, 161,* 1703–1708.

Zimmerman, J. T., Stoyva, J. M., & Metcalf, D. (1970). Distorted visual feedback and augmented REM sleep. *Psychophysiology, 7,* 298–303

Zimmerman, J. T., Stoyva, J. M., & Reite, M. L. (1978). Spatially rearranged vision and REM sleep: a lack of effect. *Biological psychiatry, 13,* 301– 316.

（夏琼）

第七章　脑与美育

在聆听盛大恢弘的交响乐时，或面对美轮美奂的敦煌石窟画像时，人们往往发出赞叹之声，甚至在内心激荡起强烈的情绪而流下激动的泪水。这就是艺术的魅力。艺术家通过对生活的浓缩和夸张，不断创造艺术之美，并借此宣泄内心的愿望与情绪，引起他人的共鸣。艺术具有多种多样的形式，文字、绘画、雕塑、建筑、音乐、舞蹈、戏剧、电影等任何可以表达美的行为或事物皆属艺术，因此相关的艺术教育又被称为美育。那么，在理性的认知神经科学看来，感性的艺术背后有着什么样的大脑活动奥秘呢？音乐是最常见也是最重要的艺术活动之一，认知神经科学早已将目光对准它们，对它们进行了研究，并取得了丰厚的成果。音乐是美育的重要部分，这一章主要从脑、音乐与教育方面来说明脑与美育。

物体有规则的震动发出的声音称为乐音，音乐就是由有组织的乐音来表达人们思想感情、反映现实生活的一种艺术。尽管人们通常不需要专业的训练就能领略音乐传达出的美和情感，但音乐有着非常复杂的成分，包含了很多可变元素，如音高、音程、音色、速度、节奏、和声和调式，等等。因此最基本的音乐知觉就是十分复杂的认知活动，它是对音乐各种元素的知觉和整合，包括了基于声音分析、听觉记忆、听觉场景分析、以及音乐的句法和语义加工的复杂的脑部活动（Kaas, Hackett, & Tramo, 1999）。除知觉之外，音乐欣赏还会调动起人们几乎全部的认知功能——认知、社会认知、记忆、学习以及情感。因此音乐被称为探索人脑奥秘的一扇窗。1989 年音乐感知与认知国际联合会成立，这体现了音乐在科研领域的重要性，也说明了这方面已有一定的成果积累。近年来，音乐研究与认知神经科学技术紧密结合，取得了长足进步与发展。下文选出一些内容进行介绍。

第一节　音乐认知的神经基础

关于音乐认知的神经基础，Koelsch和他的同事（Koelsch, 2011a; Koelsch & Siebel, 2005）做了大量的实验和整合工作，他们提出了音乐的神经认知模型（见图7.1），并且在此基础上不断补充和完善。

根据音乐的神经认知模型，音乐知觉的第一步是解码声学信息、提取声音特征。声学信息先在耳蜗（cochlea）中转换成神经活动，并被传输到脑干的听觉区域，音高、音色、音准、音强等差异特性在下丘（inferior colliculus）和上橄榄复合体（superior olivary complex）表现出不同的神经反应。蜗神经背侧核（dorsal cochlear nucleus）投射至网状结构（reticular formation）。通过该投射，突然的响声会引发人们的惊吓反射，也能帮助人们提取音乐的节律。丘脑（特别是内侧膝状体，medial geniculate body）主要把信息投射到初级听觉皮层（primary auditory cortex，简写为PAC）和次级听觉皮层（secondary auditory cortex）的相邻区域，以及杏仁核和

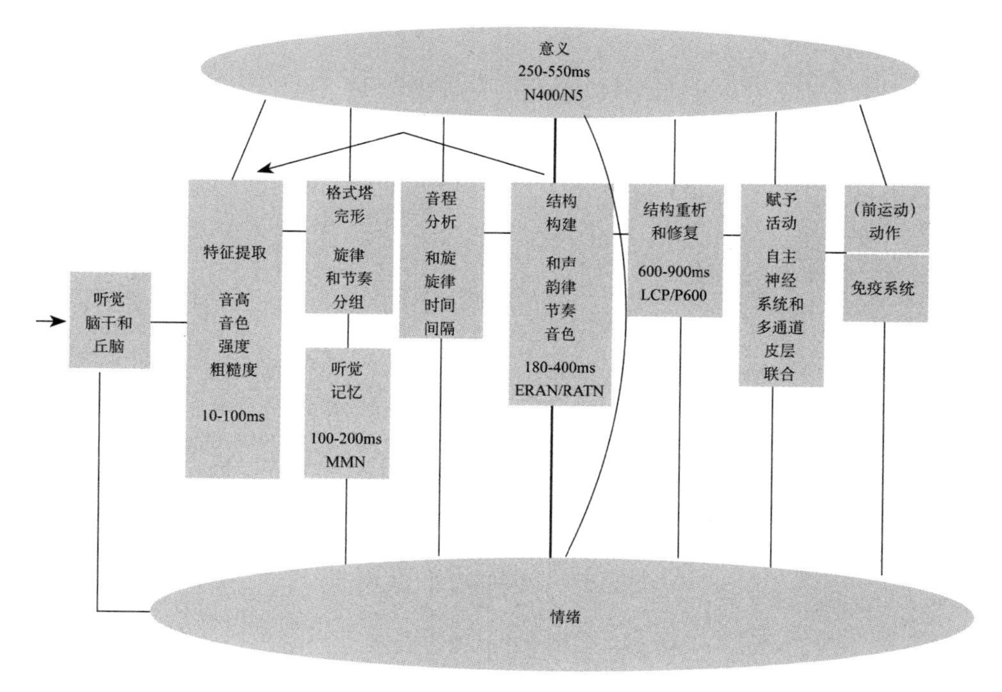

图7.1　音乐知觉的认知模型（Koelsch and Siebel, 2005）

内侧额眶皮层。在听觉通路中不但有自下而上的过程，还包括自上而下的过程。下丘背核（dorsal nucleus of the inferior colliculus）会接收来自多个听觉皮层的信息（Koelsch, 2011a; 王沛，苏洁，2007）。

听觉皮层（the auditory cortex，简写为 AC）提取更加具体的声音特征信息，诸如音高、音色、音质、音强等信息。Tramo 等（2002）发现，一个双侧 PAC 受到损伤的病人的声音觉察阈限并没有受到影响，但辨别阈限上升，而辨别音调变化方向（上升或下降）的阈限更有显著的上升。更为重要的是，AC 将声音特征转换成知觉。PAC，特别是右侧 PAC 的损伤会使动物和人无法知觉到残余音调（residue pitch）（Whitfield, 1980; Zatorre, 1988）。此外，AC 的功能还涉及：听觉记忆、提取声音内部关系、区分和组织声音及其模式、分割声音流、自动觉察变化、整合多路通道的感觉及为进一步的概念和意识加工做准备等（Koelsch, 2011a）。

提取声音特征之后，声音信息进入听觉记忆和听觉的格式塔（Gestalt）表征阶段。听觉记忆可通过失匹配负波（mismatch negativity，简写为 MMN）体现出来。当同一听觉刺激多次重复时，会在脑内留下感觉记忆痕迹，偶然出现偏离刺激与之失匹配，就诱发出 MMN。MMN 通常的潜伏期为 100—200ms。听觉刺激的频率、强度、持续时间等因素的偶然改变都可以诱发 MMN（Näätänen *et al.*, 2001）。MMN 主要出现在 PAC 和临近听觉皮层的区域，其次出现于前额区域（包括前运动区、接近和位于额下沟的背外侧前额叶皮层、额下回的后部）。通过 MMN 研究，可以了解听觉记忆对音乐刺激不同的反应特性，长期和短期训练对听觉记忆操作的影响，并可借助旋律和节奏模式了解格式塔形成（Koelsch, 2011a）。因此 MMN 研究对了解音乐加工的神经过程有着重要意义。

在听觉格式塔阶段，脑内进行节奏、旋律、音质以及空间组群的加工，其策略是：先把听觉信号分割成许多独立的单元，这些单元与声谱中特定时域和频域相对应。然后，对这些单元进行分离或分组。分组是指听觉系统把某些具有相似特征或时间接近的音知觉为一个流，使之从复杂的环境声中突出出来。分离则是从复杂环境声中辨别出声音的不同来源或区分不同声音。分离和分组是一对统一的概念，如果出现了分组，也就意味着流与流之间产生了分离。初级分析过程包括序列整合和同时性整合。前者把在不同时间内顺序出现的谱成分纳入一个知觉流，以便计算环境中声音的序列特性，而后者则把同时出现的成分分开，将它们放入不同的流中（王净，杨玉芳，1998）。

接着是一个更具体的音程分析阶段，包括：有关和弦或旋律之间音高关系的具体加工（要求判断该和弦是大调和弦还是小调和弦、是原位演奏还是转位演奏等）；以及具体的音程加工过程。目前来看，关于和弦的神经活动还不清晰，可能由颞叶和前额叶进行加工。脑损伤研究发现，对旋律轮廓的分析主要依赖于右侧颞上回（superior temporal gyrus，简写为 STG）的后部，而更具体的音程信息加工过程则涉及双侧上颞皮层（supratemporal cortex）的前后区域。旋律和音程被独立加工，脑部损伤妨碍人对音高关系的辨别，但不妨碍对时间关系的精确解释，反之亦然（Peretz & Zatorre, 2005）。

对于音乐音程和轮廓的加工，有一个较新的研究方法，称为动态听觉稳态反应（auditory steady-state response，简写为 aSSR）（Patel, 2003）。aSSR 是初级听觉皮层对恒定调幅（amplitude modulation，简写为 AM）的声学刺激作出反应而产生的神经正弦振荡。aSSR 频率和 AM 速率相同，而且当 AM 为 40Hz 时最强。因此 aSSR 是具有高信噪比的、有频率特殊性的大脑对刺激的反应。aSSR 不像诱发电位，它表征持续的皮层活动，振荡持续的时间和刺激一样长。已有研究发现，左侧顶上小叶和精确时间间隔大小的区分有关，而右侧额颞回路与更一般的轮廓模式知觉相关；当局部和全局音高知觉存在动态整合、音调序列类似音乐旋律时，整合最强。此外，当音高序列可以预期时，反应音高轮廓的信号的精确性提高。这表明音乐预期对大脑信号可能起到自上而下的影响，将来的研究可以采用 aSSR 来动态监测音乐预期如何随着时间结构化。

接下来进入音乐句法的加工阶段。音乐句法和语言句法的概念相似，指的是各个元素的组织方式或规则。像音乐的组织规则包括单音、音程、和弦以及音的持续时间的组合，这些组合共同形成了具有文化特性的、风格各异的音乐。在大 / 小调音乐中，一定的规则引导和弦功能进入和声序列。和声规律只是形成部分音乐句法，而其他的结构方面形成有旋律的、有节奏的、有节拍的（也可能是音质上的）结构（王沛，苏洁，2007）。对音乐句法的研究通常采用“违例”范式。例如：建立在主音上的和弦称为“主音和弦”，建立在第二音上的和弦称为称为“II 级和弦”，建立在第五音上的和弦称为“属和弦”，从“属和弦”到“主和弦”的进行代表和声序列协和的终止，而从“属和弦”到“II 级和弦”的进行则是不规则的（见图 7.2A 和 7.2B）。EEG 和 MEG 都发现，当音乐句法不符合规则时，通常右半球的额叶和额 - 颞叶会出现负波，波幅在 150—350ms 间达到顶峰（见图 7.2C）。如果采用的是同步、重复的刺激，那么在 150—200ms 左右波幅就能到达顶峰，这种波被称为早期右前负波（early right anterior negativity，简写为 ERAN）。除 ERAN 外，左前负波（left anterior negativity，简称为 LAN）同样被认为与音乐句法的加工有关。脑功能成像研究使用和弦序列范式（chord sequence paradigm），发现音乐句法的加工涉及大脑两侧额下回的岛盖部（pars opercularis of the inferior frontal gyrus，即布洛卡 44 区，简称为 BA44），其中右侧的权重更大一些（见图 7.2D）。BA44 被认为和音乐句法中的层级加工有关，因为它同样负责语言和数学公式的层级加工过程。此外，岛盖部的上部、STG 的前部和前运动皮层的腹侧（ventral premotor cortex，简称为 PMCv）也被认为涉及音乐句法加工。

音乐句法的加工还涉及到通过知觉出短语边界（phrase boundary）来分解音乐结构。前人研究使用事件相关电位技术（Evoked Response Potential，简称为 ERP）发现口语中的语调短语边界和阅读中的逗号都能诱发中止正漂移（closure positive shift，简称为 CPS）。Knösche 等人（2005）最早在音乐家的脑电实验中发现音乐边界诱发了 CPS。此后，Neuhaus 等人（2006）在普通人群的脑电实验中也发现了 CPS，而

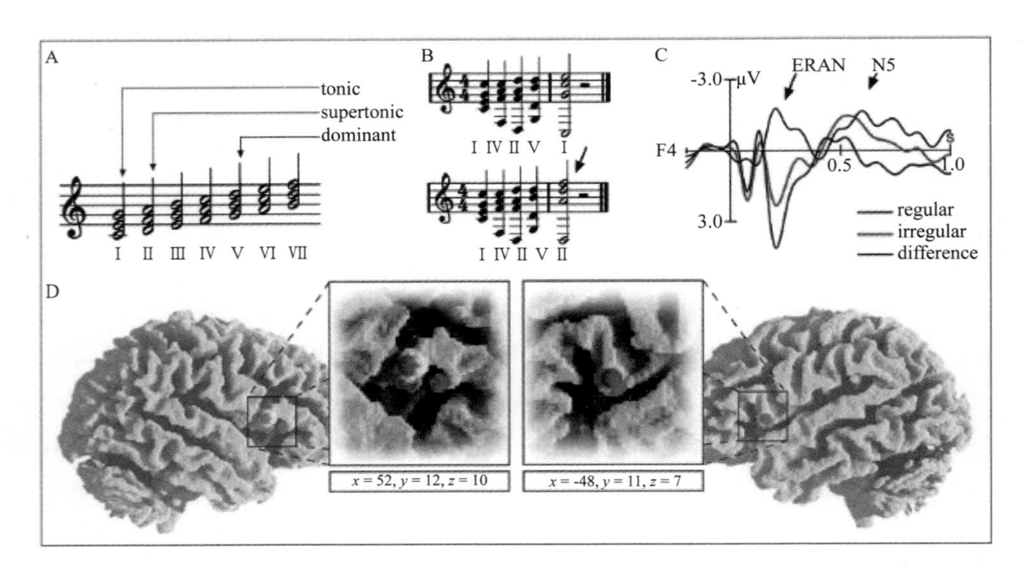

图7.2　A主音和弦、II级和弦和属和弦；B实验用的标准旋律和偏差旋律；CERAN和N5；D相应的激活脑区（Koelsch, 2011a.）（tonic：主音和弦；supertonic：II级和弦；dominant：属和弦；regular：规则乐句；irregular：不规则乐句；difference：不规则乐句减去规则乐句的差值）

且音乐中断的时间越长、边界音调越长，CPS 的振幅越大。fMRI 研究表明，边界分割的过程可能涉及（右）前运动皮层、中央盖（Rolandic operculum）、位于颞平面的（右）AC、前脑岛（或上鳃盖的深处）和双侧的纹状体（Meyer *et al.*, 2004）。

当音乐句法有异常时，结构的重析和修复（structural reanalysis and repair）就可能发生。这个过程反映在 ERP 的 P600 或晚期正成分（late positive component，简称为 LPC）上（Besson & Schőn, 2001）。P600/LPC 能被不规则的旋律音调和不规则的和弦引发，而且似乎只有个体注意到音乐刺激时才能引发。和非音乐人士相比，音乐家听到不和谐的结尾旋律时引发的 LPC 振幅更大，潜伏期更短。和新异旋律相比，熟悉旋律引发更强的 LPC。全音阶不规则终止不会引发 LPC。预期外的音调还会引发 ERP 的早期负成分（大概在刺激出现后的 100ms 左右）。这个 ERP 效应和 ERAN 相近（或者可以视为 ERAN 的早期成分），可能和后继的 N2b（觉察到不规则或预期外的音调）有部分重合。当使用句子和和弦序列时，发现无论是语言还是音乐的不规则性都引发 P600/LPC，而且不规则程度和振幅存在正相关。

音乐可以传达意义信息，是重要的交流工具。音乐内涵具有三种表现形式：外部音乐意义（extra-musical meaning）、内部音乐意义（intra-musical meaning）和音乐性意义（musicogenic meaning）。外部音乐意义指通过参照外部世界而产生的意义，它有三种类型：一种是模仿类似物体的声音或物体特征而产生的意义，如有些声音听上去会有“温暖”或“多彩”的感觉；一种是通过和动作相关的模式（如韵律）产生某种心理状态（如快乐、悲伤）；还有一种是特定音乐和外在背景联系产生特定内涵（如国歌）。内部音乐意义是指音乐本身元素间整合而产生的意义。音乐性意义主要体现在个体对音乐作出的回应上，比如相应的身体动作、情绪反应、与自我相关的记忆等。目前，这一领域中被研究较多的是两种 ERP 负成分波：N400 和 N5。

N400 体现了对外部音乐意义的加工。Koelsch 等人（2004）采用启动范式，先向被试呈现一句话（如“The gaze wandered into distance”）或一段音乐（如莫扎特的一段交响乐），随后出现意义相关或无关的词（和句子相关的词为 wideness，无关的词为 narrowness；和音乐相关的词为 angel，无关的词为 scallywag）。在语言条件下，无关词引发显著的 N400 效应，体现了典型的启动效应。在音乐条件下，发现相同的 N400 效应。N400 产生的位置大致位于两边内侧颞回（the medial temporal gyrus）的后部（BA 21/37），靠近颞上沟（the superior temporal gyrus），这个部位被认为和语义加工相关。通过上述研究结果可见，音乐能激活概念 / 意义表征，而不只是产生情绪信息。不过，这一实验是通过词汇产生 N400 的，那么音乐信息能引发 N400 吗？Daltrozzo 和 Schön（2009）采用词进行启动，当随后的音乐在意义上无关时，同样发现N400。随后的研究采用单个和弦或单个声调，都能启动意义，引发N400（Steinbeis & Koelsch, 2011; Grieser-Painter & Koelsch, 2011）。

上文提到，当音乐句法不符合规则或采用同步、重复的刺激时，通常右半球的额叶和额—颞叶会在 150—350ms 间出现负波，即 ERAN。而紧随 ERAN 之后，会出现一个负波，被称为 N5。N5 被认为体现了个体对音乐内部意义的加工（Koelsch, 2011b）：（1）符合音乐句法规则的和弦能引发 N5，而且 N5 振幅随着和弦序列进行而下降。振幅的下降被认为由于随着时间进行，后续乐音减少，和弦整合程度的降低。（2）相比符合规则的和弦来说，和弦的不协调会引发振幅更大的 N5。更为重要的是，N5 和上文提到的反映句法加工的 LAN 不存在交互作用，这被认为 N5 涉及的是语义过程，而非句法过程。不过，到目前为止，N5 发生的确切的脑区位置还没有确定，被推测可能位于颞叶（和产生 N400 的 BA 21/37 存在重叠）和额叶（可能是额下回后部）。

音乐必然会对个体激活。通常是伴随着音乐和非音乐信息的认知而产生激活，并整合传递自主神经系统的活动（即交感神经和副交感神经系统规则）。音乐知觉在自主神经系统活动方面的效用，主要通过对皮肤电活动和心率，以及所报告的颤抖和冷颤的频率及其强度进行测量而获得。音乐的激活作用还会影响免疫系统。通过测量唾液分泌的免疫球蛋白 A 的浓度变化，可以评估音乐加工对免疫系统的影响。对音乐知觉而言，知觉后期与行为初期神经活动的叠加是十分重要的（例如，前运动功能与行为计划有关）。随音乐打拍子、跳舞、唱歌的音乐知觉行为是人们非常普遍的经历，它同时发挥着连接相同的、不同的个体以及群体的社会功能。音乐知觉的行为反应伴有在脑干中网状结构的神经冲动（例如处于愉悦兴奋状态时，释放能量产生动作）。听觉脑干结构（以及网状结构和听觉皮层）之间很可能也存在联结，同时网状结构的神经活动也影响新达到的声音信息的加工。

在整个音乐过程中有各类记忆的参与，比如在脑部结构上，听觉记忆和工作记忆及长时记忆都有联结。脑成像研究在普通人身上发现言语工作记忆的音位环路（phonological loop）和工作记忆的音调环路（tonal loop）存在很大的重叠，位置在 PMCv（扩展至布洛卡区）、前运动皮层的背侧、颞平面、下顶叶、前脑岛、皮层下结构（基底核和丘脑）及小脑（Koelsch, et al., 2009; Schulze, et al., 2011a），而

Schulze 等人（2011b）发现对音乐家而言，这两个记忆环路是分离的：音位环路位于右岛叶皮层（insular cortex），音调环路位于右苍白球（globus pallidus）、右尾状核（caudate nucleus）和左小脑。对长时记忆的研究发现，音乐语义记忆（musical semantic memory）涉及左颞中回（middle temporal gyrus），音乐语义表征的存储位于左颞叶的前部（Groussard, et al., 2010），而音乐信息的提取涉及到海马和额下回（inferior frontal gyrus）（Watanabe, et al., 2008），但是目前对于不同音乐模块或不同音乐加工过程和不同记忆功能之间的内部联系，仍缺乏更细致的研究。

第二节　音乐与语言

音乐和语言二者均涉及复杂而有意义的声音序列，对这两个领域进行比较是很自然的。这种比较研究的推动力来自以下两种观点之间的对立：一种观点强调音乐和语言的差别；另一种观点是寻找二者的共性。音乐和语言之间重要的差别的确是存在的，比如音乐组织音高和节奏的方式与言语不同，而且缺少语言所具有的语义确定性。语法是以范畴为基础建立的（如名词和动词），这在音乐中也不存在，但是对于情绪，音乐比一般语言具有更强的影响力。此外，在神经心理学记载的很多案例中，脑损伤或脑疾病影响其中一种，而不损害另一种（如失歌症和失语症），然而另一种观点更加强调两者的共性。这种观点认为，虽然音乐和语言使用不同的表征，但这两个领域具有一些共同的基本加工机制，包括形成习得声范畴的能力、从节奏和旋律序列中提取统计规则的能力、把输入成分（如词和音调）整合成句法结构的能力，以及从声音信号中提取微妙情绪意义的能力等（Patel, 2008）。目前，后一种观点引起了神经科学研究者的极大兴趣，不断试图找出关于这种观点的新证据。

Koelsch（2011a）从音乐认知过程的角度对音乐和语言的相似和差别之处进行了总结。音乐中的音质（timber）和语言中的音位（phoneme）被认为是等同的，不过相比前者，语言知觉中的音位信息要求更高的时间分辨率，因为音质信息没有音位信息变化得快。这可能导致语言知觉时左半球发挥更大的作用，而进行语言旋律信息或音乐旋律加工时，右半球的 AC 有着更强的激活。另外，音乐和语言加工都需要语音感觉记忆和语音分析 / 语音流分割。至于句法加工，音乐和语言都会产生 ERAN 和 LAN，语言和音乐都还涉及前运动编码和情绪体验过程。从 ERP 研究来看，两者共有的成分如下：语音脑干诱发的FFRs；来自AC的P1、N1和P2；颞叶和额叶的MMN；来自岛盖部下部（BA44i）的ERAN/LAN；来自颞叶后部和额叶下部的代表语义整合和修复的P600和N400。

一、从发展的角度比较音乐和语言

McMullen和Saffran（2004）从发展的角度对音乐和语言进行了详尽的比较。

首先，从声学信号的角度来看，语音是一种连续性变化，但成人的语音知觉却不是连续性的，表现为范畴性。比如将“b”作为一个语音的起始端，逐渐改变清浊线索的嗓音起始时间，会听起来越来越像“p”。如果语音感知是连续性的，那么我们会对位于“b”和“p”中间的声音感到难以辨别，不知是更像“b”还是更像“p”。然而实际情况是，在“b”和“p”这个连续体之间的某一个点上，刺激会被陡然地感知为“b”或“p”。就是说，这个声学信号连续体在知觉上被分为“b”和“p”两个范畴，成人对落入这两个范畴间的刺激的分辨显著好于对同一范畴内的刺激的分辨，这一现象被称为“范畴知觉”。研究发现，1个月的婴儿就表现出范畴知觉，考虑到此时婴儿语言学经验的缺少，这种模式可能是先天的（Eimas, Siqueland, Jusczyk, & Vigorito, 1971）。尽管婴儿先天就存在范畴知觉，但每种语言都具有独特的音系体系。就是说，不同语言会选用不同的语音信息以及对语音连续体有着不同的划分方式，从而具备不同的母语音位（一种语言里面可区分意义的最小语音单位）范畴。通过转头的研究范式发现，婴儿最初可以分辨几乎所有的语音范畴对比，包括母语和非母语（Werker & Lalonde, 1988）。从6个月开始，婴儿分辨非母语元音对比的能力逐渐减弱，而继续维持甚至增强了对母语元音对比的分辨能力。对辅音而言，类似的知觉再组织（perceptual reorganization）发生在10-12个月（Kuhl, et al., 2006）。就是说，第一年末婴儿的母语音位范畴表征基本形成，在知觉上实现了从声学/语音（acoustic/phonetic）到音位（phonemic）的转换。

McMullen和Saffran（2004）认为，音乐和语言的声范畴学习在很大程度上有共同的机制，他们称之为“共有声范畴学习机制假设（Shared Sound Category Learning Mechanism Hypothesis, SSCLMH）”。比如，成人对音乐同样进行范畴知觉。尽管目前尚未有针对音乐范畴知觉的婴儿研究，但有研究发现了环境重塑儿童音乐知觉的现象，即在音乐知觉上存在再组织。比如在1岁之前，西方婴儿能觉察到与标准旋律的偏差，不管这个标准旋律是否符合西方音乐的形式（Schellenberg & Trehub, 1999）。但等到入学前后的时间，西方儿童对刺激的反应开始受到西方音乐结构的影响。比如，相比非自然音阶的旋律，4—6 岁的儿童能更容易地觉察到自然音阶旋律的改变（Trehub et al., 1986）。

其次，语言和音乐都含有节奏、重音、音调、分句、调形这些韵律信息。韵律线索在婴儿学习语言和音乐时能够描画结构信息，比如语言在结束时往往音节增长并伴随音高降低，对音乐材料分析发现其结束处有着和语言相同的特征。此外，不同语言有不同的重音模式，其相应的音乐在节律上也有着对应的结构。

接着是关于语言和音乐的语法结构。上文已经提到，布洛卡区和右侧相应的区域都有激活，不合语法的词和不和谐的和弦都会产生 ERAN 和 LAN，不过语言信息体现在左脑，音乐刺激体现在右脑，而 Jentschke, Koelsch, Sallat 和 Friederici（2008）在特殊语言损伤（specific language impairment, 简称为 SLI）的孩子身上展开研究，为音乐和语言的句法过程共享神经系统提供了新的证据。SLI 的孩子占人群的 7%，男孩略多一些。SLI 一个重要的特点是有很严重的语法问题，在语法理解，特别是面对复杂语法时问题更为突出。他们的研究最终选择了 15 个 SLI 被试，同时以 24 名正常的儿童作为对照组。两组被试在听到第 1 个和弦之初的 ERP 表现没有差别，这表明两组被试在听力和声学特征的加工上没有差异。实验用被试听到规则旋律的脑电波减去不规则旋律的脑电波，从而获得 ERP。结果发现，和正常儿童不同，SLI 儿童没有引发 ERAN 和 N5，表明语言句法的损伤同样会造成音乐句法的损伤（见图 7.3）。由于两组被试的父母的经济社会地位不存在差异，表明这种因素不能视为导致 SLI 儿童音乐句法受损的变量。音乐句法加工在 2.5 岁时就已建立（Jentschke, 2007），因此 ERAN 和 N5 的出现与否，能帮助判断儿童是否有 SLI 的风险。他们进一步推测，有可能是工作记忆的损伤造成 SLI 儿童在音乐和语言上都出现问题。因为 ERAN 的振幅和“空间记忆”与“手部运动”都存在相关，表明在短时记忆中，编码和存储信息的能力及加工和存储序列的能力都是必须的。

目前，关于儿童音乐意义和音乐记忆的研究还十分欠缺，有待新的证据来直接和已有的语言研究进行比较。

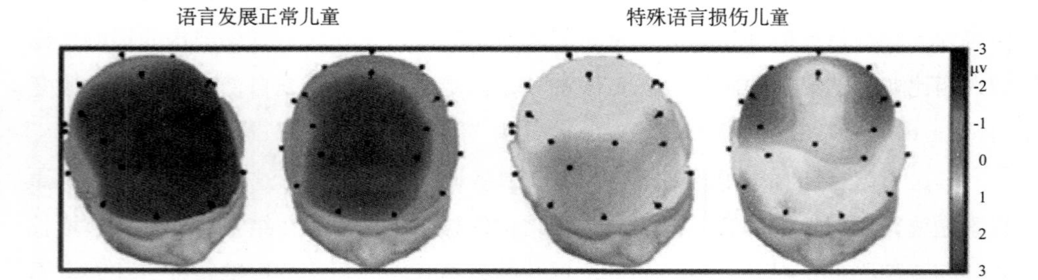

图7.3　SLI儿童和对照组儿童的ERAN和N5地形图（Jentschke, et al., 2008）

二、失歌症研究的启示

先天失歌症 (congenital amusia，简称为失歌症) 是一种对音乐音高加工的先天性障碍，俗称“五音不全”。失歌症者无法辨认音高之间的细微差异，唱歌走调却浑然不知。这种缺陷既不归因于脑损伤、听觉丧失、认知或社会情感的错乱，也不源于缺少与音乐的接触（比如音乐训练、音乐听赏活动等）(Peretz et al., 2002)。因此，关于失歌症者对音乐和言语音高的加工研究有助于揭示音乐和言语音高加工是否共享特定的认知和神经机制，为音乐和语言的比较研究提供新的思路。

蒋存梅和杨玉芳等对失歌症进行了一系列研究，发现失歌症者对音乐音高加工存在障碍，这种音高障碍在一定程度上影响到言语音高加工，同时，声调语言背景无法弥补失歌症者的音高障碍（蒋存梅、杨玉芳，2012)。这些研究结果支持了资源—共享框架（resource-sharing framework)，即音乐和语言共享特定的认知和神经机制（Patel, 2011)。

她们选取 22 名以汉语为母语的被试（失歌症者和正常被试各 11 名)，通过两音配对的分辨任务，探讨失歌症者对音高差异的辨别能力。同时，实验还通过四音序列分辨任务，考察失歌症者音高加工是否存在促进效应。研究结果表明，与非声调语言背景的失歌症者相似，具有声调语言背景的失歌症者对两音配对和四音序列的分辨也存在障碍。虽然失歌症者对四音序列的分辨比两音配对任务更好， 但是这种提高并不意味着促进效应，而是来源于额外的参考音及其他的音高变化线索（Jiang, Hamm, Lim, Kirk, & Yang, 2011；蒋存梅、杨玉芳，2012)。

她们还探讨了母语为汉语的失歌症者对汉语语调的加工能力（Jiang et al., 2010）。汉语语调材料是由两个字组成的动宾结构短语，比如，看书、听课等。非言语材料是用 Praat 软件从语调材料中提取基频而产生的。他们逐一生成了每一个刺激的第一个字、第二个字（包括疑问和陈述句）的非言语配对物。实验任务包括分辨和识别，结果显示，以汉语为母语的失歌症者对自然语调及其非言语配对物的加工都存在障碍。

最近，她们采用传统范畴知觉范式中的识别和辨别任务，通过两组声调连续体（Tone 1—Tone 2，Tone 1—Tone 4）探讨汉语为母语的失歌症者对声调的加工（Jiang, Hammn, Lim, Kirk, & Yang, 2012）。研究结果表明，与正常人不同，失歌症者对范畴内和范畴间配对的分辨不具有差异，由此导致两组的分辨峰度存在差异。该结果暗示失歌症者对声调的知觉是连续的，不具有范畴性。

关于失歌症者音高加工的神经基础，Peretz, Brattico 和 Tervaniemi（2005）运用 ERP 考察失歌症者对音乐音高的加工。实验结果表明，失歌症者在 N100 上并没有表现出异常，但是，与正常组相比，失歌症者在 N200 和 P300 上呈现出更大的振幅，尤其表现在音程距离较大的音调中。研究者认为，这可能是由于任务的难度造成的，并不是失歌症者音高加工障碍的真正原因。该研究暗示，失歌症者音高加工的神经异常可能不发生在听觉皮层。Peretz, Brattico, Jarvenpaa 和 Tervaniemi（2009）还发现，失歌症者大脑已具备正常的加工音高差异的神经回路。由于失歌症者的脑没有引发出晚期 P600 脑电成分，研究者认为失歌症者的早期音高加工并没有导向晚期高级、意识参与的加工阶段，这也是失歌症者的脑对音高加工与正常人的脑加工的差异（也见 蒋存梅、杨玉芳，2012）。

第三节　音乐对认知的影响

一、莫扎特效应

由于音乐涉及多种认知过程，因此研究者非常关注音乐对认知的影响，这些研究中最有名、影响最大的莫过于“莫扎特效应”。1993 年，大提琴演奏家、哥伦比亚大学的 Rauscher 博士与加州大学的 Shaw 博士首次就音乐和认知之间的因果关系展开探索。他们对36名被试设置了3种任务，被试参加每种任务。任务内容如下：一种是听莫扎特的《D大调双钢琴奏鸣曲》；一种是听一段令人放松的磁带，最后一种是要求被试安静地坐着。这些任务都持续10分钟，随后采用斯坦福—比纳智力量表中的抽象/空间推理分量表进行测验。该分量表又有3种类型：模式分析测验（pattern analysis test）、多选矩阵测验（multiple-choice matrices test）、多选拼图测验（multiple-choice paper-folding and cutting test）。因此被试在每种任务结束后进行一种类型的测验。研究结果令人惊奇地发现：听莫扎特音乐的被试其空间智力分数（spatial IQ score）为119，而听放松磁带被试的分数为111，安静任务下的分数为110。前者显著高于后两者，而且这种效果持续了10—15分钟。

后人对这一莫扎特音乐会短时间增强认知能力的现象称为“莫扎特效应”（Mozart Effect）。“莫扎特效应”极大地激发了人们的关注和研究热情，并引发了关于“音乐训练能否增强儿童认知能力”的系列研究。Rauscher等人（1997）对学龄前儿童展开研究，他们让34个学龄前儿童接受钢琴弹奏训练、20个儿童接受电脑训练、24个孩子不接受任何课程作为控制组。这3组被试在年龄上做了控制，在训练前后接受1个图像思维测试和3个空间再认测试。结果只在钢琴弹奏课程组被试身上发现图像思维测试成绩得到提高，而且提高幅度大于标准测验的1个标准差，这一效应至少持续了1天。Schellenberg（2004）对6岁儿童进行36周的音乐训练（分为弹奏组和声乐组）后，与对照组（接受戏剧训练的儿童和不接受任何训练的儿童）相比，接受音乐训练的儿童在全量表智力测试中的成绩明显提高。还有研究发现，除了空间推理能力，音乐对语言记忆（Gardiner, Fox, Knowles, & Jeffrey, 1996）、数学（Cheek & Smith, 1999）、写作（Standley & Hughes, 1997）都有促进作用。国内有研究还发现，老年时开始钢琴学习有利于老年人视听材料加工速度和听觉材料工作记忆容量的保持（任杰和罗小平，2009）。

这些研究成果流传至民间后，出现了我们常听见的一种说法——音乐能够提高智力，或者说音乐可以使人更聪明。有不少音乐机构还借此说法进行宣传，但如果仔细分析就会发现，我们对这一说法应该持审慎的态度。首先，并不是所有相关研究都能复制出“莫扎特效应”（Steel, Bass, & Crook, 1999）。其次，有不少研究只关注到音乐训练组和控制组在认知任务表现上的差异，却没有很好区分这种差异到底是音乐训练的结果，还是两组被试本身在认知能力上就存在不同，比如是否进行音乐训练的学生本身就更为优秀。最后，有研究发现并不只是莫扎特的音乐才能引发“莫扎特效应”。比如 Schellenberg 的一系列实验中（Nantais & Schellenberg, 1999; Schellenberg & Hallam, 2006），把莫扎特的音乐分别换成舒伯特的音乐，或流行音乐，被试的认知能力同样得到提高，甚至把音乐换成有意思的故事也产生同样的认知促进。Schellenberg 认为，什么样的音乐或听觉材料会提高认知能力更多地取决于个体的喜好，而非听觉材料本身。与个体爱好相一致的听觉材料更能提高被试的认知水平。

尽管我们不能直接断言“音乐可以使人更聪明”，但从现象上来看，长时间坚持进行音乐及其他艺术训练的个体确实在认知任务上有着更好的表现（Demorest & Morrison, 2000）。下面也会阐述，音乐专家有着和普通人不同的大脑活动方式与结构。

二、音乐影响认知的神经机制

关于音乐影响认知的脑神经机制，目前主要存在两种观点，即非情绪调控假说（Non-affective Mediation）和情绪调控假说（Affective Mediation）。非情绪调控假说认为，音乐直接影响认知过程，而情绪调控假说认为，音乐影响认知是通过情绪间接起作用的。

Rauscher 和 Shaw 提出，大脑在传播信息时使用了某种神经触发模型，而这些模型被音乐本身的丰富性和结构性所激活。他们认为，莫扎特的音乐能够引起短暂的空间能力的提高，是因为音乐加工与空间认知加工的神经网络有部分重叠。听音乐时，该神经网络被激活，使得对随后的空间认知任务的加工变得更容易，因而表现更好，这一过程类似于“启动效应”（prime effect），并且独立于情绪反应。

有研究发现，听莫扎特的音乐时，脑的两半球之间信息交流增加，特别是额叶部位的 α 波活动增强，而在旋律不和谐的音乐中没有出现这种情况（Iwaki & Hayashi, 1997）。可见欢快的音乐会加强两半球之间的信息交流，而结构不规则的音乐有悖于人体生理规律，不利于两半球之间信息的交流。欢快音乐不但增强了大脑两半球之间的信息交流，而且通过对大量欢快音乐的结构作进一步分析发现，乐曲中的时间波段（节奏、旋律）几乎可以与脑频率对称。神经系统的许多功能，如安静松弛状态下脑电波的频率就有 30 秒一次的循环，而欢快的音乐中每 30 秒就会出现一个高峰，所以这种有规律重复的旋律在人脑中激起的反应最大。此外，莫扎特的音乐不但激发了大脑两半球处理音乐的固有功能，而且其乐曲中抑扬顿挫的节奏和高低起伏的旋律，尤其是高频率以及上下的对称排列与时间周期的波段，几乎可以与脑频率对称（侯建成，2007）。

而情绪调控假说则认为，大学生测验分数提高的真正原因是所谓的“兴奋唤起”，即音乐改善了人的情绪，从而促进了认知水平的提高，因此提升了测验成绩。研究表明，大脑双侧颞上回、颞中回、右侧额下沟后部的周围皮层作为各种类型音乐的共同激活区，对音乐成分进行认知加工，而边缘系统的重要结构，如前扣带回、杏仁核、基底神经节等都与情绪加工有关（Griffiths, 2001）。Schellenberg 认为，音乐使人产生某种情绪，而情绪又进一步调节认知水平。在他们的一项实验中，让被试听大调快速的音乐，引起了认知能力的提高，而听小调慢速的音乐却没有提高认知能力。他们认为，大调快速的音乐让被试产生了愉快的心境和较高的唤醒度，从而提高了被试的认知水平，而小调慢速的音乐则刚好相反（Schellenberg, Nakata. & Hunter, 2007）。即使是同样的一段音乐，经处理后使其唤醒度处于不同的水平，各个水平的唤醒度引起的认知表现也会不同；相反，只要在唤醒度上保持一致，不同的音乐刺激，甚至是非音乐刺激（如故事），也可以对认知能力的促进起到相同的效果（Thompson, Schellenberg, & Husain, 2001）。

目前，这两种观点仍存在争议，它们很可能存在交互作用。比如音乐认知加工与情绪加工虽然有着一定程度的区分，但也存在着很大的重叠；情绪加工与认知加工紧密相连，而并不存在专门负责情绪加工或认知加工的脑区。同时也发现，具有欢快、明亮特点的正性音乐能激活更多的脑区，从而激发了这些脑区的潜在功能；这些脑区通过彼此之间的神经突触相互连接又激发了许多功能，如颞叶区海马、杏仁核的记忆功能、额叶的空间推理功能等。另外，莫扎特音乐的重要特点就是在音域的频率上产生特定共振，引起了大脑波幅升高，而且是一种同步状态。通过 EEG 发现，由于波形的时相叠加使得波幅升高，同时由于音乐刺激促使神经元突触连接增加，神经元参与了兴奋性放电，提高了大脑活动效率，这也许就是“莫扎特效应”的认知神经生理机制（侯建成，2007）。

三、音乐专家的大脑特点

既然音乐和认知存在如此紧密的关系，那么，接受了长期训练的音乐专家在大脑活动和结构上是否有着独特之处？

在大脑的活动方式上，Lotze 等人（2000）发现，音乐家在演奏莫扎特小提琴协奏曲时，大脑运动辅助区的活动水平低于普通人演奏同一乐曲时的脑活动水平。当音乐家想象自己演奏的情景时，其右半球运动区也保持着较低的活动水平。研究者猜测，上述结果可能是长年的音乐训练造成的；音乐家演奏时的每个手部动作都经过了反复练习，他们只需要动用较少的认知资源就可以随心所欲地控制每个手部动作。相对而言，没有经过专业训练的普通人则不得不消耗更多的认知资源，以便完成演奏小提琴这样复杂的任务。Koelsch 等人（2005）的 fMRI 结果表明，无论是音乐家与普通成人相比，还是受过一定音乐训练（一年以上乐器演奏训练）的儿童与普通儿童相比，前者在觉察到不和谐和弦时大脑左右半球脑岛盖部和右半球颞上回前部的活动水平都强于后者。

胼胝体在大脑两半球间的信息传递和整合上起着关键的作用。胼胝体中央矢状面上的尺寸差异和通过胼胝体的纤维束数量差异有关。而且胼胝体是人类最晚成熟的纤维束之一。Schlaug 等（1995）通过对 30 位音乐家和 30 位非音乐家的比较发现，音乐家的胼胝体前半部分比普通人的大。Christian 和 Gottfried（2003）的研究也表明，在左右两侧的主要感觉运动区域、左侧顶内沟、左侧基底神经节、左侧顶外侧裂等区域，音乐家大脑中灰质的体积相对更大一些。为了探明音乐家与非音乐家到底是由于先天脑结构就存在差异，还是由于后天的音乐训练导致的脑部变化，研究者对开始学习钢琴和弦乐课程的以及没有接受任何器乐训练的儿童（5—7 岁），进行了一系列的测验和磁共振（MRI）研究，发现他们并没有先天的神经、认知、音乐能力方面差异（Andrea, et al., 2005）。由此可推测，音乐家和非音乐家大脑结构的区别很可能是由于后天的音乐训练所导致。

此外，上文的“音乐认知的神经基础”部分提及，脑成像研究在普通人身上发现言语工作记忆的音位环路和工作记忆的音调环路存在很大的重叠，对音乐家来说，这两个记忆环路是分离的，存在 2 套工作记忆系统。

第四节　对音乐教育的启示

综合上文，我们可以发现，音乐和认知及语言都存在紧密的联系。长时间坚持进行音乐训练会使得个体在认知任务上有着更好的表现，甚至改变其大脑活动方式与结构。这一发现是否提升了音乐教育的价值？是否意味着我们要借此大力宣传并进一步加强对儿童的音乐教育呢？音乐教育界对此有着不同的看法。

首先，关于音乐促进认知的研究仍需要进一步的细化和确认。更为关键的是，音乐教育者提出，不应该忘记音乐有其自身的本质价值。将研究着眼于力图论证音乐教育对认知能力的影响，这使得人们过多地只是将学习音乐作为一种手段，而不是作为一种目的，可能把音乐学科推向更为尴尬的境地；音乐因此成为附属于其他学科、为其他学科的发展服务的“副科”，这意味着音乐学科为了其他学科的存在而存在，没有自身不可代替的价值（Reimer，1999）。

音乐教育自身应有更为主要的目标和价值。音乐教育的价值在于音乐性行为、思维、情感，是人类交往、表达、批判和影响他们的文化语境的重要方式。音乐教育使得学生能够用声音（非语言）来交流思想和情感。音乐同样带有历史、文化以及个性的足迹，这些都需要依靠音乐教学将其传播出去。而在亲身经历以上所述的这些音乐学习方法的过程中，学生往往会感到一种自我成就感、回报感、舒适感以及一种高度的享受。以上的这些原因似乎已经可以十分充足地说明音乐教育的必要性。

音乐教育以音乐的本质和价值为基础，其方法、途径和特征自然不能与带有浓厚的科学性质的物理、数学等科目一致。音乐教育的首要任务是彰显它作为人文学科的本质，而不是以提高其他科目需要的智能为最首要任务。因此，在面对各种科学实验结果时，音乐教育必须保持谨慎（覃江梅，2007）。

参考文献

侯建成 .(2007). “莫扎特效应”的认知神经科学研究 . 中国特殊教育，81，85–91.

蒋存梅，杨玉芳 .(2012). 失歌症者对音乐和言语音高的加工 . 心理科学进展，20，159–167.

覃江梅 .(2007). “莫扎特效应”的“效应”局限——兼论儿童音乐教育的价值 . 教育学报，3，40–43.

任杰，罗小平 .(2009). 钢琴学习对老年人的加工速度、工作记忆及流体智力的影响 . 中国临床心理科杂志，17，396–399.

王净，杨玉芳 .(1998). 听觉场景分析及其评价 . 心理学动态，4，1–5.

王沛，苏洁 . (2007). 音乐知觉的神经基础研究 . 心理科学，30，1497–1499.

Andrea, N., Ellen, W., Karl, C., et al. (2005). Are there preexisting neural, cognitive, or motoric markers for musical ability? *Brain and Cognition, 59*, 124–134.

Besson, M. & Schön, D. (2001). Comparison between language and music. In R. J. Zatorre & I. Peretz (Eds.), *The Biological Foundations of Music* (Vol. 930: pp. 232–258). New York: The New York Academy of Sciences.

Cardiner, M. F., Fox, A., Knowles, F., & Jeffrey, D. (1996). Learning improved by arts training. *Nature, 381*, 284.

Cheek, J. M., & Smith, L. R. (1999). Music training and mathematics achievement. *Adolescence, 34*, 759–761.

Christian, G., & Gottfried, S. (2003). Brain structures differ between musicians and non-musicians. *The Journal of Neuroscience, 23*, 9240–9245.

Daltrozzo, J., & Schön, D. (2009). Conceptual processing in music as revealed by N400 effects on words and musical targets. *Cognitive Neuroscience, 21*, 1882–1892.

Demorest, S. M., & Morrison, S. J. (2000). Does music make you smarter? *Music Educators Journal, 85*, 11–17, 58.

Eimas, P. D., Siqueland, E. R., Jusczyk, P.W., & Vigorito, J. (1971). Speech perception in infants. *Science, 171*, 303–306.

Grieser-Painter, J., & Koelsch, S. (2011). Can out-of-context musical sounds convey meaning? an ERP study on the processing of meaning in music. *Psychophysiology, 48*, 645–655.

Griffiths, T. D. (2001). The neural processing of complex sound. *Annals New York Academy of Science, 930*,133–142.

Groussard, M., Viader, F., Hubert, V., Landeau, B., Abbas, A., Desgranges, B., Eustache, F., & Platel, H. (2010). Musical and verbal semantic memory: two distinct neural networks? *Neuroimage, 49*, 2764–2773.

Iwaki, T., & Hayashi, M. (1997). Changes in alpha band EEG activity in the frontal area after stimulation with music of different affective content. *Percept Motor Skills,84*, 515–26.

Jentschke, S., Koelsch, S., Sallat, S., & Friederici, A. D. (2008). Children with specific language impairment also show impairment of music-syntactic processing. *Journal of Cognitive Neuroscience, 20*, 1940–1951.

Jentschke, S. (2007). *Neural correlates of processing syntax in music and language—Influences of development, musical training, and language impairment.* Unpublished PhD thesis, University of Leipzig, Leipzig, Germany.

Jiang, C., Hamm, J. P., Lim, V. K., Kirk, I. J., & Yang, Y. (2010). Processing melodic contour and speech intonation in congenital amusics with Mandarin Chinese. *Neuropsychologia, 48*, 2630–2639.

Jiang, C., Hamm, J. P., Lim, V. K., Kirk, I. J., & Yang, Y. (2011). Fine-grained pitch discrimination in congenital amusics with Mandarin Chinese. *Music Perception, 28*, 519–526.

Jiang, C., Hammn, J., Lim, V., Kirk, I., & Yang, Y. (2012). Impaired Categorical Perception of Lexical Tone in Mandarin Speaking Congenital Amusics. *Memory Cognition, 40*, 1109–1121.

Kaas, I. H., Hackett, T. A., & Tramo, J. M. (1999). Auditory processing in primate cerebral cortex. *Current Opinion in Neurobiology, 9*, 164–170.

Koelsch, S. (2011a). Toward a neural basis of music perception-A review and updated model. *Frontiers in Psychology, 110*, 2, 1–20.

Koelsch, S. (2011b). Towards a neural basis of processing musical semantics. *Physics of Life Reviews, 8*, 89–105.

Koelsch, S., Fritz, T., Schulze, K., Alsop, D., & Schlaug, G. (2005). Adults and children processing music: an fMRI study. *NeuroImage, 25*, 1068–1076.

Koelsch, S., Kasper, E., Sammler, D., Schulze, K., Gunter, T. C., & Friederici, A. D. (2004). Music, language, and meaning: Brain signatures of semantic processing. *Nature Neuroscience, 7*, 302–307.

Koelsch, S., Schulze, K., Sammler, D., Fritz, T., Müller, K., & Gruber, O. (2009). Functional architecture of verbal and tonal working memory: an FMRI study. *Human Brain Mapping, 30*, 859–873.

Koelsch, S., & Walter, A. S. (2005). Towards a neural basis of music perception. Trends in *Cognitive Sciences, 9*, 578–584.

Knösche, T., Neuhaus, C., Haueisen, J., Alter, K., Maess, B., Witte, O., & Friederici, A. D. (2005). Perception of phrase structure in music. *Human Brain Mapping, 24*, 259–273.

Kuhl, P. K., Stevens, E., Hayashi, A., Deguchi, T., Kiritani, S., & Iverson, P. (2006). Infants show a facilitation effect for native language phonetic perception between 6 and 12 months. *Developmental Science, 9*, F13-F21.

Lotze, M., Scheler, G., Godde, B., Erbt, M., Groddi, W., & Birbaumer. N. (2000). Comparison of fMRI-activation maps during music execution and imagination in professional and non-professional string players. *NeuroImage, 11*, S67.

Meyer, M., Steinhauer, K., Alter, K., Friederici, A., & Cramon, D. (2004). Brain activity varies with modulation of dynamic pitch variances in sentence melody. *Brain Language, 89*, 277–289.

McMullen, E., & Saffran, J. R. (2004). Music and language: A developmental comparison. *Music Perception, 21*, 289–311.

Nantais, K. M., & Schellenberg, E. G. (1999). The Mozart effect: An artifact of preference. *Psychological Science, 10*, 370–373.

Näätänen, R., Tervaniemi, M., Sussman, E., Paavilainen, P., & Winkler, I. (2001). Primitive intelli-gence'in the auditory cortex. *Trends in Neurosciences, 24*, 283–288.

Neuhaus, C., Knösche, T., & Friederici, A. (2006). Effects of musical expertise and boundary markers on phrase perception in music. *Journal of Cognitive Neuroscience, 18*, 472–493.

Patel, A. D. (2003). A new approach to the cognitive neuroscience of melody. In I. Peretz & R. J. Zatorre (Eds.), *The cognitive neuroscience of music* (pp. 325–345). Oxford: Oxford University Press.

Patel, A. D. (2011). *Music, Language, and the brain.* Oxford: Oxford University Press. (Original work published 2008)

[Patel, A.D. (2011). 音乐、语言与脑（杨玉芳，蔡丹超等译）. 上海：华东师范大学出版社 .]

Peretz, I., Brattico, E., Järvenpää, M., & Tervaniemi, M. (2009). The amusic brain: In tune, out of key, and unaware. *Brain, 132*, 1277–1286.

Peretz, I., Brattico, E., & Tervaniemi, M. (2005). Abnormal electrical brain responses to pitch in congenital amusia. *Annals of Neurology, 58*, 478–482.

Peretz, I., & Zatorre, R. J. (2005). Brain organization for music processing. *Annual Review of Psychology, 56*, 89–114.

Rauscher, F. H., Shaw, G. L., & Ky, K. N. (1993). Music and spatial task performance. *Nature, 365*, 611.

Rauscher, F. H., Shaw, G. L., Levine, L. J., Wright, E. L., Dennis, W. R.,& Newcomb, R. L. (1997). Music training causes long-term enhancement of preschool children's spatial-temporal reasoning. *Neurological Research, 19*, 2–8.

Reimer, B. (1999). Facing the risk of the "Mozart Effect". *Music Educators Journal, 86*, 37–43.

Schellenberg, E. G. (2004). Music lessons enhance IQ. *Psychological Science, 15*, 511–514.

Schellenberg, E. G., & Hallam, S. (2006). Music listening and cognitive abilities in 10 and 11 year olds: The Blur effect. *Annals of the New York Academy of Science, 1060*, 202–209.

Schellenberg, E. G., Nakata, T., Hunter, P. G., et al. (2007). Exposure to music and cognitive performance: Tests of children and adults. *Psychology of Music, 35*, 5–19.

Schellenberg, E. G., & Trehub, S. (1999). Culture-general and culture-specific factors in the discrimination of melodies. *Journal of Experimental Child Psychology, 74*, 107–127.

Schlaug, G., Jancke, L., Huang, Y., et al. (1995). Increased corpus callosum size in musicians. *Neuropsychologia, 33*, 1047–1055.

Schulze, K., Mueller, K., & Koelsch, S. (2011a). Neural correlates of strategy use during auditory working memory in musicians and non-musicians. *European Journal of Neuroscience, 33*, 189–196.

Schulze, K., Zysset, S., Mueller, K., Friederici, A. D., & Koelsch, S. (2011b). Neuroarchitecture of verbal and tonal working memory in non-musicians and musicians. *Human Brain Mapping, 32*, 771–783.

Standley, J. M., & Hughes, J. E. (1997). Evaluation of an early intervention music curriculum for enhancing pre-reading/writing skills. *Music Therapy Perspective, 15*, 79–85.

Steel, K. M., Bass, K.E., & Crook, M. D. (1999). The mystery of the Mozart effect: Failure to replicate. *Psychological Science, 10*, 366–369.

Steinbeis, N., & Koelsch, S. (2011). Affective priming effects of musical sounds on the processing of word meaning. *Cognitive Neuroscience, 23*, 604–621.

Thompson, W. F., Schellenberg, E. G., & Husain, G. (2001). Arousal, mood and the Mozart effect. *Psychological Science, 12*, 248–251.

Tramo, M., Shah, G., & Braida, L. (2002). Functional role of auditory cortex in frequency processing and pitch perception. *Neurophysiol, 87*, 122.

Trehub, S., Cohen, A., Thorpe, L., & Morrongiello, B. (1986). Development of the perception of musical relations: Semitone and diatonic structure. *Journal of Experimental Psychology: Human Perception and Performance, 12*, 295–301.

Watanabe, T., Yagishita, S., & Kikyo, H. (2008). Memory of music: Roles of right hippocampus and left inferior frontal gyrus. *Neuroimage, 39*, 483–491.

Werker, J. F., & Lalonde, C. E. (1988). Cross-language speech perception: Initial capabilities and developmental change. *Developmental Psychology, 24*, 672–683.

Whitfeld, I. (1980). Auditory cortex and the pitch of complex tones. *Journal of the Acoustical Society of America, 67*, 644.

Zatorre, R. (1988). Pitch perception of complex tones and human temporal-lobe function. *Journal of the Acoustical Society of America, 84*, 566–572.

（陶冶）

第八章　神经教育学的未来

这是总结性的一章，帮助读者梳理神经教育学指向未来可能的发展脉络。本章在总结发展的基础上，前瞻了神经教育学发展的多种可能，神经教育学的学科使命，神经教育学所契合的嵌入性思维方式。对于后者来说读者理解较为困难，特别是接受理性主义学科思维者，总希望理解其学科边界、学科名称的合理性、学科交叉的关联性、学科性质（自然抑或人文抑或社科）、学科的对象、内容逻辑等问题，这些问题固然也重要，但不影响学科发展的动力与根本。对此神经教育学对学科的边界没有太大的兴趣，神经教育学是开放的、自由的、多元的。

神经教育学作为一门年轻的学科，有一个发展的过程。神经教育学是极具潜力的学科，在未来的发展中不论研究内容、研究方法、研究思维方式都有可能形成突破。在知识经济社会，知识的快速变化使得知识的学习具有即刻性、多变性、终身性等特征，学习贯穿于人的一生就意味着在人的发展中、人的日常生活中，学习与工作、学习与生活、认知与学习将变得非常密切，甚至难以区分。这就是说，传统意义上的认知神经科学将与神经教育学或教育神经科学的关系更加紧密，甚至在某些局部领域的界限将越来越模糊，越来越密不可分。

第一节　神经教育学的拓展

神经教育学正在发展之中，其发展的可能性是无限的，我们可以从横向、纵向不同的视角来审视其发展的可能方面。

一、神经教育学形成中揭示的多种可能性

回顾发展历程，20 世纪 70 年代心理学家米勒（Miller）率先将脑科学与认知科学结合起来，并建立了认知神经科学，就行为、意识、情绪、言语、思维等从基因、细胞、分子、回路、系统、身体、环境开展系统研究。随着各国“脑十年计划”的展开，认知神经科学与教育的结合越来越紧密，这种整合的神经教育学研究成为国际上备受关注的新兴研究学科，如 1999 年 OECD（国际经合组织）启动了“学习科学与脑科学研究”项目，目的是在教育工作者、教育研究人员、教育决策专家和脑科学研究人员之间建立密切的合作关系，通过跨学科合作研究来探明学与教的脑活动机制，更深入地理解生命历程中的学习机制，探明学与教的基本规律。2003 年成立的“国际心智、脑与教育协会”(International Mind, Brain, and Education Society)，标志着教育与神经科学、心理学关系的更紧密的合作。2004 年欧洲启动了“计算技能与脑发育”研究项目，研究计算能力的脑机制，将研究成果运用于数学教育。

神经科学的蓬勃发展、心理学和教育学研究的繁荣以及这些研究领域之间的跨学科合作交流将使我们更好地理解学习、认知、情感和意识。尽管神经教育学还处在发展的早期阶段，但其发展趋势和对传统教育的影响是不容忽视的，尤其对于儿童教育（在某种程度上成人教育也如此）。教育是一门艺术，它需要整合有关脑和心理的知识，正像它需要整合有关社会、政治和伦理等相关知识一样；因为教育所追求的目标是高度复杂的；要将儿童培养成有责任心的、知识渊博的全面发展的成人。如今，全球化为社会带来了深刻的变革，信息技术也对人们的生活产生了深远的影响，在这种情况下，教育上的适当改变必然能够惠及亿万人的生活。

OECD 提出了学习科学与脑研究的主要问题与研究导向：

（1）从认知神经科学到学习科学、神经教育学。认知神经科学主要是实验室研究，主要是去情境的认知脑机制研究，很难将研究成果应用在教育情境中。学习科学、神经教育学是基于教育情境与问题的研究，能够帮助我们更好地理解学习的内在基础，该领域的研究发展迅速、前景喜人，教育工作者参与到这项跨学科的研究中来，将研究成果象临床医生一样转化到教育领域中去。

（2）关注生命全程：包括早期儿童、青春期、中老年期。

（3）围绕“学习中的脑”和“学习的脑的机制”。

（4）在很多研究领域中已有充分的理论知识能证明某些事件会影响学习，如睡

眠的需要、算术、阅读能力和双语学习等，这些研究应得到足够的重视。

(5) 脑、意识与自我之间的联系，将研究建立在伦理道德的基础之上，以捍卫人的尊严并且促进平等。这样做可以为人们提供丰富的机会，使人们能更好地展现自我、展现个人发展状态及成就潜力。

(6) 由于该领域研究的复杂性，我们的推论必须严谨慎重，避免仅根据某些新发现就做出肤浅的推论，以致在教育上妄下定论，比如做出诸如“基于脑的学校”的断言。

二、神经教育学的领域发展可能性

神经教育学传统的研究领域是语言、阅读、数学等方面，近年来在情绪、情感、健康、动作、应激、学习压力、亲子关系、同伴关系等方面的成果也层出不穷。

在本书中，我们也梳理了德育、智育、体育、美育方面的研究成果。

第二节　神经教育学的使命

一、神经教育学的理论使命

神经教育学的理论使命是在教育背景与条件下，探讨心智的本质特征，具体包括以下方面：

（一）教育条件下心智的结构与功能

具体表现为在智育、德育、体育、美育活动中注意、感知觉、记忆、想象、思维、情感、意识、无意识、动作等的构成与功能的整合。

（二）教育情境中心智的存在方式

如 Bruer 所言：“与其他神经科学领域一样，神经教育学家们必须思考人的假设、人的存在方式，思考人是什么？应该是什么？”（Bruer, 1997）在基于教育情境中心智的存在方式具有其独特性。心智总是在具体情境中的心智，个体的具体心智生来就嵌套于其相应的情境之中。从终身教育、社会教育的角度看，个体从生命诞生起就嵌套于教育情境中，教育情境中的心智是当代人的心智的独特存在方式。教育情境中基于脑的理解的独特心智，是理解人的存在方式的独特维度。在基于教育情境、基于脑的背景下进行神经教育学研究具有独特的理论意义，可以丰富对心智存在方式的理解，在更深的层次上探讨心智的科学哲学问题，深化当代心智哲学研究。

（三）教育情境中心智的运行机制

心智的运行机制是多学科关注的基本问题，历史上对其运行机制形成了不同的模型假设：如机械模型假设，认为心智运行犹如遵循力学原理的一台机器；认知科学的计算模型假设，认为心智运行是一台遵循算法规则表征的计算机；联结主义神经网络模型假设，认为心智是神经网络联结的分布式亚符号表征，神经元联结依据不同的联结权重涌现出收敛特征；具身动力系统模型，认为心智运作机制是一个区别于物理符号系统的生命自组织动态系统，心智过程是从脑、身体与环境的感觉、运动交互作用中以非线性的因果循环涌现出来。

教育情境的心智研究重视心智的发展问题，关注心智在不同研究水平、研究层次间的发展，以及不同形态、阶段的演化。教育情境的心智本质上是具身性心智，是一个自组织、自治的与环境交换的整体体现与表达。心智既不出现于与脑分离的物理身体与物理环境中，也不出现于一个与环境、身体分离的物理脑中，心智是一个有机体的生命现象，它由环境—身体—脑统一的完整生命来体现；教育情境的心智有教育环境—身体—教育脑完整统一的教育生态中体现的有机生命体（夏皮罗，2014）。

关于心智中自我、自我意识的运行机制，Vidal 提出“脑格”概念。脑格强调作为脑主体的人的存在，脑是自我存在的器官，超越了脑是灵魂所在。

二、神经教育学的实践使命

神经教育学的实践使命是探索教与学的规律，改善教学，提高教育效率。

（一）提高学科教学有效性

学科教学研究一直是教育学研究的重点，神经教育学的研究也持续关注传统重视的领域，比如，语言和数学。神经教育学渗入学科教学研究有助于我们更好地理解儿童语言和阅读能力的发展，采用便携式脑成像技术（比如，近红外脑成像），我们可以把研究扩展到真实的教育情境中，能从句子和语境等方面考察语言和阅读的发展；在数学研究方面关注微数、小数加工、运算、图形加工，并确立不同的数学加工脑区。研究也关注运算技能、专家技能的脑功能组合，新手与专家数学认知的脑功能差异。同时神经教育学也重视语言障碍、数学障碍等的研究。

神经教育学也关注科学探索研究，音乐认知，美术认知与艺术表现，创造性的研究。基于脑的学科教学研究始终是神经教育学研究的重点，但我们需要鉴别的是这类研究是表面的研究还是以实践为导向的涉及教育问题解决方案的系列研究。目前缺少的是真正解决学科教学问题的研究，真正解决教学瓶颈的研究。

（二）提高健康水平

健康研究是多学科的交叉领域，神经教育学关注的是教育情境中的健康及影响因素。大量研究表明，充足的营养可以对脑的发育产生积极的影响，但神经教育学研究更多关注学生的身体动作、体育锻炼、睡眠、音乐、游戏、学习等对健康的作用，以及如何保持师生之间的适应性健康等。

近年来健康与情绪成为新的研究热点，但神经教育学对情绪与健康的脑功能机制研究有待进一步深化。比如，通过脑功能成像技术系统研究基本情绪、应激性情绪对健康、学习、记忆的影响，探索情绪脑如何与不同类型的课堂环境、教学交往环境的交互作用等。

（三）提高学习效率

国家实力的竞争本质是人才的竞争，如何出好人才、快出人才，根本在于提升教育质量、提高学习效率。在不同的学习时段选择最优的学习时机，尤其是在婴幼儿、青少年、老年人等不同阶段，抓住最优学习时机并采用最有效的学习类型与学习方式十分重要。神经科学意义的学习时机很少再提“关键期”，更多的是关注“敏感期”，尤其是语言、动作技能等特定学习领域。

传统认知神经科学研究的最大不足是难以在真实情景中研究学习问题，学习的测量是去情境化的，这种实验室条件下的研究结果很难将应用于实践。神经教育学的研究就是要更好地理解实验室条件下的研究结果如何迁移到真实情境，理解这些研究成果在真实情景中的适用性等。此外，“专家”与普通学习者以及学习困难者的在特定任务下的神经活动、认知功能、元认知能力、策略性知识调控等问题也是神经教育学研究的重要内容。

对于早期儿童来说，游戏与学习的研究十分重要。“学习中有游戏，学习游戏化”是提高早期儿童学习效率的关键。儿童早期的学习不同于中小学生的书本知识学习，其本身具有操作性、游戏性，因此，学习中的“游戏脑”也引起了神经教育学研究者的特别关注。

（四）终身学习、延缓衰老

终身学习成为热门话题，一方面是知识社会扑面而来，不学习就要落伍于社会；另一方面是社会老化问题，越来越多的国家步入老龄化社会，老年人的比例越来越高。老龄化问题需要生物学、医学、心理学、社会学、教育学共同研究解决，但延缓大脑衰老、认知能力的衰退，需要从成人学习的行为及其脑机制来解决，这就需要神经教育学的整合性研究。欧盟进行的“回到45岁”项目发现，对成人认知训练、社会交往技巧训练、信息技术训练都有助于延缓衰老，增强员工的“舒畅感”。在老年化研究中发现，老年人不断增长的知识特别是经验与不断下降的感知能力、记忆与执行功能形成反差。神经科学研究也发现，大脑的衰老是个过程，并有从缓慢到加速的特点，因而老化过程的研究应不仅局限于老人，更应关注中年人。神经教育学的研究应侧重于关注中老年人逐渐减弱的学习能力，以及学习对于延缓衰老的作用，特别是关注不同的学习方式、适合老年人的学习内容对延缓衰老的作用。

（五）促进教育中的文化理解

近年来儿童的“文化脑”也成为发展神经科学、神经教育学研究的热门课题。儿童“文化脑”的提出基于以下的研究认识：一方面，儿童的心理与行为的文化差异可能由于其神经活动及其机制的文化差异所导致；另一方面，即使儿童在行为水平上不存在文化差异，其文化差异在神经机制上仍可能存在。这就给“文化脑”的研究提供了极大的空间（秦金亮，2014）。神经教育学主要关注生活在不同文化教育环境中的人可能会形成不同的神经机制，什么类型的学习凸显自我，需要自我与他人交互，文化差异具有什么作用，这需要对来自不同文化的学生（尤其是种族、生活方式）及其社会文化差异进行类型分析，发现教与学在神经机制上的差异，但这种神经教育学研究不能服务于种族主义或者性别刻板印象。

（六）提高教育政策、决策水平

OECD指出：“最新的研究已开始表明，教育事业最终将会是认知神经科学、认知心理学以及完善的教学分析相结合的产物。在未来，教育将是跨学科的，多个领域相交叉，将会产生新一代研究者和教育专家，他们善于提出各种合理的具有教育意义的问题。”（周加仙等译，p.250）神经科学家、神经教育学家影响教育决策，这在过去属于天方夜谭，但现在逐步成为通行的方式。2007年来自智利、法国、德国、荷兰、西班牙、英国、美国等9国的科学家在智利首都圣地亚哥召开了“早期教育与人类脑发展”（Early Education and Human Brain Development）国际会议，并发表了“圣地亚哥宣言”（www.jsmf.org/declaration）。圣地亚哥宣言倡导科学家应承担更好的科学研究成果的转化功能，使教育者、政策制定者成为科学研究成果的最终使用者，同时科学家也需要倾听这些实践工作者提出的教育实际问题，实现有效对话。真正的对话从研究与实践间的误解和错误概念开始，持续的对话在研究与实践之间可形成共同的参与、共同的意义、共同的话语、共同的研究与实践循证方式。宣言倡导全球范围内应建立研究与实践的循证机制，并在相关政策、标准、课程、企业市场准入（特别是玩具、新媒体等企业）建立循证制度。即使对于属于市场的部分如玩具业、新媒体，科学家也已经认识到，政治决议、商品市场的力量往往不能从儿童发展的角度出发进行公共投入和市场投入。因此，我们应当在全球范围内清单式收集儿童发展的真实需要，形成科学研究与政策发展的共识，最大限度地缩短知识与行动之间的差距，使基于科学的数据与基于证据的政策循证在全球范围内形成对话机制（Hirsh-Pasek & Bruer, 2007）。

第三节　神经教育学的学科思维超越

一、关于学科建立必要性的争议

神经教育学能够成为独立的学科吗？这一直是一个争议的问题。这一问题主要是从建立教育实践的科学基础开始的。从赫尔巴特《普通教育学》开始就认为教育学的科学基础是心理学。随着心理学的认知革命、认知科学的兴起，认知心理学成为教育研究更坚实的基础来源。

布卢尔在 *Education and the Brain: A Bridge too Far* 一文中认为，在心理、脑与教育之间建立起桥梁是复杂的系统工程（Bruer, 1997）。在过去的发展中，教育研究者与行为研究者之间、教育研究者与认知科学研究者之间已经建立了直接、有用的桥梁，也得到了教育实践者的普遍认可，并形成整合性的学习科学。困难的是在教育研究者与神经科学、神经生物学者之间建立桥梁，这一桥梁尽管艰辛而漫长，但脑科学与教育之间特别是脑科学与语言教育、数学、科学教育之间已经结下累累硕果，建立神经教育学已具备初步的条件。布卢尔认为，教育学与行为科学、认知科学、认知心理学之间的桥梁更直接、更具有应用性；而教育学与神经科学、神经生物学、认知神经科学之间的桥梁更基础、更有具有根本性、革命性意义。因而教育神经科学更具有未来性、决定性意义。

二、关于学科名称的争执

神经科学与教育的跨学科整合，产生了不同的学科名称。目前主要的争议是称为神经教育学抑或是教育神经科学。《受教育的脑——神经教育学的诞生》一书认为：神经教育学这一名字强调以教育为核心的跨学科整合；另外一个名称是教育神经科学，它的核心是整合了教育的神经科学。使用“心理、脑与教育”这一名称，把这两个核心及其他可以整合的认知科学、生物学和教育学的学科统统包括进来（巴特罗，2011)。

就“神经”、“心理”、“行为”而言，这一领域涉及从分子到基因、从突触到神经网络、从神经元到神经系统、从反射到行为、从注意感知到学习、从初级认知到高级认知、从情绪情感到人格、从动物学习到人的学习、从动物神经到人类脑成像等多层次、高跨度的研究。就“教育”概念而言已不局限于书本知识学习、传统课堂教学，教育同文化、生活、社会一样博大精深，教育已从儿童、青少年教育到终身教育、从正规学校教育到社会教育无所不包。因此不管是神经教育学还是教育神经科学都显得异常复杂，这种概念内涵外延的拓展，使得整合变得复杂而困难，但其核心是心理、脑与教育的关联渗透与整合，其服务领域是教育实践，人类学习变革，其最终目的是促进人类发展，增进人类福祉。

不管是梵蒂冈教皇科学院、OECD，还是国际IMBES协会都不重视教育神经科学还是神经教育学名称的争执，而关注的是“心理、脑与教育”不同研究背景者的沟通与整合，更关注这些研究者与实践工作者的精诚合作。为此梵蒂冈教皇科学院倡导成立的国际心理、脑与教育协会先后出版了《阅读障碍的心理、脑与教育的整合研究》、《心理、脑与教育整合的有用的知识》等书，意在促进跨学科研究与教育实践者之间的有效对话、有效沟通、有效整合，并认为这是一项长期的挑战。

三、神经教育学的知识转化方式

神经教育学不仅要建立起神经科学、心理学、认知科学与教育学沟通的桥梁，更应该建立研究者与实践工作者知识相互转化的桥梁。

基础研究与教育实践之间存在固有的惯性屏障，而且形成了以下一些不正常的现象：

（1）20世纪我们积累了那么多与教育有关的科学知识，发表了那么多研究论文，但是对教育实践没有明显改善。

（2）20世纪我们拥有那么多的科技发明、发明专利，但是对教育技术的改善、教育实践的改善并不十分明显。

（3）教育的实践问题找不到可靠的科学基础，如阅读障碍、计算障碍、学业不良、逃学、违法犯罪、恐怖事件等。

随着脑科学、基因生物技术的快速发展、认知神经科学的高度融合以及第四次科技革命的到来，使实现跨学科的基础研究与教育实践的双向沟通成为可能，以脑科学、心理学整合的基础知识与教育实践的现实问题知识实现相互转化成为可能。神经教育学是实现这种转化的重要桥梁。正如Vidal所言："神经教育学比起其他神经科学更加注重双向关系，神经科学家必须进入课堂中，教师也应该把他们的问题带进实验室。"（Vidal, 2011）

四、神经教育学的知识转化途径

不管是OECD学习项目，还是圣地亚哥宣言都关注神经教育学涉及的知识成果转化问题。一方面神经科学、心理学与教育学方面的知识成果需要相互转化，其交叉形成的神经教育学、教育神经科学是实现这种转化的重要平台；另一方面，神经教育学或教育神经科学也需要通过教育实践工作者、神经科学家深入教育实际来实现成果的及时转化。

Vidal认为，神经教育学知识成果在教室中的转化应用比神经科学与教育学间的交叉转化要困难得多。这既需要神经科学家把实验室搬到学校、教室，例如，近红外成像技术进入教室就是最好的示范之一；又需要教育工作者特别是教师有更高的专业化水平，普及神经科学、神经教育学知识，掌握神经教育学研究方法成为临床神经教育学研究者，使研究与实践实现无缝对接。

由美国国家研究委员会、美国国家研究院、国立卫生研究院组成的早期儿童发展综合科学委员会编撰的《早期儿童发展科学——弥合我们所知与所做的鸿沟》是推进这种转化的里程碑著作，该研究报告写道：“神经科学与其他发展科学揭示了基因与早期经验的相互作用对日后增强或削弱人们学习、行为和健康的意义……政策制定者和实践行为者重要的是以严密的科学知识和专业的判断来行动，实现知与行鸿沟的弥合。”可见实现科学研究的“知”与实践领域的“行”的鸿沟的弥合需要持续努力和有效的体制、机制创新。

五、“什么都行”：神经教育学的后现代思维方式

神经教育学强调的是跨学科性的开放整合，而不是单一学科的独立性甚至学科壁垒。在方法论上反对单一、独断、不变、普遍适用的教条方法，强调开放、自由创造、最有生命活力、最有效揭示规律的方法。这种方法原则的核心是“什么都行”。集中地表现在：

（一）方法路径需要多元选择

科学哲学家费耶阿本德（Feyerabend）认为，每一个科学家、研究者都有自身的局限，每一种规则、方法都受科学家世界观、宇宙观、认识论的影响和关联；反对任何普遍的、唯一正确的方法；这就是其多元方法论。如果科学家们认真对待多元方法论，他将采用发散式、开放式的研究思路，而不是按照唯一标准的理论去研究。

（二）学科与方法永不停止

学科方法永远在前进中，这是因为学科、方法既要受新理论的推动，同时也受社会发展、科学技术发展的推动。费耶阿本德还认为不仅旧有的理论与方法推动新理论、新方法的产生，即使是被抛弃的理论和方法甚至一般认为无用的理论和方法，依然可以成为新理论和方法的参照和背景，理论和方法就是在正、反张力中不断前行的。

（三）学科的发展是自由的、机会的

费耶阿本德也认为，现实生活实现自由是困难的，但科学研究实现自由有更多的机会和可能。科学研究应倡导一种自由精神，科学家要以一种宽容的态度，让新理论有自由发展的空间，以摆脱理性主义一元方法论的束缚。只有以自由精神、自由的空间防止对新理论的扼杀，才能推动科学理论的自由创造、自然增长。

正如 OECD 所预言：“神经教育学有助于创造一种真正的科学，作为一种超学科模式为其他领域树立榜样。我们期望这种真正学科的诞生，促进持续性的超学科融合模式的形成。”

参考文献

巴特罗，费希尔，& 莱纳 . (编). (2011). 受教育的脑——神经教育学的诞生 (周加仙等 译). 北京：教育科学出版社 .

布兰思福特等 . (2002). 人是如何学习的——脑、心理、经验及学校 (程可拉等 译). 上海：华东师范大学出版社 .

OECD. (编). (2010). 理解脑——新的学习科学的诞生 (周加仙等 译). 北京：教育科学出版社 .

夏皮罗 . (2014). 具身认知 (李恒威，董达 译). 北京：华夏出版社 .

秦金亮 . (主编). （2014）. 早期儿童发展导论 . 北京：北京师范大学出版社 .

周加仙 . (2008). “神经神话”的成因分析 . 华东师范大学学报 (教育科学版)，*26*(3), 61-83.

Bruer, J. T. (1997). Education and the brain: A bridge too far. *Educational Researcher, 26,* 4 -16.

Carew, T., & Magsamen, S. (2010). Neuroscience and Education: An Ideal partnership for Producing Evidence-Based Solutions to Guide 21st Century Learning. *Neuron, 67,* 685-688.

Cognitive Neuroscience Society. (2006). Probing the Social Brain. *Science, 312 ,* 838-839.

Edelman, G. M. (2007). Learning in and from Brain-Based Devices. *Science, 318 ,* 1103-1105.

Fischer, et al. (2006). Why mind, brain, and education? Why now? *M*ind, *B*rain, *A*nd *E*ducation, *1,* 1-2.

Fischer, K. W., Immordino-Yang, M. H., & Waber, D. P. (2007). *Toward a grounded synthesis of mind, brain, and education for reading disorders: An introduction to the field and this book.* In K. W. Fischer., J. H, Bernstein., & M. H., Immordino-Yang (Eds.), *Mind, brain, and education in reading disorders* (pp. 3-15). Cambridge, UK: Cambridge University Press .

Goswami, U. (2004). Neuroscience and education. *British Journal of Educational Psychology, 74,* 1-4.

Goswami, U. (2006). Neuroscience and education: from research to practice? *Nature Reviews Neuroscience, 12,* 2-7.

Hirsh-Pasek, K., & Bruer, J. (2007).   The Brain/Education Barrier. *Science, 317,* 1293.

OECD. (2002). *Understanding the Brain-Towards a New Learning Science.* Paris.

Sheridan, K., Zinchenko, E., & Gardner, H. (2005). Neuroethics in Education. Neuroethics in the 21st Century: Defining the Issues in Theory, Practice and Policy, J. Illes (Ed.) Oxford University Press, Forthcoming.

Shonkoff, J. P., & Phillips, D. A. (Eds.). (2000). *From neurons to neighborhoods: The science of early childhood development.* Washington, DC: National Academy Press .

Snow, C. E., Burns, M. S., & Griffin, P. (Eds.). (1998). *Preventing reading difficulties in young children* . Washington, DC: National Academy Press.

Stern, E. (2005). Pedagogy meets neuroscience. *Science, 310,* 745.

（秦金亮）

图书在版编目（CIP）数据

神经教育学：心智、脑与教育的集成 / 唐孝威，秦金亮主编. —杭州：浙江大学出版社，2016. 9
ISBN 978-7-308-16001-8

Ⅰ. ①神… Ⅱ. ①唐… ②秦… Ⅲ. ①神经科学—教育学 Ⅳ. ① Q189-05

中国版本图书馆 CIP 数据核字（2016）第 144747 号

神经教育学：心智、脑与教育的集成
唐孝威　秦金亮 主编　秦金亮　夏琼　卢英俊　陶冶 等著

责任编辑　叶　敏
文字编辑　张　昊
装帧设计　王小阳
出版发行　浙江大学出版社
（杭州天目山路148号　邮政编码310007）
（网址：http:// www.zjupress.com）
制　　作　北京大观世纪文化传媒有限公司
印　　刷　北京中科印刷有限公司
开　　本　710mm×1000mm　1/16
印　　张　15
字　　数　252千
版 印 次　2016年9月第1版　2016年9月第1次印刷
书　　号　ISBN 978-7-308-16001-8
定　　价　42.00元